马斯洛论自我超越

Abraham H. Maslow

[美] 亚伯拉罕·马斯洛 著

石磊 编译

中国商业出版社

图书在版编目（CIP）数据

马斯洛论自我超越／（美）马斯洛著；石磊编译.
—北京：中国商业出版社，2016.2（2021.6重印）
 ISBN 978-7-5044-9255-5

Ⅰ.①马… Ⅱ.①马…②石… Ⅲ.①马斯洛，A. H.（1908~1970）—人本心理学Ⅳ.①B84-067

中国版本图书馆CIP数据核字（2016）第019935号

责任编辑　姜丽君

中国商业出版社出版发行
010-63180647　www.c-cbook.com
（100053　北京广安门内报国寺1号）
新华书店经销
三河市悦鑫印务有限公司

*　　*　　*　　*

890毫米×1260毫米　16开　16印张　250千字
2016年4月第1版　　2021年6月第3次印刷
定价：48.00元

*　　*　　*　　*

（如有印装质量问题可更换）

序

人本主义心理学大师马斯洛，是客观主义、行为主义、心理学派和正统弗洛伊德学派以外的，最受学术界、工商界、宗教界欢迎的心理学大师，有心理学领域"第三势力"之称。他的人格以及人的多层次需求的理论，是近20年来对当代社会影响最广泛、最深刻的理论。"自我实现"与"追求卓越"，更是成为当代人最推崇的口号和追求的信念。用马斯洛自己的话讲，他的理论是一种类似于伽利略、达尔文、爱因斯坦、弗洛伊德所创立的，具有革新意义的新论，是一种革命。这个比喻是否恰当，我们暂且不论。但是，他使人本主义的心理研究，走出了不必求助于人自身之外的权威，而试图从人自身的本性中派生出人的价值体系的道路。把研究对象，从叛逆者和神经病患者的身上，转移到了正常健康人的身上，抛弃了过去大多数心理学理论总是依据一些或者全部是假设的理论基础，修正了那些空洞的、不适当的、存在严重缺陷的观点，进一步发展了心理学的论据和价值体系。毫无疑问，马斯洛的人本主义心理学理论，如今已成为一种大多数现代中青年人所接受的社会哲学和新的人生观。不仅如此，他的贡献还在于，他为我们当代人提供了一种新的观察和思考生活的思维方式。为我们树立"新人"、塑造新的社会形象、确立新的道德观和价值观，指出了努力的方向。在当今这个正在"异化"的后现代社会中，大多数人为赚钱、为成功、为生存努力而拼搏的时代，一生难以忘记自我，固执于自我的满足。是他又一次将那些古老的问题，又摆在了我们的面前："什么是有道德的生活？什么样的人是有道德的人？怎样才能把人教育成期望和喜欢过有道德生活的人？怎样才能把儿童培养成为道德高尚的人？"伦理学和科学在此走到了一起，才有了《马斯洛论自我超越》这本书。

马斯洛的理论，显然早已超越了人性论的范畴，审视了人存在的本质。虽然我们没有为自己的看法去翻遍马斯洛的所有作品，但我们很容易推知，生命的成长和臻于成熟，有赖于人格的不断成熟与发展。没有健康的人格，就不能挖掘人的巨大潜能；没有人格的魅力，就没有真正的"自我实现"，就永远无法超越自我。

人生需要拼搏，但不能忘记什么是有道德的生活，什么是高尚的人。我们不是单纯为了奋斗而奋斗终生。

目录

一、迈向健康的心态 …………… 001

二、存在主义 …………………… 006

三、人的动机 …………………… 013

四、超越性动机 ………………… 023

五、缺陷与成长 ………………… 039

六、进退的平衡 ………………… 057

七、自卫与成长 ………………… 059

八、需求与恐惧 ………………… 069

九、高峰体验（一）…………… 075

十、高峰体验（二）…………… 101

十一、自我的实现 ……………… 113

十二、存在与危机 ……………… 123

十三、对强加的抗拒 …………… 131

十四、非结构团体 ……………… 135

十五、自我实现的特质 ………… 158

十六、创造力的认识 …………… 171
十七、自我及其超越 …………… 179
十八、自我实现与创造力 ………… 189
十九、人性的价值 ………………… 199
二十、价值与健康 ………………… 213
二十一、存在的价值 ……………… 222
二十二、健康就是超越 …………… 224
二十三、基本的认识 ……………… 229

一、迈向健康的心态

目前,学术界出现了一种有关人类疾病与健康的新观念,我觉得这是一项令人十分兴奋且又充满奇妙愿景的心理学。因此,尽管它尚未经过验证与确认,尚不能称之为确定和可靠的科学知识,但我仍迫不及待地要将它公之于世。

这一新观念的基本假设是:

1. 我们每个人都有一种内在的本性,这一内在本性本质上是属于生物性的,并且在某种程度上是"自然的、内在固有的、天赋给予的"。同时,就某种特定意义而言,它是不可改变的,或至少是不变的。

2. 每个人的内在本性,一部分是自身所独有的,另一部分则是人类所共有的。

3. 以科学的方法来研究这种内在本性,并且发现它的本质,这是可能的事。

4. 据我们目前所知,这种内在本性,就其真正内在或其原始性及必然性而言,并不是恶的。人类的基本需求,诸如生命、安全与保障、归属与爱情、尊重与自尊、自我实现、人类的基本情绪、人类的基本能力,表面上都是中性的、先于道德的,或纯然是善的。破坏、虐待、残忍、恶毒等,似乎都不是内在固有的,而是人们为了使内在的需求、情绪和能力免受挫折,因而产生的强烈反应。愤怒本身不是恶,恐惧、懒惰甚至无知也都不是恶。虽然它们可能会,也的确会导向恶的行为,但是它们并不需要非如此不可,其结果并不具有内在的必然性。人的本性并不像我们所想的那么坏。事实上,我们也可以说,人类本性的各种可能早已被我们习惯性地廉价出卖了。

5. 由于内在本性是好的或是中性的，所以更要实现它、鼓舞它，而不应该压抑它。如果能允许内在本性来引导我们的生活，那么我们就会变得健康、成功，并且因此而幸福。

6. 一个人的这种基本核心一旦遭受否定或被压抑，他就会生病。有时可能明显地看出他病了，有时则变成潜伏的疾病；有人随即病倒，也有人要很久以后才会发病。

7. 此种内在本性并不像动物的本能一般那么明显、强烈且难以抗拒。它柔弱、纤细而微妙。我们的习惯、文化压力和错误的态度，很容易就会将之压服。

8. 它虽然柔弱，但在正常人身上却难以消失——甚至在病人身上也不会消失。即使遭受否定，它也会隐在暗处，永远坚持着要求实现。

总之，以上这些论点必然会与纪律、损失、挫折、痛苦、悲剧相提并论。不过，只要这些经验能启发、培养并实现我们的内在本性，便是有价值的经验。而且，由于这些经验与成就感、自我的强忍性休戚相关，因此便与健康的自尊感和自信息息相关，这也是日愈明显的事实。一个人如果没有征服、忍受和克胜的经验，便会一直怀疑自己的"能力"。不仅在面对外在的危难时如此，在控制及缓和自我冲动，并因而无惧于冲动这方面，也会感到无能为力。

我们观察到，如果这些假设得以证实，便可据以成立一门科学的伦理学，一种合乎自然的价值体系，以及一个判定善与恶、对与错的最高上诉法庭。我们越是熟悉人类的自然倾向，我们便越能从容地告诉人们如何为善、如何获取幸福、如何才能有效益、如何尊重自我、如何去爱、如何挖掘自己最大的潜力。这也就等于自动解决了未来人格上的许多问题。而最重要的似乎应该是去发现一个人作为人类的一分子、同时又作为独特的个体，其内在最深刻的真相究竟如何。

对自我实现的人加以研究，可以教导我们认清自己的错误、缺点以及成长的正确方向。除了我们这个时代，任何时代都有它自己的典型与理想。我们的文化早已放弃了圣人、英雄、君子、武士、神秘家这一切理想的典型，我们所剩余的，只是适应良好、毫无问题、既苍白又令人迷惑的替代品。也许在不久的将来，我们将能以那些完全成长与完全自我实现的人作为我们的指南与典型。在这种人身上，他的潜力获得了完全的发展，他的内在本性得以自由地表现，而未被加以束缚、压抑或否定。

我们每一个人，为了自己，都应强烈且透彻地认清一件重要的事情，那就是：每一次远离普遍人性价值的堕落，每一次违反个人本性的罪过，每一件罪恶的行为，都将毫无例外地记载在我们的潜意识之中，使我们轻视自己。何妮用了一个很好的字眼来描述这种潜意识的知觉力与记忆力，她称之为"登录"。如果我们做了一些我们引以为耻的事，它便"登录"了我们的耻辱。但是，如果我们做了一些善良的好事，它便"登录"了我们的荣誉。最后的结果，总是二者必居其一：我们或是尊重，并接受自己；或是轻视自己，并感到羞耻、毫无价值，不值一提。神学家常用"堕落"这个词来称呼后一种未能尽己之所知所能，以实现个人生命的罪。

这种观点对一般弗洛伊德派所描述的人类图样加以补充。由于有点把问题过分简化，弗洛伊德似乎只为心理学提供了病态的一半，因此我们现在应该将之补全，加上健康的一半。也许这种健康的心理学，对于控制和改善我们的生命，以及在使我们成为更完美的人这些方面，可以提供更多的可能性。也许这样比去寻问"如何才能不生病"要更有益得多。

我们如何鼓励自由发展呢？什么才是自由发展的最佳教育条件呢？是性？是经济？还是政治？这种人需要在什么样的世界里成长呢？而这种人又将会创造出什么样的世界呢？病态的人是由病态的文化所造成的。健康的人则是健康的文化造就的。的确，病态的个人使他的文化更病态，健康的个人则使他的文化更健康。增进个人的健康，是创造更美好世界的一条途径。用另一种方式来表达就是：鼓励个人成长乃是切实可行的；若无外力的帮助，精神官能症的病症便较难以痊愈。要使自己做个更诚实的人，相当容易；但若要治疗一个人精神上的压抑或迷妄，则非常困难。

挣扎、冲突、罪恶、不安、焦虑、沮丧、挫折、紧张、羞耻、自责、自卑感或无价值感——这一切都会引起心理的痛苦。干扰行为的效益，并且是无法控制的，因此很容易立刻被看成是病态的、不良的，该尽快"治愈"它们。

但是，在健康人身上，或在逐渐朝向健康成长的人身上，也同样可能发现所有的这些症状。假定你应该有罪恶感，而你偏感觉不到，假定你已获得了良好的安定力量，而你又"被"调整了。也许，适当的安定之所以是好的，是因为它切除了你的痛苦，但是，由于它终止了原先要朝向更高理想的发展，岂不也一样是坏的？

弗洛姆曾在《自我的追寻》这本十分重要的著作中，攻击古典弗洛伊德对超我的看法，因为超我这个概念完全是一种权威之义和相对之义的看法。也就是说，弗洛伊德假定了：你的超我和你的良心，原来都是你父母亲或任何一位权威者的的意愿、要求和理想的内在化。但是，如果他们是罪犯呢？那你将拥有哪一种良心呢？或者，假定你的父亲是个正经八板、不苟言笑的道学之士呢？或者是个精神病患者呢？这种良心的确存在——弗洛伊德是对的。我们的确从这些早年的形象中，获得了我们大部分的理想，而不是长大后，在书本中获得的。但是，良心还有其他的因素，是我们每一个人或强或弱地都拥有的良心，这就是"内在的良心"。此一内在良心的基础，在于我们潜意识和前意识里对自己的本性、命运、能力以及生命"召唤"的知觉。它坚持要我们忠于自己的本性，不可因软弱、贪图利益或其他理由而否认它。像自命不凡的人、天生的画家却去卖袜子，才智之士却愚蠢地生活，明知真理却固守沉默，还有放弃人性尊严的胆小鬼……这些人在其内心深处，都会觉察到自己错待了自己，因而蔑视自己。这些自责，很可能导致精神官能症，但也很可能激发新的勇气和义愤，并增强自尊，结果从此便踏上了正途。简言之，成长和改进也可能来自痛苦和冲突。

事实上，我刻意要除去我们目前对病态与健康所作的轻率区分——至少是有关其表面症状的区分。病态是否意指具有这些症状呢？我倒认为，即使不具备上述的病症，也可能有病。而健康也是否意指没有这些症状呢？我倒认为，即使不具备上述的病症，也不能就因此说是健康的。在奥斯维辛或在大壕集中营的纳粹党员当中，有哪一个是健康的呢？是那些良心受谴责的人，或是那些竟能逍遥自在、毫无良心困扰的人？一个人若有着深刻的人性，是否可能从不曾感受过冲突、痛苦、沮丧、愤怒呢？

简言之，假如你告诉我，你有人格上的问题，除非我对你认识得更清楚，否则我无法确知究竟要对你说"好！"或是说"我很遗憾！"这要看是什么理由，而且理由还有好坏之分。

举例来说，今日心理学家对所谓受欢迎的程度、适应什么方式，以及对糟糕的文化是否适应，对一位霸道的父亲或母亲的适应程度如何，我们对一个适应良好的奴隶，对一个适应良好的囚犯，作何想法？如今，即使是行为有问题的儿童，我们也都要待之以新的容忍。他为何行为不正？多半是因为有病，但有时候也是因为有好的理由：这个儿童，只是在反抗剥削、霸道、轻忽、蔑视和虐待罢了。

显然，所谓人格问题，要看说它的人是谁。是奴隶的主人，是独裁者，是族长，还是一个要求妻子停留在幼稚阶段的丈夫？很明显，人格问题，有时是一个人对其心理或其真正内在本性遭受压迫而发的高声抗议。因此，当这种压迫的罪行出现时，不抗议才是真正的病态。遗憾的是，大多数人在遭受到这种对待时并不抗议。他们忍受下来，却在几年以后，以各种各样的精神官能症、心身症作为代价。还有些人终其一生都不知道自己病了，不知道自己已经失去了真正的幸福及成就，失去了丰富的感情生活及安详而丰盈的晚年。他们终其一生都不知道具有创造力、以美感的态度去反应和发现兴奋的人生，是多么美妙的事。

此外，必要且可欲求的悲哀与痛苦，也是必须面对的问题。如果没有痛苦、悲伤、忧愁和动乱，会有成长与自我实现的可能吗？假如这一切就某种程度而言都是必要且无可避免的，那么要到何种程度呢？如果悲伤与痛苦对个人的成长有时候是必要的，那么，我们就应该学会不要自动地保护别人使他免于痛苦和悲伤，好像痛苦和悲伤永远是坏的一样。有时候，为了最后的好结果，它们也可能是善的，是可欲求的。不让别人经历自己的痛苦，挺身防止他们受苦，都可能会变成一种过度的保护，而这反倒是对一个人的本然及内在天性和未来发展缺乏尊重。

二、存在主义

如果我们以"存在主义对心理学有何用处"的观点来研究存在主义,大概会发现这实在太模糊、太困难,因此无法以科学的观点来予以了解。不过我们也会发现许多好处。在这观点下,我们了解到存在主义并不是一个全新的发现,而是对早已存在于"第三势力心理学"中的趋势的一种强调、确认、尖锐化和再发现而已。

我认为存在心理学有两个重点。

第一,它极端强调自我身份的观念经验。而所谓自我身份,是就其为人性以及和人性有关的任何哲学或科学的充分重要条件而言的。我之所以选择"自我身份"作为基本概念,是因为我对这个概念比对象本质、存在、存有等诸如此类的概念较为了解,也是因为我觉得这个概念可以用经验的方式来处理。即使现在不行,不久的将来也一定可以。

但是,这却产生了一个奇异的结果,因为美国的心理学者也已深深受到"追寻自我身份"的风潮影响了(例如奥波特、罗杰士、高斯坦洛姆、惠利士、艾力克森、莫瑞、穆尔菲、何妮、梅义等均是这类心理学者),而且这些学者们更了解、更接近原始事态。也就是说,他们比海德格尔、雅士培这些德国存在主义哲学家更注重经验。

第二,存在心理学非常强调以经验知识为起点,而不以概念系统、抽象范畴系统或先验系统为起点。而存在主义则以现象学为基础,换言之,它以个人主观的经验作为建立抽象知识的基础。

不过,也有许多心理学者以同样的强调为其出发点,更别说在各门各派的心理学分析学者中也含有同样的强调了。

1. 因此第一个结论是:欧洲哲学家与美国心理学家之间的差距,

其实并不如最初所显示的那么远（美国人常有终日炎论不休，却不知所云之弊）。当然，一部分是由于这些在不同国度内同时进行的研究，其本身就显示出人们虽各自独立研究却获得同样的结果。只因大家不约而同地对本人以外的某种实情作出了同样的反应。

2. 我认为所谓"某种实情"就是指：个人外在价值的一切来源都已完全崩溃瓦解了。许多欧洲存在主义学者主要是反应尼采所谓"上帝已经死亡"的论点，也或许是反应出"马克思也死了"的事实。不过美国学者已经知悉：政治民主和经济繁荣本身并不能解决任何基本的价值问题，除了返回内在、走向自我，此外别无他处可作为价值的依归。奇怪的是，甚至某些具有宗教信仰的存在主义哲学家，竟然也赞同这一论点的某部分看法。

3. 对于心理学者而言，存在主义最重要的一点是：它能为心理学提供一个目前所缺乏的哲学基础。在这一点上，逻辑实证论已宣告失败，尤其对临床心理学和人格心理学而言，逻辑实证论更是无济于事。无论如何，基本的哲学问题一定会再度被展开来加以讨论。届时，心理学家也许不必再依赖虚假的答案，也不必再依赖一度曾幼稚地采信无意识的、未经验证的哲学思想了。

4. 我们可以用另一种方式来说明欧洲存在主义的核心思想：存在主义所极力处理的是人类由于抱负和限度之间的隔阂（即由于人类所是、所类似与所能之间的隔阂）而呈现出的困境。乍听之下，这似乎远离了"自我身份"的问题，事实上，相去无几，因为人不但是现实的存有者，也是具有潜能的存有者。

严肃关切这种差异性，必能推动心理学的改革。我对这点毫不怀疑，各种各样的文艺也都支持这一论点。例如投射测验、自我实现，各种高峰体验（在此经验中，人可以跨越上述隔阂）、荣格派心理学、各派神学思想家等均支持这一论点。

不仅如此，他们甚至针对人性的两个层次：较高层次与较低层次、身为受造物的层次与稍似于神的层次，提出整合的问题与方法。无论东方或西方，大部分的哲学与宗教都将此二层次截然分裂对立，并教导我们，步向"较高层次"的方法在于弃绝，并控制"较低的层次"。然而存在主义却告诉我们，二者同时都是用以定义人性的基本特征，放弃其中任一项皆不可，只能加以整合。

不过，我们也已略知某些整合的方式，例如洞察、广义的理解、爱、创造、幽默与悲剧、游戏、艺术等。我确信，我们集中在这些整合方式上的研究，就能超越前人。

这种强调人类本性具有两种层次的思想，也让我了解到，有些问题是永远无法解决的。

5. 根据此种论点自然会去关怀一种合乎理想、真正完美、相似于神的人格；并会去研究人的潜在力，而把人的潜在力视为具有某种意义的存在物，是当下即可被认知的实体。这段话听来好像只是字面上的文字游戏，其实不然。我要提醒读者诸君的是，这其实是一种新奇的追问方式，追问的是那没有答案的古老问题："治疗、教育和养育子女的目的究竟何在？"

其中还隐含了另外一项真理，和另外一项迫切值得注意的问题。现存所有有关"真正人格"的描述，实际上都具有以下的含义：这种人，凭借其所成就的人格，而与其社会（事实上是与整个社会）建立了一种新的关系。他不仅在各方面超越了自己，也超越了他的文化。他抵制任何管束。他与他的文化、他的社会愈来愈疏离，他逐渐变成全体人类的一分子，而不再是地方团体的一分子。我想对于这点，大多数的社会学家和人类学家必然会大不以为然。因此，我衷心期待这方面的争辩；而且为了达到"普遍性"，争论显然也是必要之举。

6. 我们能够而且也应该向欧洲作家们学习重视所谓的"哲学人类学"，也就是说，应该尝试去定义人类，尝试去界定人与其他物种之间、人与物之间、人与机器之间的差异。人类独一无二且可用以定义人性的特征是什么呢？这对人类极为重要，如果缺少了它，人类的人性本质便无从定义。

大体说来，这是被美国心理学界一直废弃搁置的工作，各种行为主义并未致力于制订这类的定义。至少没有一个定义是可以严肃待之的。（一个"刺激——反应"的人究竟是什么样的人呢？谁又会是这样的人呢？）弗洛伊德对人类所描绘出的图像，显然并不十分恰当；事实上，弗洛伊德所提供给我们的，所谓具有最丰富的内容系统的病态心理学和心理治疗，都已偏离正道了。

7. 有些存在主义哲学家太过武断地强调个人的自我创造。例如萨特等人所说的"自我就是一种投射"，便完全是由个人自己持续不断地（独断地）选择所创造而成的，好像人仍然可以任意决定自己所欲成就的模样。当然，在这种极端的形式下，的确是一种夸大其辞的说法，而且直接违反优生学和体质心理学所提出的事实。就事实而论，也仅只显示出它的可笑罢了。

另一方面，弗洛伊德派、存在心理学派的治疗学者、罗杰士派和人格成长的心理学者，也都论及了有关"发现"自我和"揭发式的"治疗方式，但是他们或许太低估了意志和决定的因素，也忽略了个人抉择对个人塑造自己时的重大影响力。

当然，这两个学派可以说都太过心理学化而太缺少社会学化了。换言之，他们在各自的思想系统中，都太不重视社会和环境的决定因素，太不重视诸如贫穷、剥削、国家主义、战争和社会结构等这些外在于个人的因素所具有的巨大影响力。当然，没有一个神智清晰的心理学者会妄加否定个人在这些力量之前所感到的某种程度的无能为力。但是，毕竟他的主要职责是研究个人，而不是研究外在于心理的社会因素。同样，对于心理学者而言，社会学者则似乎太过武断地强调社会力量，而忘却了人格、意志、责任等的自律性。所以，我们还是把两个学派都视为可能，而不是盲目或愚蠢地迷信它们比较好些。

8. 我们不只是一直在逃避责任与意志的问题，也在逃避与责任、意志息息相关的力量和勇气。最近，心理分析派的自我心理学者已经觉察到这项重要的人性变数，并且也已经密切注意到"自我的强忍性"。至于对行为主义的学者而言，这依然是个遥不可及的问题。

9. 美国心理学界学者虽已响应了奥波特的呼吁，注意到了个案研究的心理学，却还没有多少成效，甚至连临床的心理学者也没有什么成绩。现在现象学家和存在主义哲学家又在这方面加给我们一道难以抗拒的推动力——我认为理论上是"不可能"抗拒它的。如果已知的科学不能配合对个人独特的研究，则它充其量仍是一种糟糕的科学概念，终究须得接受一番改造。

10. 现象学在美国心理学的思潮中已具有一段历史，但是就整体而言，我认为它已经没落了。不过，欧洲现象学家以严谨审慎及苦心孤诣的举证让我们明白，了解别人的最佳途径——或者至少是为了达到某种目的的必要途径——就是去了解他的世界观，以他的眼光来看他的世界。当然，这样的论点，就任何实证主义的科学哲学来看，都是粗糙不堪的。

11. 存在主义哲学家强调个人终极的孤寂感，不仅有利于提醒我们要更深入地去研究人心、责任、选择、自我创造、自律、自我身份等；同时也使得孤寂者彼此之间的沟通秘密（例如直观与同情、爱与利他、与他人认同和普遍的和谐共融）愈发显得有问题，令人迷惑不解，而我们却将这一切都视为理所当然。如果我们能将之视为尚待解释的奥秘，则应该采取比较恰当的做法。

12. 存在主义作家另外还有一个先入为主的观念，简单地陈述如下：他们认为与生命的严肃面、深刻面（或者所谓"生命的悲剧感"）形成强烈对比的是生命的肤浅与平淡，这是一种萎缩了的生命，是对生命终极问题的抗拒。这不仅是一个文字上的概念，更有实际运作的意义（比如在心理治疗上）。我（还有其他人）都日益感受到，悲剧有时也有治疗的功效。而且，如果病人是为痛苦所迫而寻求治疗，则治疗的功效往往最佳。当肤浅的生命行不通时，它便受到质疑，继而引发返本溯源的呼唤。正如存在主义学者清楚明白地指出，肤浅的心理学已经行不通了。

13. 存在主义以及许多其他学派的学者都帮助我们了解到，语言性的、分析性的、概念化的理性有其限度。而这些学派都是当代呼声中的一部分，呼唤着我们返回先于任何概念或任何抽象作用的原始经验。我相信这是一种验证批判，针对的是20世纪西方世界的整个思想方式，包括正统的实证科学与实证哲学在内，都迫切地需要重新予以验证。

14. 在现象学和存在主义所引发的一切变革里，最重要的可能要数科学理论中迟来的革新。也许我不应该说他们"所引发的"，而应该说"在他们的帮助下"，因为还有许多其他力量也有助于摧毁正统的科学哲学或"科学主义"。不仅要克服主体与客体之间所谓笛卡儿式的分裂对立，还有，由于心灵和原始经验都被纳入实体界，也必然会造成许多其他更剧烈的变革。这些变革不仅影响心理学科，也影响其他各学科，因为像吝啬、简朴、精确、秩序、逻辑、优雅、定义等，也都属于抽象概念的领域，而不只是经验的领域。

15. 最后我要谈谈存在主义作品对我影响最大的激励，即心理学中有关未来时间的问题。我对这个问题并不全然陌生，相信对任何一位研究人格理论的严肃学者来说，这也不是一个陌生的问题。布勒、奥波特、高斯坦等人的作品，都使我们深深感受到有必要对于"未来"在现有人格中所扮演的动态角色，作一系统化的处理。例如成长、蜕变、可能性均必然指向未来；而潜能与希望、欲求与想象等概念亦然。一旦将之化为具体之物，则会丧失未来；威胁与焦虑同样指向未来（没有未来就不会有精神官能症）；自我实现若不指向一个流畅活跃的未来，则毫无意义可言；生命可以成为一种时间的形态……

存在主义学者对此问题基本而核心的重视，对我们有很大的帮助。像史特劳斯所写并收在梅义所编纂的《存在》一书中的那篇文章，即是一例。任何一套心理学理论，其重点若不包含以下的概念即"人类的未来潜藏于自我的内在，且动态地活跃于当下的时刻里"，便不会是完整的理论。我认为这是十分合理的说法，在此意义下，我们可以把"未来"视为雷印所谓非历史性的。我们也必须了解，只有未来是原则上未知的，且是未可知的。换言之，一切习惯、防卫和应付技巧都是模糊不定的，因为它们的建立基础是过去的经验。只有具有弹性活泼的创造力的人，只有能够常怀信心、面对新环境无所畏惧的人，才能真正地处理未来。我确信目前我们所谓的心理学，有许多部分都只是在研究我们"为了逃避绝对创新之焦虑，而迫使自己相信未来仍将一如往昔"所使用的惯技而已。

以上这些想法支持着我的希望。我希望我们看到的是心理学上的一种扩充，而不是反心理学或反科学的一种新"主义"。存在主义很可能不仅能够丰富心理学的内容，而且可能也是一种附加的推动力，足以建立一支心理学。这套心理学处理的是有关已完全发展的真正"自我"及其存在的方式。

的确，我们似乎日益明白，心理学中所谓的正常，其实是一般人的一种心理疾病，只不过它太不起眼，范围太广，因此平常注意不到它。而存在主义对真正的人和真正的生命所作的研究，帮助我们把这种普遍的假象，这种在幻觉与恐惧下的生活，投入到一个清晰耀眼的光明之中，并暴露出它是病态的——即使它也是人普遍都有的情形。

我不认为有必要太过严肃地去看待欧洲存在主义学者絮絮不休地谈论恐惧、苦恼、失望等诸如此类的现象，他们解决这些问题的唯一药方就是"坚忍到底"。由于价值的外在来源都已失效，才会引起这种"高IQ"为宇宙现象哭泣的情形。在这方面他们实应向心理分析学者去学习了解：幻觉的消失与自我身份的发现，起初虽然痛苦，但最后总是令人兴奋且令人坚强的。还有，他们当然也不肯提及高峰体验、体验、欢悦与忘我，甚至不曾提及一般正常的幸福感，这使得我们强烈地怀疑，这些作家是否不曾有过高峰体验，不曾体会过欢悦。他们俨然只能用一只眼睛，而且还是戴着一只有色的眼镜去看世界。大多数的人不仅都体验过各种不同程度的悲剧，也体验过不同程度的欢笑。而任何一种哲学如果遗漏了其中一项，都不能算是适合大众的哲学。威尔逊曾明确地区分"正面言论"之存在主义学者与"负面言论"之存在主义学者。我完全同意他所作的这种区分。

三、人的动机

通常，被看作动机理论的出发点的需要就是所谓生理的驱动力。有两项新的研究成果使得我们有必要修正惯用的需要概念。首先是关于体内平衡概念的发展，其次是食欲（人们对食物的优先选择），是体内实际需要或缺乏的一种表现。

无疑，在一切需要之中，生理需要是最优先的。这意味着，在某种极端的情况下，即一个人生活必需的一切都没有的情况下，很可能主要的动机就是生理的需要，一个需要食物、安全、爱和尊重的人，很可能对食物的渴望比别的东西更强烈。

如果所有的需要都不满足的话，有机体就会被能量需要所支配，而其他的需要简直就不存在了，或者退到隐蔽地位。这时，可以简单地用"饥饿"二字来反映整个有机体的特征，人的意识几乎完全被"饥饿"支配，全部能量都置于满足食物的需要上，而这些能量的组织，也几乎完全被追求食物这一目标所支配。现在，感受器官和反应器官、智力、记忆、习惯这一切简直都可以称为消除饥饿的工具，那些对于这个目标没有用处的能量，均处于暂停状态或退入隐蔽地位。在这种极端情况下，写诗的愿望、获得一辆汽车的愿望、对美国历史的兴趣、对一双新鞋的需要，则统统被忘记或退居第二位。对于一位极端饥饿的人来说，除了食物，他对别的没有更强的兴趣，就是做梦也梦见食物。他想到的只是食物，看见的只是食物，渴望的只是食物。甚至可以说，这时（只有这时）充饥就是独一无二的目标。

人类机体的另一个特征是，当机体受某种需要的支配时，对未来的看法也会改变。对于长期处在极端饥饿状态的人来说，他的理想境界可能就是丰富的食物。在他看来，只要有生之年食物有保证，他便是最幸福的，他便不再企求更多的东西了。因此，对于他而言，生活本身被看成是吃饭,其他任何东西都是次要的,自由、爱情、团体的感情、尊重、哲学观念,全都可以置之一旁,都是无用的东西,因为它们不能填饱肚子。可以说,这种人仅仅是为面包而活着。

不可否认,上述情况确实存在,但是,并不具有普遍性。在一个正常的和平的社会里,那种使人长期极度饥饿的非常事件几乎是罕见的,仅仅是在偶然的机会和一生中的某些时刻,才会感到纯属生与死的饥饿。

显然,使人处于极度的、长期的饥或渴之下,只能把"更高"的动机弄得含混不清,由此所得出的有关人的能量和人的本性方面的观点是片面的。不论是谁,想把非常情况当成有代表性的情况,并按处在极度的生理缺乏时期的人的行为来测量其一切目标和愿望,这必然会对许多事情视而不见。显然,当一个人没有面包时,他以为只要有面包就能生活。但是,当一个人有了充足的面包,而且长期以来都填饱了肚子,这时,他又会有什么愿望产生呢?

这时,一个人立即会出现另外的、"更高级"的需要,支配有机体的就是这些更高级的需要,而不是生理上的饥饿。当这些需要依次得到满足之后,又会有新的(仍然是"更高级的")需要产生,如此反复。这就是我们所说的,人类的基本需要组成有相对优势的层次。

综上所述,在动机理论中,"满足"是像"缺乏"一样的重要的概念,因为它使得有机体从生理需要的支配中解脱出来,并出现了别的社会目标。当生理需要及其局部目标长期获得满足,它们就不再作为活动的决定因素或行为组织者而存在。它们此时仅仅以潜在的形式存在,在某种意义上说,如果它们受到了挫折,就可能重新出现并支配有机体。但是,需要已经满足了,就不再是一种需要了。有机体仅仅受到尚未满足的需要的支配,产生行为,如果这种需要已经满足,那它在个人当前的动力中就不重要了。

如果生理需要相对满足了,就会出现一组新的、我们可概称为安全的需要,而且,它与上述生理需要一样,是客观存在的。同样,有机体可以完全受它们支配,它们几乎成了行为的唯一组织者,调动有机体的一切能量去工作。因此我们公正地说,整个有机体是一个追求安全的机制。我们还可以说,智能和其他能量主要是寻求安全的工具。我们在一个饥饿的人身上发现,他的支配目标,不仅强烈地影响他目前的世界观，而且也影响到他未来的人生观。

实际上，也有把一切事情看得比安全次要（有时甚至把正在得到满足的生理需要此刻也看得不重要）的情况。处在这种情况下的一个人，如果需要强烈且时间很长的话，就可以把他看成几乎仅仅是为了安全而活着。

虽然本文的主要兴趣是探讨成人的需要，但是通过对婴儿和儿童的观察来了解安全需要也许会更加有效，因为在婴儿和儿童身上，这种需要表现得更简单、更明显。当小孩受到恐吓和处于危险时，他们的反应总是表露在外，毫不抑制，而成人都已经学会不让自己的反应显露出来。因此即使在成人感到安全受到威胁时，也不能从其外表观察出来。当小孩受到威胁，受到扰乱或者突然跌倒，或者由于巨响、闪光而受惊，或者从母亲怀中落下，或者感到失去依靠，就会以一定的形态做出反应。

儿童在安全方面的另一种表现，是喜欢某种常规的生活节奏。他们仿佛希望有一个可以预测的有秩序的世界。发挥父母的中心作用和建立正常的家庭，这是不可怀疑的。家庭内部出现争吵、打架、夫妻分居、离婚或死亡，可能会使小孩感到特别恐惧。另外，父母发怒，惩罚恐吓小孩，大声叫唤，严厉训斥，将孩子推推拉拉，虐待或施以体罚等，往往会引起孩子的恐惧与痛楚。这不单是肉体上的苦痛。这种恐惧就某些儿童来说，也可以说是失去父母之爱的恐惧，但完全被抛弃的孩子之所以依恋不喜欢的父母，纯粹为了安全而求保护，而不是由于希望得到爱。

一般的小孩在遇到新的、陌生的、难以控制的情况时，也常常会产生受到威胁和恐惧的反应。例如，看不到父母或暂时离开父母，见到陌生的面孔，碰见奇怪的不熟悉的或不能控制的事情，生病或死亡等。尤其是在这些时候，小孩会狂热地依恋父母，这就有力地证明，父母起着保护者的作用（他们在食物的供应者和爱的供给者方面的作用除外）。

上述的安全反应很容易从小孩身上观察到，它说明这样的事实：处在某种环境下的儿童会感到太缺乏安全（或者说，这种环境对小孩的成长是有害的）。在一个没有威胁、充满友爱的家庭中成长的儿童，通常不会有上述反应。这样的儿童，对事物或情境的危险反应是恰如

三、人的动机

其分的。他所感到的危险，成人多半也会感到。

在我们的社会里，健康正常而幸运的成人，他的安全需要基本上是能得到满足的。一个和平、安定、良好的社会，会使它的成员感到很安全，不会有野兽、极冷极热的温度、犯罪、袭击、谋杀、专制等威胁。因此，从实际意义上说，他不再有任何安全的需要，正如饱汉不会再感到饥饿一样，一个安全的人也不再感到危险。如果我们想要直接地、清楚地看到安全需要，那么只有去找那些神经病人或接近于神经病的人，去找那些在经济和社会方面受害的人。在两种极端的情况之间，我们可以看到表达安全需要的某些现象，比如，一般偏爱职位稳固、有保护的工作，要求有积蓄以及要求各种保险（医疗、牙科、失业、残伤、老年的保险）。

另一种追求安全的情况是，人们总喜欢选择那些熟悉的、已知的事情。有一种信仰或世界观，它趋向于把世界上的人们组成一种令人满意的、和谐的、有意义的世界，这也部分地受到安全需要的驱使。我们也可以把科学和人生观总的看成安全需要的动机的一部分（后面将看到，有的人具有为科学、哲学或信仰而奋斗的动机）。

另外，安全需要可以看成在紧急状态下积极的、支配的动员力量，紧急状态可以指战争、疾病、自然灾害、罪犯的袭击、社会动乱、神经病脑损伤、长期处于逆境等。

假如生理需要和安全需要都很好地得到了满足，就会产生爱、情感和归属的需要，并且以新的中心，重复着已经叙述过的整个环节。现在，个人强烈地感到缺乏朋友、情人或妻子或孩子，他渴望在团体中与同事之间有着深厚的情感。他将为达到这个目标而做出努力。这时，他希望得到爱胜于其他东西，甚至他有可能忘掉那些曾经得到的东西。而当饥饿的时候，他又把爱看得次要了。

从顺应不良和更严格的精神病理学的案例来看，在我们的社会中，爱的需要的威胁是最普通的基础核心。一般爱、情感以及它们在性欲方面的表示，是有着心理矛盾的，习惯上包括许多限制和禁止。实际上，所有的精神病理学的理论家都强调，在顺应不良的情况下，爱的需要的威胁是贯穿在全过程的基础。因此，许多临床研究对爱的需要做了研究，我们对它的了解也许比对其他需要的了解更多。

应该强调的是，爱与性并不是同义的。性可作为纯粹的生理需要来研究。爱的需要包括给别人的爱和接受别人的爱。

社会上所有的人（病态者除外）都希望自己有稳定、牢固的地位，希望别人的高度评价，需要自尊、自重，或为他人所尊重。牢固的自尊心意味着建立在实际能力之上的成就和他人的尊重。这种需要可以分成两类：第一，在所面临的环境中，希望有实力、有成就、能胜任和有信心，以及要求独立和自由；第二，要求有名誉或威望（可看成别人对自己的尊重）、被赏识、关心、重视和高度评价。

自尊需要的满足使人有自信的感情，觉得在这个世界上有价值、有实力、有能力、有用处。而这些需要一旦受挫，就会使人产生自卑感、软弱感、无能感。这些又会使人失去基本的信心，要不然就企求得到补偿或者趋向于神经病态。从严重创伤型的神经症患者的研究中就很容易知道，他们基本的自信需要得不到认可，他们不理解怎样算是无能的人。

即使以上所有的需要都得到满足，我们仍然可以说，通常又会产生新的不满足，除非此人正在干称职的工作。音乐家必须演奏音乐，画家必须绘画，诗人必须写诗，这样才会使他们感到最大的快乐。是什么样的角色就应该干什么样的事，我们把这种需要叫做自我实现。

"自我实现"这个词是库尔特·哥尔德斯坦首创的。本文在使用时有所限定。说到自我实现的需要，就是指促使他的潜在能力得以实现的趋势。这种趋势可以说成是希望自己越来越成为所期望的人物，完成与自己的能力相称的一切事情。

为满足自我实现的需要所采取的途径，因人而异。有人希望成为一位理想的母亲，有人可能表现在体育上，还有人表现在绘画或发明创造上。虽然具有创造能力的人将采取发明创造的方式，但它不一定是一种创造性的冲动。

自我实现需要的产生，有赖于前面的生理需要、安全需要、爱的需要以及尊重需要的满足，我们将把这些需要得到满足的人叫做基本满足的人。由此，我们可以期望这种人具有最充分、最旺盛的创造力。在我们的社会中，除了对基本满足的人有所了解之外，我们对自我实现需要在实验上和临床上都还了解不多，有待于进一步的研究。

有些条件是基本需要的直接的先决条件。危害了这些条件，就像直接危害基本需要本身一样会发生反应。像言论自由、行动自由，只要对其他人无害，爱做什么就做什么的自由：发表自己意见的自由，调查和搜集资料的自由，维护自己观点的自由。正义、公正、诚实和集体中遵守纪律等这些条件，都是基本需要满足的先决条件的例证。这些条件本身不是目的，但是，它们似乎又被当作目的，因为它们与基本需要有密切的关系，而只有基本需要才具有自身的目的。这些条件之所以视为必要，是因为没有这些基本条件的满足完全是不可能的，或者会受到严重损害。

我们知道，认识的能力（知觉、智力的和知识的）是一套调节工具，而这些工具除了其他功能外，还具有满足我们需要的功能，那么显而易见，对它们的任何危害、对它们自由的任何剥夺或阻挠，也必然会间接地对它们本身的基本需要造成威胁。这样的论述，是解释一般的好奇心、寻求知识、真理和智慧，以及不断致力于探索宇宙秘密的说明。

迄今为止，我们所谈的这一层次还是个固定的顺序，但实际上它远非我们认为的那样刻板，确实多数人都把这些基本需要视为基本遵循我们已指出的那个顺序，然而却有许多例外。

1. 例如，有些人似乎把自尊看成比爱更重要。这个需要层次中最常见的颠倒情况，常是由于有了这样的想法：为人所爱的人多半是坚强有力的人，是引起别人尊敬感或畏惧心的人，也是富有自信或积极进取的人。因此，这种缺乏爱而追求爱的人，就可能力图做出积极而大胆的行动。但实际上，他们所追求的是高度自尊，其行为的表现更多地作为达到目的的一个手段，而非目的本身，他们想突出自己，那是为了求爱，而不是为了自尊。

2. 还有具备创造性天赋的人，其创造性的驱力似乎比其他任何相对的决定因素更为重要。他们的创造性可能不是由于获得基本满足后的自我实现的表露，尽管缺乏基本满足，他们仍有创造性。

3. 在某些人身上，抱负的水准可能永远是压抑或低下的。这就是说，连不怎么优越的一些目标也可能完全丧失，甚至永远消失，从而过着水准极低即长期失业的生活的人，只要能在有生之年得到足够的食物，他们也会心满意足的。

4. 所谓心理病态的人格，则是永远丧失爱的需要的另一例证。根据所获得的最好的数据来看，这些人在他们生命的最初数月中就已经缺乏爱，因而几乎永远丧失了给予和接受感情的愿望和能力（正像动物因为在出生后不马上进行练习，就失去吸吮或啄食的能力一样）。

5. 需要层次发生颠倒的另一个原因是，当一种需要长期得到满足时，对这种需要的价值可能会估计不足。一个从未经历过长期饥饿的人，容易低估饥饿的效应，而把食物看作是很不重要的事。如果他们为某种较高的需要所支配，这种较高的需要就成为最重要的需要了。因此为了这种较高的需要，他们有可能，实际上也确实会把自己置于许多基本需要被剥夺的境地。我们可以预计，在较基本的需要被长期剥夺以后，将出现重新估计上述两种需要的趋势，致使早被人轻率地放弃的那种占优势的需要，此时却具有明显的、压倒一切的力量。据此，一个宁愿放弃工作而不愿丧失他的自尊因而挨饿了6个月左右的人，可能又甘愿重新去工作，甚至不惜以丧失自尊作为代价。

6. 需要层次的明显颠倒的另一部分解释在于这样的事实：我们一直有意识地感到需要或愿望，而不是用行为去谈优势需要的层次。注意行为本身，可能使我们留下错误的印象。我们的主张是，当两种需要被剥夺时，人们要求的是两种中最基本的一种。这里不一定意味着他将按照他的愿望行动。我们重申，除了需要和愿望外，还有许多决定行为的因素。

7. 此外更重要的原因是要涉及理想、崇高的社会标准和高价值等等，具有这样价值观的人会成为殉难者——他们为了某种理想或价值，将会牺牲一切。他们是"坚强"的人，能够经受非议或反对，顶住公众舆论的压力，还能不惜个人巨大的牺牲而坚持真理。这些人正是爱别人的人和为人所爱的人，正是与许多能够坚决反邪恶、反排挤或反迫害的人结下深厚友谊的人。

我讲了这些意见，但是应当指出这样的事实，即在对挫折容忍力进行充分讨论中，要考虑其中有些情况纯属习惯。例如，那些长期以来习惯于半饥半饱的人，特别经得住食物的剥夺，在这两种趋势（一方面是习惯，另一方面是由过去的满足所产生的目前对挫折的容忍力）之间应达到哪一种平衡呢？这要通过进一步研究才能得出结论。同时，我们可以假定，它们两者能一起发挥作用，因为它们互不矛盾。就增强挫折容忍力这个现象来说，最重要的满足大概来自于人一生的最初几年。这就是说，在最初几年中就变得坚定有力的人，将有助于他在未来无论面临什么艰难险阻仍能保持坚定有力。

迄今，我们理论上的讨论可能得出这样的印象，就是五种需要像一个梯子，相互间是全或无的关系。我们用这样的话作过如下的说明："如果一种需要得到满足，那么，另一种需要就会出现。"这样的陈述可能给人们一种假象，好像一种需要必须百分之百得到满足后，另一种需要才会出现。实际上，大多数人在正常情况下所有的基本需要，部分能得到满足，部分却得不到满足。这里，我们逐次探求优势层次作更为实际的说明：一般市民在生理需要上大约能满足80%，在安全需要上满足70%，在爱的需要上满足50%，在自尊的需要上满足40%，在自我实现的需要上则满足10%。

至于谈到优势需要满足后出现的新需要，应指出这种出现并不是突然的、跳跃的现象，而是以缓慢的速度从无到有、逐步发生的。例如，如果优势需要 A 只满足10%，需要 B 就可能根本不出现。但当需要 A 满足25%时，需要 B 可能会出现5%。当需要 A 满足75%，需要 B 就可能出现90%，等等。

基本需要的分类，促使某些人企图考虑，在不同文化中特殊愿望的表面差异后面还有相对的统一性。当然，在任何特定的文化中，一个人有意识的动机内容通常与另一社会中一个人的有意识的动机内容截然不同。然而，人类学家的共同经验是：即使在不同的社会里，人们还是比我们初次与之接触所想的要相似得多，而且当我们更多地了解他们后，我们似乎就会发现这种共同性越来越大。因此，我们认为最惊人的不同也只是表面的，而不是基本的，例如发型、衣着和食物口味等等的不同。我们对基本需要的分类，只是企图部分说明在不同文化来说都是根本的或者是普遍的。我们只认为，相对来说，这比不同文化中表面的有意识的愿望更根本、更普遍也更基本，而且使共同的人性的探讨更接近实际，人的基本需要比其表面的愿望或行为更具有共同性。

必须理解这些需要不是某种行为唯一的或单一的决定因素。在任何看来是出于生理动机的行为中，如饮食或男女性爱等等，都可找到这种例证。临床心理学家早已发现，任何行为都可能是一个使多种决定因素流动的结果，任何行为往往都是由几种基本需要或一切基本需要共同决定的，而不是仅仅由其中的一种需要决定的。后者的例外较多，前者的例外较少。吃饭可能部分是为了填饱肚子，部分是为了舒服和改善其他需要。分析一个人的某个单独行动（如果从理论上，而不是从实践上），可从中看出他的生理需要、安全需要、爱的需要、尊重需要和自我实现的表现，那是可能的。这与朴素的性格心理学形成鲜明的对比。在性格心理学中，是用一种性格或一种动机说明某种行为，例如，单纯地认为产生侵略行为的是侵略性格。

不是所有行为都由基本需要决定的。我们甚至还可以说，不是所有行为都是由动机引起的。除了动机之外，行为还有很多决定因素。例如另一类重要的决定因素就是所谓现场决定因素。至少在理论上可以说，行为完全可能由现场决定，甚至由孤立的外部刺激决定，如在观念联想或某种条件反射中便是如此。如在对刺激物"桌子"的反应中，如果我马上想到桌子的记忆表象，那么这个反应肯定与我的基本需要毫无关系。

其次，有些行为动机强烈，另一些行为动机微弱；有些行为根本不是由动机引起的（但是，所有行为都是被决定的）。

另外一个重要观点是：表现行为和模仿行为（努力奋斗，有目的地追求目标）之间有基本区别。表情不是动机的必然，它只是性格的一种反映。一个愚笨的人行动愚蠢，这不是因为他想要如此，也不是由刺激引起，而是由于他就是这样的人。当我用低音而不用高音或中音讲话时，也是如此。一个健康孩子的任意活动，一个快乐的人即使独处时也面带笑容，一个健康人悠然自得地慢步，他挺直的体态都是表现性、非功能性行为的另一些例证。一个人体现出几乎所有他的行为，不管行为是不是由动机所引起，通常都是表现性质的、机械的、习惯的。自动的和传统的行为可能是表现性的，也可能不是。大多数受"刺激约束"的行为同样也是如此。

最后必须强调的是行为的表现和行为的目标指向，这两种情况不是互相排斥的。一般人的行为通常是两者兼而有之。

日常生活中的有意识的动机内容，根据前面所述，因它或多或少与基本目标密切有关，所以可被理解为比较重要或比较不重要。吃一杯冰淇淋的愿望实际上可能是爱的愿望的间接表现。如果真是这样的话，那么，吃一杯冰淇淋的愿望就成为极端重要的动机。但如果冰淇淋只是使口腔凉爽的东西，或者偶然的食欲反应，那么，这个愿望相对说来，也就并不重要了。日常的有意识的愿望是被当做症状，当做更基本的需要的表面指示。如果我们从它们的表面价值来看待这些肤浅的愿望，我们便会完全陷入永远不能解决的混乱中，因为，我们将要认真地处理症状本身，而不是处理症状后面的问题。

不重要的愿望遭受挫折，不会产生心理病理方面的后果，而基本上重要的需要遭受挫折，就会产生这样的后果。因此，必须将任何心理病原学的理论建立在健全的动机理论的基础之上。冲突或挫折未必是致病之因，只有当它威胁或挫伤基本需要，或者与基本需要密切有关的部分需要时，才成为致病之因。

前面已多次指出，通常只有当更为优先的需要得到满足时，我们才会出现新的需要。因此，满足在动机理论中具有重要的作用。当然，除了这一点，需要一旦得到满足，它们就会停止起积极的决定作用或组织作用。

这意味着基本上得到满足的人再不会有尊重、爱和安全等方面的需要，说他们还有此需要只是在这个几乎是形而上学的意义上说的，犹如说什么饱汉言饥、满瓶谈空那样。如果我们关心的是实际上引起我们动机的是什么，而不是已经引起、将会引起我们动机的是什么，那么，满足了的需要就不再是一股推动力。从有实用性的目的出发，必须认为它已经不存在了。这一观点必须强调。因为，在我所了解的每种动机理论中，这一点不是被忽略，就是相互矛盾。

像这种考虑所提出的大胆假定，即是在任何一种基本需要中受到挫折的一个人，简直可以被公正地看作是有病之人。这种人与缺乏维生素和无机物的那些被我们称为"病人"的人很相似。谁说一个健康人的动机主要是出于缺乏爱就不如缺乏维生素重要呢？他缺乏的是对发展和实现他最丰富的潜在力量和能力的需要。如果一个人迫切而经常地具有任何其他的基本需要，他就不是一个健康的人。他突然显得非常缺盐缺钙似的，实在是个病人呀！

如果这样的论述是奇特或自相矛盾的话，我可以向读者保证，这只是在我们修正对人的深奥动机的看法中所出现的许多反论中的一个罢了。当我们询问人对生活有何需要时，我们是触及了问题的本质。

四、超越性动机

　　自我实现的人（即更为成熟、更为完满的人）的定义是：在他们的基本需要已得到适当满足以后，又受到更高层级的动机——"超越性动机"的驱动。

　　这就是说，他们具有一种归属感和充实感，他们爱的需要得到了满足，他们有朋友，得到爱的温暖，感受到爱的价值，在生活中有自己的地位和空间。他们具有理性的价值观和自尊感。如果我们反过来说，那么，自我实现的人也就是在任何时候都不会感到焦虑、空虚和孤寂，以及不会有自卑感等不健全感情的人。

　　当然，还可以用其他方式来表述，而且我也已这样做过。比如，要是将人的基本需要假定为人类个体唯一的动机，那么就可以说，自我实现的人不过是"非驱动"的人，在某些文章里已使用过这一术语。这样一来就把自我实现的人与东方哲学把健康看作是超越执著和欲求的观点联系起来了。

　　也可以用表现式而不是用复写式的方法来描述自我实现的人，这就是强调，自我实现的人是恬然自发、天然情真的人，他们比其他人更易于把握自己的真性。

　　上述种种表述，在个别研究场合有其分析作用。但最好还是进一步提出问题："是什么动机激励着自我实现的人？"

　　显然，我们必须将居于自我实现层级以下的人（这些人是由基本需要驱动的）的原始动机，与那些基本需要已得到充分满足因而不再为基本需要所驱动的人的动机明确地区别开来，因为这些人更多是由"更高层级"的动机激励的。为方便起见，我们把自我实现的人的这些更高层级的动机和需要称之为"超越性需要"，这样就把动机范畴与"超越性动机"范畴区别开了。

我觉得，基本需要的满足，对超越属于动机来说并不是充足条件，这是不言而喻的，尽管它可能是一个必须的先决条件。在我治疗的一些病人身上，表面上的基本需要的满足就与"生存性神经症"、无聊、无价值之类的东西掺合在一块。现在看来，超越性动机并不是在基本需要满足后就能自然而然地得到保证。因此必须提出"维护超越性动机"的附加定义。这就是说，为了交流和理论建设的需要，须对自我实现的人作一些补充规定，他们不仅是完全健康、没有疾病的人，也是基本需要已充分满足的人；还是能主动积极地运用自己能力的人；而且更是为一些他们所为之奋斗、为之求索并奉献忠诚的价值所激励的人。

每一个自我实现的人都献身于某一事业、号召、使命和他们所热爱的工作，也就是"奋不顾身"。

一般说来，这种赤诚和献身精神的明显特征是热情、慷慨和对工作的深厚感情，人们完全可用天职、召唤、使命等等古老的词汇去描述它们，甚至可以用注定或命运这样的词汇描述。我还曾把它比作宗教意义上的祭献，即为了某一特殊使命、某一超于个人之外的或比个人更为重要的事业，为了某些不夹杂私利、某种与个人无关的事业而牺牲自己，或把自己奉献给"圣坛"。

我想进一步来好好谈谈"注定"或"命运"这样的概念。它实际上是用不太恰当的词来比拟一种感受，这种感受往往是人们在听到自我实现的人（和其他人）谈及自己的工作或任务时会有的。人对自己所热爱的职业会有这种感受，进一步对那些干起来非常"自如的"事也会有这种感受，对适合于他去做的事、有义务去做的事，甚至他似乎天生就应承担的事，也会有这种感受。

可以说，上述道理也适用于我的女受试者，尽管在意义上有所不同。我曾有过一位女受试者，她完全献身于做母亲、做妻子、做家庭主妇、尽女族长的义务。她的天职（我们完全有理由用这个词）就是带孩子、使丈夫幸福，把一大家子亲戚和睦地维系在一个亲友关系网中，她干得十分出色，与我所描述的那种精神几无二致，她对自己的行为也感到由衷的愉悦。她完全是以整个身心热爱自己的命运，我甚至可以说，她从不羡慕分外的任何东西，只是充分发挥着自己的全部能力。其他女受试者虽有不同的家庭生活和家庭之外的职业，但都能积极热忱地献身于家庭生活和社会工作，把它们当作同样重要和有价值的事去热爱。我简直想说，有一些妇女，至少在某一时期里，她们最充分的自我实现就是"带一个孩子"。

最为理想的例子是，内在的需求与外在的要求契合一致，"我想"也就是"我必须"。

我可以分别来描述这两种决定性的因素，在作这种描绘时，我常常动情。内在的需求可以说是人内心的反应，例如："我爱孩子，或我酷爱绘画，我热心于从事研究，我热衷于政治权势胜过世界上任何事情，我对它充满幻想……我毫无保留地献身于此……我需要它……"这都可称为内在的"需求"，是人内在地感觉到的一种与责任完全不同的自我沉迷。它与"外在的要求"不同，不可混为一谈。外在的要求是主体对环境的反应，对他人的命令的反应。诸如起了火"要求"扑灭，孤弱的孩子要求有人照料他，明显的不合理的事要求正义来裁判等等。在这种情形下，人所感到的是职责感、义务感和责任感，不管他是被安排着去完成还是真正主观希望去完成，他都必须义不容辞地作出反应。在此，更多的是"我必须，我应该，我不得不……而不是我意欲"。

理想的情形是："我想"也就是"我必须"，这类情形我有幸碰见过不少。

我有些说不准该如何称呼它，姑且把它叫做"目的性"，因为，它也可以说是出于意志、目的、决定和策划之类，但同时这个词又不足以表明那种卷入潮流的主观情感，那种自愿而热切献身的主观情感或屈从于命运而又愉快幸福地承受命运的主观情感。在理想的情形中，一个人也会发现自己的命运；而并不仅仅是为命运所左右、所规定、所裁决。一个人认识自己的命运时，仿佛是在不知不觉中等待着它。也许用"斯宾诺莎主义者"或"老庄"的道、抉择、目的甚或意志等术语来表述会更好。

与那些对此尚未领悟的人交流这些感情，最好的方法就是用"沉迷于爱"为例，说明这与执行职责或做些明智的合逻辑的事是显然不同的。如果非要提到"意志"一词的话，那也是在极特殊的意义上来使用的。当两个人完全相爱时，双方就会懂得什么叫磁和铁一般的感觉，什么叫双方共同同时感受到的东西。

这种理想的境遇既引起幸运的种种感情，又引起矛盾心理和卑微感。

这一模式也有助于表达用语言难以交流的东西，也就是表达他们的幸运感、幸福感、必要的感恩感；表达对这一奇迹竟会出现的敬畏感，对他们竟会被命运选中的惊异感；表达那种骄傲中濡染着谦卑的奇特的复杂感受，那种在幸运的爱侣身上可以感觉到的为他人的不幸而惋惜的傲慢感。

当然，这种幸运和成功的可能，也会引起各种神经质的恐惧、卑微感、反向价值、约拿综合症等各种不同的行动。在以整个身心接受最高的价值之前，必须克服这些妨碍我们自我实现的种种最大可能性的障碍。

在这一水准上已超越了工作和娱乐的分离，工资、消遣、休假等都必须用更高的水准来定义。

诚然，我们可以说，这样一种具有真正意义的人，就是他正在成为他自己那一类人，也就是成为他自身，就是实现了他的真实自我的人。抽象地说，根据对这种最高的、完善的、理想的考察所做出的推断，也许可以这样比拟：对某一特殊职业来说，某人是这世界上最合适的人，而这一特殊职业对这人的天赋、才能、趣味来说也是合适的。他就是这职业，这职业就是他。

无疑，只要我们同意这一点并体验到我们所说的东西，那么我们就可以进行另一个领域的讨论——存在领域，超越领域。现在，我们只能用存在语言（神秘水准上的交往等）来谈论。比如，对自我实现的人来说，工作和娱乐之间通常的习惯上的分裂已完全被超越了，这一点非常鲜明。那就是说，在自我实现的人那里，在这样一种情境中，工作与娱乐没有明显的区别了。他的工作就是娱乐，他的娱乐就是工作。如果一个人爱他的工作，并从中得到愉悦，这世界上再没有任何其他活动可与它相比。他热切地追求它，每次休息后都急切地回到它那里去，那我们怎么能说"劳动"是违反某人的愿望强迫他去干的事呢？

这种热爱使命的人，想把自己与他们的工作同一化（相融合、一体化），并使工作具有自我的特征，成为他自我的一部分。

如果有人问这种人，亦即自我实现的人，热爱工作的人，"你是谁?"或"你是干什么的?"那他通常会以自己的"使令"来作答:"我是律师"、"我是母亲"、"我是精神病学家"、"我是艺术家",等等。

假如有人问他,"我想恐怕你不是科学家(或教师,或飞机驾驶员),那你是干什么的呢?"或者会这样问:"我想,你大概不是心理学家吧?"在我的印象中,自我实现的人这时会表现出困惑、思虑、吃惊,也就是说会做出一个毫无准备的回答。他的反应也许会十分机智,开一个玩笑。但实际上,她的回答却是:"要是我不是一个母亲(或一个人类学家、一个实业家),那我也就不会成为我了。我也许就成了另一个人。我简直无法想象我会成为另一个人。"

这种回答与对下面这句提问的含糊回答不相上下:"我想,你也许是一个女人而不是男人。"

探讨性的结论是:在自我实现的主体那里,他们所倾爱的工作逐渐取得了自我的特征,与自我同一,融合起来,成为一体,成为一个人的存在的不可分割的一部分。

自我实现的人所献身的事业,可以解释为内在价值的体现和化身,而不是指达到工作本身之外的目的的一种手段,也不是指机能上的自主。这些事业之所以为自我实现的人所爱恋(和内投),是因为它们包含着这些内在价值。也就是说,自我实现的人最终所爱恋的是职业的价值,而不是职业本身。

对自我实现的人来说,职业似乎并非是独立自存的,它宁可说是某种最高价值的载体、工具和化身。对自我实现的人来讲,律师这一职业就意味着公正的目的,而不是律师本身的目的。也许我可以通过表达我的感受,来让人体会到这一点上的微妙差别。对某个人来说,热爱法律是因为法律即公正,而在另一个人看来,亦如在一个纯粹的非价值观的技术人员看来,热爱法律不过就是出自本能地爱规范、先例和程序,而不顾及目的或运用这些规范、先例、程序的后果。

这些内在的价值与存在价值交织在一起,就合二为一了。

我感到急需要用我的存在价值这一描述,不仅是因为理论上贴切,而且因为它在众多不同的描述方式中是最恰当实用的描述。这就是说,存在价值一词是在经历了种种不同的探索之后最终找到的。在各种不同的道路上(诸如教育、艺术、宗教、心理治疗、高峰体验、科学、数学等），人们逐渐猜测到在它们之中有某种共同的东西。如果确实如此，我们也许还可以加上一条通向终极价值的道路，这就是事业、使命、天职，也就是自我实现的人的"工作"。

这种内投也意味着把自我扩展到世界所包含的各个方面，从而，自我与非自我（外部世界、他人）之间的分离就被超越。

存在价值或超越性动机不再仅仅是心理内部的或机体的了，它们既是内在的又是外在的。超越性需要在某种程度上是内在的，但它追逐的一切却是外在的。内在东西和外在东西的区分，在自我实现的人那里变得模糊起来，也就是说，它们逐渐融合了。

在这里，单纯的自私自利似乎被超越了。因而必须从更高的层次上来给它下定义。比如，我们知道，有的人从他孩子吃食物那里得到比自己亲口吃更大的愉悦（这是自私还是无私），他的自我已扩展到自己孩子身上。伤害他的孩子就等于伤害他。自我确实不再与（由心脏流出沿着血管奔涌的血所支撑着的）自身的生物体是一码事了。心理学上的

自我显然比自己的肉体大得多。

价值与自我的一体化还有一个重要结论。比如，你热爱这世界上或这世界上某一个人的公正和真理，当你的朋友接近真理和公正时会使你感到幸福，而当他离开真理和公正时你就会感到悲哀。这一点不难理解。但试想一下，你看到你自己向真理、公正、美和美德靠近时又如何呢？你当然可能发现，在一种特殊的、对自己个人的超然和客观的态度中（这在我们的文化中是没有地位的），你会爱恋并赞美你自己。这种健康的自爱，弗洛姆早在1947年就描述过了。你会尊重你自己，赞美你自己，温柔地关怀你自己，嘉奖你自己，感受到自己的美德值得爱，值得尊重。你可以把自己当做责任，当做不是你自己，就如一个孕妇那样，她的自我这时就可以定义为包含着一个非自我。所以，一个人也可以用自己过人的天赋来卫护这天赋和他自己，仿佛它是某种同时既是他自己又不是他自己的东西的载体。可以说，他可以成为他自己的监护人。

没有达到自我实现的人，似乎是以工作来获取低级层次需要的满足，以及获得神经质需要的满足。工作被作为达到目的的工具，是出自习惯，或者作为对种种文化上的期望的反应。当然，它们在程度上

可能有所不同,也许人类每一个个体都是(潜在地)在一定程度上由超越性动机激励着的。

生涯、职业或工作这些一般性的范畴,也可能作为满足其他各种动机的渠道,这不是指纯粹的习惯、习俗或机能自主之类。这一切可能满足或徒劳地寻求满足某一或全部基本需要以及各种神经质需要。它们也可以成为达到"演出"的渠道,或者成为达到'防御性"行为以及真实满足的渠道。

这些不同的习惯、决定因素、动机、超越性动机都同时活跃在一个异常复杂的模式中,而这一模式又偏重于以某一种动机或意图为中心。也就是说,我们所知的达到更高发展水准的人由超越性动机激励的程度需要比一般人高得多,他们与一般的或发展水准不高的人比起来,受基本需要驱动的程度则要小得多。

对人或人的本性的全面定义必须包括内在价值,也就是说,要把内在价值作为人性的一部分。

如果我们要对真实的自我、人自身或说真正的人的最深、最真、最本质的各个基本方面下定义的话,我们就会发现,由于它们过于广泛,我们不仅要囊括人的体质和气质,囊括解剖学、心理学、精神病学、内分泌学,囊括他的各种能力、生理上的特质以及他基本的内在固有的需要,而且还得囊括存在价值,这也是他自身的存在价值。

这些内在的价值在性质上是类似本能的东西,也就是说,人需要它们是为了避免病态,并达到完满的人性和成长。'病态"是由于内在价值超越性需要的丧失造成的,我们可以称之为超越性病态。"最高的"价值,精神生活以及人类最高的抱负,因而也就是科学研究和探索的正常主题,它们就在自然界之中。

那些由于存在价值(或超越性需要,或存在的事实)的丧失而引起的"病态"还是一个新问题,尚未被诸如病理学这一类的学科描述过,而只是被含糊地提到过。比如弗兰克尔在 1966 年曾通俗地概括地描述过,没有以研究的形式去处理。一般说来,这些问题多少世纪以来一直是由宗教学家、史学家和哲学家们把它们作为精神上的或宗教上的缺陷来探讨的,而不是由生理学家、科学家或心理学家作为精神病上的、心理上的、生理上的"病态"及发育不全或萎缩来研究的。在某种程度上说,有些东西也与社会学和政治学上的混乱纠缠在一起，诸如"社会病理学"之类。

我将把这些"病态"（或者更确切些说是人性的萎缩）称之为"超越性病理现象"，把它们确定为存在价值（不是一般的存在价值就是个体特殊的存在价值）丧失的结果。

生活富裕而又放荡不羁的青年人的超越性病理现象，一部分是由于内在价值的丧失和"理想主义"受挫，一部分是由于对社会失去了希望，从而他会错误地以为这个社会仅仅是由低级、动物的或物质的需要所驱动的。

我的看法是，这种行为很可能是长期追寻某种可信仰的东西与失望懊恼的混合物（我曾见过一位青年对存在价值的存在本身感到巨大的失望）。

当然，这种受挫的理想主义和不时产生的失望感，也部分地受到了那种遍及全球的狭隘昏愦的动机理论的影响。且不谈行为主义和实证主义理论（它简直算不上理论）如何简单粗暴地拒绝研究这一问题，就是精神分析学家也否认这一问题。这些理想主义的青年男女们又有什么办法呢？

不仅整个19世纪的官方科学和正统的经院心理学，没有给青年人提供任何东西，就是大多数动机理论也没有给青年人提供任何东西。靠这些动机理论生活，大多数人都会被引向抑郁症或犬儒主义。弗洛伊德主义者也不过是关于人的高级价值的还原论者，起码在他们的正式著作中（而不是在那些有益的治疗实践中）是如此。他们认为最深层最真实的动机是危险的、龌龊的，而人的最高价值和美德则完全被当作欺骗，当作"深层、黑暗、污浊"的东西的伪装教条。我们的社会科学家们在主要问题上恰恰是令人失望的。极端的文化决定论，至今仍是许多或大多数社会学家和人类学家公开的、正统的信条。这一信条不仅否定人的内在的高级动机，有时还明显接近于"否定"人的自身本性。经济学家们从根本上说都是些实利主义者，不仅西方的经济学家如此，东方的经济学家也如此。我们不得不这样苛刻地来评说经济"科学"：它不过是人的需要、价值的完全错误的理论的一种技术上的精巧高妙运用罢了，它只是着眼于低级的需要或物质的需要。

这怎么能叫青年们不失望、不颓丧呢？青年们不仅被理论家们而且被父母和教师们的传统思想以及广告商们那些显然乌七八糟的谎言牵着鼻子走,到头来获得了一切物质上的和动物般的满足后,仍然得不到幸福。这会造成怎样的后果呢?

那么,"永恒的真理"又如何呢?终极真理又如何呢?社会上大多数人都赞成把它们转手移交给教堂,交给教条化、制度化、习俗化了的宗教组织。这岂不就是对人的最高本性的否定吗?据说青年一代在寻求真理时,肯定在人的本性中什么也找不到,他不得不到非人的、非本性的地方去寻求终极真理。当今聪明的、有头脑的青年人当然会怀疑或拒绝这一非人本性的探求方向。

这种价值匮乏和价值饥荒既由外在的价值丧失造成,也是由我们内心的矛盾心绪和反向价值造成的。

在这样的环境中,我们不仅被迫丧失了价值而成为病理反常的人,我们还对内在于我们的和外在于我们的最高价值感到惧怕。我们既受到吸引,也感到畏惧、吃惊、颤栗、胆寒。这就是说,我们逐渐陷入内心矛盾和冲突之中,我们甚至抵制存在价值。压抑、否弃、反抗结构——也许弗洛伊德主义的一切防卫机制都可用来抵御我们心中的最高价值,一如它们被建立起来抵御我们心中最低级的冲动一样。谦卑和无价值感会使人逃避最高价值。怕被淹没价值的恐惧感也会造成同样的结果(我在1967年的一篇文章里称这种恐惧感为约拿综合症,并作过更详尽的描述)。

基本需要的系统,比超越性需要的力量强些。

基本需要和超越性需要是在同一个整合的系列之中,也就是在同一个连续统一体中,属于同一探讨的范围。它们都有"被需要"(即对人来说是必须的、有益的)的共同的基本特征。正是在这个意义上,它们的丧失才产生"病态"和萎缩,它们的吸收才有助于培养完满的人性,获得更大的幸福和快乐,达到心理上的"成功",促发更多的高峰体验,并且一般地说常在存在的水准上促进生活。这就是说,它们都是生物性的欲求,都能促进生物性的成长。但是,它们也有明显的不同。

首先,整个基本需要系列比超越性需要力量强些,换一句话说,超越性需要在基本需要后生效,不如基本需要那么急迫,要求要弱一些,这一点很明显。我这里说的是就一般的统计意义而言,实际上,我发现有些个别特殊的人有一种独特的天赋，对真、善、美有独特的敏感。在这些人身上，超越性动机显然更重要、更迫切。

其次，基本需要可称为匮乏性需要，这些需要的种种特征早已描述过了。而超越性需要似乎还有更特殊的特征，可称之为"生长性动机"。

从平均值上来看，各种超越性需要都具备同等强度，那就是说，我无法考察其优势上的一般等级。但在任何一个活生生的个体身上，超越性经常是根据其特质的天赋和体质上的差异排列成层级的。

我所能够举出的超越性需要（或说存在价值、存在事实）并不依优势层级排列，一般看来，它们都是同样的强烈。关于这一问题的另一说法是，每一个个体依其自己的天赋、气质、技能、才能等，有他自己的超越性需要的重点、层级或优势，这种说法就另一方面的目的看是有益的。对某人来说，美比真更重要，但对他的哥哥来说，这可能是同等统计性的倒过来的比较。

这样看来，任何内在价值或存在价值都可以用大多数或一切其他存在价值来完满地说明。它们可能形成某种统一体，其中每一特定的存在价值从另一角度来看简直也就是整体。

这就是说，要给"真"下一个充分的完全的定义，就得这样说："真"是美、善、完美、公正、单纯、有序、合法、生动、易解、一致、超越分歧、松弛、愉悦（"真、完整的真、纯真"这一公式是不适当的）。美的完满定义是：真、善、完美、生动、单纯等。

价值生命（精神的、宗教的、哲学的、价值论的等）是人的生物学的一个方面，它与"低级"的动物生命是处在同一个连续统一体上的。两者并不是分立的、矛盾的或互相排斥的。从而，它可能是遍及全人种的，超文化的，尽管它必须通过文化才能实现自己的存在。

精神生命是人本质的一部分，确定人的本性的特征，没有这一部分，人的本性就不完满。它是真实自我的一部分，人本身的一部分，人的族性的一部分，完满的人性的一部分。一个人的自我或纯粹的自发性所纯粹表现的程度，也就是超越性需要的表现程度。"消除抑制的"疗法、存在疗法、言语疗法或"本体论的"疗法，都将揭示并增强超越性需要和基本需要。

深层诊断和各种治疗术最终将揭示这些超越性动机，因为我们的"最高本性"很可能就是我们的"最深层的本性"。价值生命与动物生命并不是两个互不搭界的领域，这在大多数的宗教和哲学那里才是如此，在古典的、非人化的科学那里也是如此。精神生命（沉思的、"宗教的"、哲学的或价值生命）在人的思维权限之为，原则上说是可以靠自己的努力去获得的。尽管它们被传统的、非价值的、模仿物理学的科学逐出了现实的领域，我们仍可断言，精神生命是人道主义科学的研究和技术的对象。

让我更详尽地发挥一下：超越性动机是遍及全人种的，从而是超文化的、人人共同的，并不是文化随意创造的。由于这一点容易引起误解，让我这样来说吧：超越性需要在我看来是类似本能的，这就是说，它有明显的遗传上的遍及全人种的定性，但它们是潜在性的，而不是现实性的。要实现这些潜在的精神生命，文化是绝对不可少的。可是，文化并没有促进它们的实现，这恰恰也是有史以来大多数已知的文化的实际所作为。因而，这里所指的超文化因素是能从外部来评判任何文化的，也就是说，根据文化促发或压制自我实现、完满人性和超越性动机的程度来进行这种评判。

所谓有精神的（或超越性、价值论的）生命明显地植根于人种的生物本性中。这种"高级"动物性是以健康的"低级"的动物性为前提条件的。也就是说，它们是一个整合的（而非互相排斥的）系列。但是，这种高级、精神的"动物性"过于怯弱和柔嫩，很容易丧失，很容易为强大的文化势力剥夺，因而只有在一个促进人的本性文化中，它才能广泛地实现，从而得到最充分的发育。

愉悦和满足可以由低级到高级排列为一个等级。所以快感论也可以看作一个由低级到高级的层级，也就是说，有超越性欢乐。

存在价值，亦即超越性需要的满足，是最高的愉悦或我们所知道的最大幸福。

我以前曾在另一处地方提出过，需要意识到有一个愉悦的等级，从痛感的消除、热水浴后的惬意与挚友相处的庆幸，到欣赏经典性音乐作品的喜悦，有了孩子般的欢欣，最高爱的体验的狂喜，直到与存在价值的融合。

这样一种等级也就是欢乐、自私、职责等问题的解决。如果在一般的愉悦中包含着最高的愉悦——超越性愉悦，那么说完美的人也只是寻找愉悦——超越性愉悦就是一句实话了。我们也许可以把这称之为"超越性欢乐"，并从这一层次上指出：既然人类个体最高的义务从某种程度上说就是真、善、美，而真、善、美也就是族类所能体验到的最大愉悦，那么愉悦与职责从根本上说并不是互相矛盾的。当然，从这一层次上说，自私和大公无私的相互排斥性也就消失了。对我们来说是有益的东西，对每一个人来说也是有益的，令人满足的东西就是值得赞美的东西，我们的欲望就是值得信赖、理性的、明智的，我们所享乐的就是有益于我们的，寻求我们自身的（最高的）善，也就是寻求普遍的善。

既然精神生命是类似本能的，那么"主体性生物学"的一切技术均可运用于精神生命的教育。

精神生命（存在价值、存在事实、超越性需要等）从原则上说是可以自我反省到的。它有"冲动的声音"或"内在信息"，尽管它不如基本需要强烈，但起码可以"听到"，从而可以算作我所描述的"主体性生物学"的规则之一。

因而，从原则上讲，"主体性生物学"的一切原则和训练都有助于发展（或教育）我们的感官意识、机体意识，我们的感性体察到这些内在的信息（它通过我们的需要、才能、体质、气质、机体等发射出来），这一切信息尽管不是很强，仍可适用于我们内在的超越性需要，亦即适用于培养我们对美、法则、真、完美等的渴望。我曾用"体验的空虚"一词来表述这样一些人，他们的内在信息不是缺乏，就是处于沉寂状态。也许我们也可以用"体验的丰富"来表述那些感觉到自我的内在声音的人，他们因此而能够有意识地内省到超越性需要并为此而感到愉快。

这种体验的丰富性，从原则上讲应该是"可培养"起来的，或是可恢复起来的。我坚信，也许适当地使用幻觉剂，采用埃沙伦式非语言术，用禅定和沉思术，或通过进一步研究高峰体验或存在认知，多少会起到一定作用。

但是，存在价值似乎与存在事实是一码事。因而实在归根到底是事实——价值或价值事实。

传统上的存在与应该之间的矛盾，是生活的低级水准的特征。它在事实与价值合二为一的高一级生活水准上被超越了。对清晰的理性来说，这些既是描述性的又是合规范的词语，可称之为"融合词"。

在这合二为一的层次上，"对内在固有价值的爱"与"对终极实在的爱"是一码事。在这里献身于事实也就是爱事实。坚定地致力于客观性或致力于感知，也就是尽可能地减少对观察者的不良影响，以及对观察者的担忧、希望、为自己盘算等不良影响；获得情感的、审美的、有价值的成果，也就是最伟大和最明智的哲学家、科学家、艺术家、心灵工程师和领袖们所接近并追求的成果。

对终极价值的沉思，也就与对世界本质的沉思成为一码事。探寻真（完满定义上的真），也就等于追求美、秩序、单一、完善和公正（完满定义上的公正），那么，通过任何其他的存在价值都可以寻到真。这样一来，科学不就与艺术、爱、宗教、哲学没有什么两样了吗？对存在本质的基本科学的发现，不也就是精神上的或价值论上的成果了吗？

不仅人是自然的一部分，自然也是人的一部分，而且人必须与自然多少有一点同型（这就是说近似于自然），以便在自然中能够存活。自然使人演化发展，从而人与超越他的东西的交往也就不需要说成什么非自然的或超自然的。这种交往完全可以视为一种"生物上的"体验。

也许，人对自然的激动感情（人把自然领悟为真、善、美）有朝一日会被理解为一种人的自我认识或自我体验，理解为个体自身存在和充分发挥潜能的一种方式，理解为安适自如的一种方式，理解为一种生物的真实感，理解为一种"生物神秘主义"。也许，我们不仅会把与最值得爱的东西的交往看作神秘的或高峰的浑然一体，而且会把与这"家庭"中的任何一员（这是存在的真正的一部分，人也隶属于此）的融合视为神秘的高峰的浑然一体。

我们越来越深信不疑的是：我们本来就与宇宙是一体，而非与它格格不入。

——加德斯

神秘体验或高峰体验（在此，精神的体验与宗教的体验也许并无二致）的这种生物学的或进化论的观点再次提醒我们：我们最终定会超越作为"最低级的"或"最深层的"对立面的"最高的"这一陈

四、超越性动机

旧过时的用语。在这里所描述的"最高的"体验，那种人们所能感知的与终极事物的充满喜悦的浑然一体，同时也可看作是我们人的终极动物性和族类性的最深体验，看作是对我们与自然同型的丰富的生物本性的承认。

存在价值与我们个人对这些价值的态度并不是一码事，与我们对这些价值的情感反应也不是一码事。存在价值在我们心中引起一种"需求的感情"，也引起一种卑微感。

存在价值最好与我们人类对它们的态度区别开来，这一困难的任务至少在一定程度上是可以做到的。这些对终极价值（或实在）的态度包括：爱、敬畏、膜拜、谦恭、崇敬、卑微、惊异、诧愕、颤栗、亢奋、感恩、恐惧、喜悦等。这些显然都是些包括认识因素在内的情感反应，当一个人看到某一与他自身不一样（那怕只是可以说成不一样）的事物时，就会有这些反应。

当然，人越是在高峰体验中与世界化为一体，这种自我内部的反应就越少，作为一种分立存在的自我就越是不存在。

用来描述各种动机的词汇必须有一个等级层次，尤其是超越性动机（生长动机）必须与基本需要匮乏性需要在特征上区分开来。

内在固有价值同我们对这些价值的态度的区分，也需要有一个关于动机的分出等级的词汇（这里最一般、最概括性地使用动机这个词）。我以前曾提醒注意与从需要到超越性需要这一层级序列相对应的各种满足，愉悦或幸福的不同层次。除此之外，我们还需牢记，只有在超越性动机（亦即生长动机）的层次上，"满足"这一概念本身才被超越了，因为，只有在这一层级上的愉快才可能是无止境的。所以，对于幸福这一概念来说，也只有到了最高的层级才能被超越。这样一来，也许容易带来一种宇宙般的悲哀，带来一种虚静或不带情感的禅思。在最低级的基本需要层级上，我们所能谈的只有驱动、极度渴求以及奋求和急需，例如在断绝氧气或经受着巨大的痛苦时就是如此。我们再顺着基本需要的序列朝上走，更为适当的词就是意欲、愿望、选择和要求之类了。但到了最高的层级（亦即超越性动机层），这些词就主体而言显然就恰当了，只有用下面这些词汇来描述超越性动机的感情才准确，即向往、献身、追求、钟爱、景慕、赞美、尊敬、沉迷或入胜等。

存在价值需要行为上的表现或"庆贺",并引起主观状态。

我们赞同赫谢尔所强调的"庆贺",他把这描述为"对自己所需要或崇敬的事物所表现出来的尊重或敬慕的行为……庆贺的实质在于唤起对生活中的崇高或庄严方面的重视……庆贺就是极乐,参与演出一场永恒的戏剧。"

不妨再解释一下,最高的价值不仅仅是随极乐和虚静禅思,考察主观状态的体验更容易得多。

有些教育和治疗上的有利和条件可以用来区分存在领域(或水准)与匮乏领域(或水准),也就是可能用认识这些水准的语言区别。

我曾发现,将存在领域与匮乏领域区分开来,亦即将永恒的领域与"实践的"领域区分开来,这对我来说太有用了。仅仅从战略战术的角度看,要过充实美满的生活,需让自己选择生活,而不是让生活来决定我们的命运,这种区分也是有益的。

我还发现,这些词汇能使人更充分地认识到存在价值、存在的语言、存在的终极事实、存在的生命,并产生趋向联合的意识,从这方面来说也十分有用。这些词汇在某种程度上有些辞不达意,有时甚至能引起敏感,但它们却有助于达到目的。

"内在固有良心"和"内在固有的负罪感",归根到底植根于生物性之上。

弗洛姆讨论了"人道主义良心"这一概念,霍妮重新考察了弗洛伊德的"超我"概念。在此影响下,其他人本主义心理学家也赞同在超我之外还有一个"内在固有良心",以及一个用来对背弃内在固有的自我进行自我惩罚的"内在固有的负罪感"。

我坚信,超越性动机论的生物基础,能进一步弄清和充实这些概念。

人的个体生物学无疑是"真实自我"的必不可少的组成部分。成为你自己、自然的或自发的生活,绝对真诚的生活,表现你的本来面目,这一切都是生物学的表述方式,它们都不外是承认人在体质、气质、解剖、神经、内分泌和类似本能的动机上的本性。这一表述既是弗洛伊德主义者的路子,又是新弗洛伊德主义者的路子(不说罗杰斯、荣格、谢尔登、哥尔德斯坦等人的追随者)。他们清理和纠正了弗洛伊德所摸索的东西,以及粗略地一瞥而过的必然性。因而,我把他们视为"纯弗洛伊德主义"或"后弗洛伊德主义"传统。我认为,弗洛伊德是想用他的各种本能学说来表达这一类似的东西。我还相信,他们的表述是对弗洛伊德的本能学说的接续和改良,霍妮曾想用她的真实自我概念去表述的也不外是这些东西。

假如我的这些对内在固有的、自我的生物学解释成立的话,那么神经性的负罪感与内在固有的负罪感之间的区分也就可以成立。内在固有的负罪感是起于对自己的本性感到不满,起于想违背自己的本愿那样生活。

最终的宗教功能,有不少是靠我们这种理论结构来实现的。

从人类一直在追求的永恒和绝对的观点来看,在某种程度上说,存在价值能达到这一目的。这些存在价值就其本身来说,并不依赖于人类对自己的生存怀有的那种奇异的想法。这些价值是体察的,而不是创造出来的,它们是超人的、超个体的,它们可以被看作一种完善,它们确能满足人类对必然的渴求。

但从特定的意义上讲,这些价值又是人类自身,它们不仅是属于人的,而且就是人自身。它们博得人献身于它们、崇敬它们、庆祝它们,并为它们而捐躯。它们是值得人为之而生为之而死的。禅思这些价值,与它们浑然化为一体,是人所能享受到的极乐。

就已有宗教组织的其他功能来讲也一样。在每一传统宗教中(不管是有神论的还是无神论的,不管是西方的还是东方的,哪怕是以其地区性的表达方式)所描述的大部或几乎全部特殊的宗教体验,都能为我们这种理论结构所吸收,并能以经验意义的方式(亦即可测验的方式)表达出来。

五、缺陷与成长

我们可以根据"基本需求"这一概念所答复的一些问题,并根据用以揭示这一概念的各种运作方式,来界定"基本需求"的概念。我最初要问的是有关心理疾病起源的问题:"导致人类罹患精神官能症的原因何在?"我的答复(我认为这是对分析性之答案的一种修正与改进)简而言之就是:精神官能症就其核心而言,开始时似乎只是一种因缺乏而引起的疾病,致病的原因是由于某些基本需求的满足被剥夺,而所谓的基本需求就是指像水、氨基酸、钙等类的需求,也就是说,人类如果缺少了它们便会产生疾病。大多数的精神官能症,除了一些复杂的决定因素之外,多半还牵涉到对安全、对隶属和认同、对亲密的爱、对尊重和声誉等希望的落空。这些结论,是根据我十二年来通过心理治疗的工作和研究,以及二十年来对人格所做的研究聚集而成的。关于替换治疗的效果,我们(曾在同一时间,以同一方式)做过一项明显的控制研究,结果显示有许多复杂的病情,当缺乏消除以后,疾病就会随之而愈。

目前大多数的临床医生、心理治疗学者和儿童心理学者,事实上都已接受了这些论点(只不过他们之中有些人的用字遣词与我不同),而这些论点也使得学术界一年比一年更能够以一种自然、平易、毫不矫作的方式,从实际经验的资料中,归纳出基本需求的定义(不是以武断和不成熟的方式去指派其定义,这种指派的定义先于知识的累积,而是为了获取更大的客观性,而成立于知识的累积之后)。

以下便是长期匮乏的特征:

1. 缺少了它便会导致疾病。
2. 有了它便可防止疾病。

3. 恢复它便可治疗疾病。

4. 在某些十分复杂的自由选择的情况下，被剥夺该需求之满足的人宁可先弥补它，更甚于获得其他的满足。

5. 它在健康的人身上显得不活跃、衰弱不振，或缺乏效用。

此外，它还具有两个主观上的特征，亦即有意或无意的渴求与向往，以及欠缺感或匮乏感，此种感觉一方面是针对失落之物，另一方面则是针对其美好的滋味。

关于定义，最后还有几句话。这类作者在尝试为动机下定义与划界线之时所深感困扰的许多问题，都是由只对外在可观察到的行为上作要求而导致的结果。动机的原始判断，以及除行为主义心理学者外全人类迄今一直使用的判断，都是主观的。只要我感到需要、渴望、欲求、希望、匮乏，我就算已引起动机了。至今尚未找到一个和这些主观的感受适切地相呼应，而在客观上可观察得到的状态。换言之，动机还没有一个行为上的恰当定义。

当然我们现在应该继续寻找相应于主观状态的客观相应物或指示点。等哪一天我们发现了愉悦、焦虑、欲望也有其公开且外在的指示点，那时心理学就算又跃进了一个世纪。虽然在尚未找到它之前，我们不该自以为已经找到，但是我们也不应该忽视我们已经拥有的主观资料。可惜我们无法要求一只老鼠提出主观感受的报告。不过，还好我们可以向人询问。而且，除非我们找到更好的资料来源，否则没有什么理由阻止我们这么做。

有机体所根本欠缺的这些需求，可以说是因健康之故所必须予以填满的空格，而且是必须借着主体以外的其他人来予以填满的空格。为了本文剖析之便，我把这些需求称为缺陷的或匮乏的需求，以对应另一种极为不同的动机。

没有一个人会怀疑我们"需要"碘质或维生素 C。但我要提醒读者：我们需要爱，也是同样明显的事实。

近几年来，愈来愈多的心理学者发现他们不得不预设某种成长或自我圆满的倾向，以补充平衡状态、均衡作用、紧张减除、防御和其他具有保护性的动机等概念。之所以如此，有好几个理由。

1. 心理治疗。由于自我朝向健康，才促使治疗成为可能。这是一项绝对的必要条件。如果没有这种趋迫力,则无法说明治疗,因为它已远远超过抵抗痛苦与焦虑之防御机构的能力之外了。

2. 战争中脑部受伤的士兵。高斯坦的著作是大家熟知的,他发现必须使用"自我实现"的概念,才能解释个人受伤以后机能再生的能力。

3. 心理分析。有些心理分析学者,尤其是弗洛姆和霍妮,他们都发现除非先假定病患在倾向于成长的冲动,发展完美的冲动,以及倾向于实现个人潜能的冲动等方面受到挫折,否则连精神官能症都无法予以了解。

4. 创造力。研究成长中和已成长的健康人,尤其是将他们与患病的人相互对比,可以说明创造力的一般论题。尤其是艺术理论和艺术教育的理论,都会用到成长与自发性等概念。

5. 儿童心理学。对儿童的观察报告日益明白地显示,健康的儿童都能津津有味地享受成长、发展进步,在学得新技巧、获得新能力和新力量等方面获得快乐。此一说法与弗洛伊德派的理论见解恰恰相反。弗氏认为每一个儿童都会拼命地抓住达到的每一种适应性,并且紧紧地依附在每一种静止状态或平衡状态中。按照这种理论,保守而顽强的儿童,就不断需要有人将他从原先舒适而深爱的静止状态中踢入一种新奇而又令他害怕的处境中。

虽然临床医师一再证实,弗氏此一说法对许多缺乏安全感或饱受惊吓的儿童而言,的确是事实,而且对全人类而言,也具有部分的真实性;然而,对于健康、快乐且具有安全感的儿童,它大致上是行不通的。在健康的儿童身上,我们清楚地看到他们渴望成长、成熟、去旧求新,并对旧有的安适状态弃如敝屣。他们对新技术不仅热切渴望,而且显著地引以为荣,这就是布勒所谓的"功能性喜乐"。

对各个心理学派的作者们而言,尤其是对弗洛姆、霍妮、荣格、布勒、安雅、罗杰二、奥波特、夏克特和林德等人而言,以及对晚近天主教心理学者而言,成长、个体化、自律性、自我实现、自我发展、生产力、自我完成等字眼,大致上都是些同义词,都是指心理学界模模糊糊地体会到的一个领域,而不是已经严格定义的一个概念。而我认为,目前既不可能,也不需要对这领域加以严格的定义。因为一个定义若不能由已知的事实中轻易且自然地浮现，那么必会有所妨碍、歪曲，并且无益。如果依照先天的背景来任意设定定义，则也可能会导致错误或误解。关于成长，我们目前所知不多，亦不足以赋予恰当的定义。

成长的意义虽无法界定，却可部分借由积极的指示，部分借由消极的对比（亦即与非成长者对比），而获得指明——例如，指出成长不同于平衡状态、均衡作用、紧张之减除，等等。

支持成长理论的人之所以会感到成长的必要性，部分是由于不满足感所致（这是最近才被注意到的现象，尚未被现存之理论所涉及）；部分则是由于迫切需要一些理论或概念，以便与古老价值体系崩毁后崛起的新人文主义价值体系相配合。

这里的论述主要得自于对心理健康的个人所作的直接研究。做这些研究，并不只是为了个人内在的益处，同时也是为了给治疗、病理与价值提供一项坚实的理论基础。我认为，唯有通过这种直接的研究，才能明白教育、家教、心理治疗、自我发展等的真正目标所在。成长最后所获得的成就，常可使我们更明白成长的过程。我在最近出版的一本书中（《动机与人格》），曾述及我在此项研究中所知的一切；此外，在书中我也对于这种直接研究好人而不是坏人，直接研究健康人而不是病态人，并同时研究人的积极面与消极面的普通心理学，所可能导致的各种后果，毫不客气地加以理论化。我现在所要讨论的是，我在健康的人身上与其他不健康的人身上观察到他们在动机生活上有所不同。换言之，我要把因成长需求而引起动机的人与因基本需求而引起动机的人加以对比。

就动机方面而言，由于健康的人都已能充分满足对安全、归属、爱、尊重与自尊等方面的基本需求，因此引起他们动机的，主要是对自我实现的欲求（自我实现的是指潜在力、才能和才干可不断地继续实现，指使命或召唤、命运或职务的达成，指自我对个人内在本性的充分认识与接纳，并指不断迈向人格的统一、整合和凝聚的倾向）。

我在《动机与人格》一书中所作的描述性的和运作性的定义，应该比这种抽象式的定义来得恰当。在此书中，所谓健康人是指按照我在临床上对他们所观察到的特征，加以描述而成的。这些特征是：

1. 对现实具有高度的觉察力。
2. 不断接受自我、接受别人、接受自然。
3. 自发性不断增强。
4. 逐渐能以问题为中心。
5. 隔离感与独处的渴望不断增强。
6. 自律性及对约束的抗拒力不断增强。
7. 欣赏力日渐新颖,情感的反应日益丰富。
8. 更经常濒临高峰体验。
9. 渐渐能认同人类本性。
10. 人际关系的改变(临床医生更愿意称之为"改善")。
11. 更富有民主性格的结构。
12. 创造力大大增强。
13. 价值系统的某些改变。

此外,我在该书中亦曾述及,由于取样和资料的可用性具有某种不可避免的缺陷,因而该项定义也有其限度。

到目前为止,"自我实现"这一概念所呈现出的主要困难之一,在于它多少具有某种静态的特征。因为我在自我实现方面所作的研究,大多数是针对较年长的人而作成的,因此很容易被视为是一种终极的或最后的境界,是一个遥远的目标,而不是一种活跃于一生的律动过程,并且易被视为是存有,而不是变化。

如果我们把成长定义为"引导个人朝向最后自我实现的繁复历程",便比较符合所观察到的事实;成长是生命历程中无时无刻不在进行的现象。同时也打断了把自我实现视为是逐步跃进式的、"非全即无"的动机历程的想法。在这样的自我实现中,基本需求一个接一个在较高层次上出现于意识中之前,均获得了完全的满足。于是,成长不仅被视为是促使基本需求获得满足,且使之"消失"的渐进历程,同时也被视为是超越基本需求之外的特殊成长动机,例如才干、能力、创造趋向、体质的潜在力等等。不过,这点说明可以帮助我们了解,基本需求和自我实现彼此之间其实并不互相抵触,正如童稚与成熟并不互相抵触一般;是由前者过渡到后者,并成为后者的必要先决条件。

此外，我们将要探究介乎成长需求与基本需求之间的差异，而此差异是我们在临床上针对自我实现者和其他人的动机生活所观察到的性质差异，以下将一一列举。不过，用缺陷需求和成长需求之名称来描述其间的差异虽然不错，却不完善。例如，并非一切的生理需求都是一种缺陷，比如性、排泄、睡眠和休息等等的需求，都不是缺陷。

无论如何，当一个人倾向于求取缺陷需求的满足时，所过的心理生活，和当他倾向于以成长为主、或已然超越动机之外、或以成长为动机、或倾向于自我实现时，所过的心理生活，这二者情形是截然不同的。以下所列举的差异，将使这点更为清楚。

实际上，历代和当代所有的动机理论，都一致把需求、驱力、引起动机的状况一概视为令人厌烦、恼怒、不愉快、讨厌而应该避之若凶的东西。被动机引发的行为，对目标的寻求和圆滑的回复都是为了消灭这些不愉快的各种技巧。从减少需求、减除紧张、减少驱力与消灭焦虑等这一类被用来描述动机的词汇中，我们很明显地可以看出这种态度。

在动物心理学和在主要以动物实验为基础的行为主义中，这种态度是可以理解的。也许是因为动物只具有缺陷需求。不管是否真的如此，我们已俨然把动物看成是为了客观目的的缘故。好像在动物机体之外有一个目标对象，因此我们可以衡量动物用以达到这一目标所作的努力。

这点在弗洛伊德的心理学中也是可以理解的。弗洛伊德对动机所持有的态度，也同样是认为冲动是危险的，而且是必须与之抗争的。毕竟，弗洛伊德的心理学说，都是建基于病人的经验，这些病人事实上都曾因需求、满足与挫折上的不良经验而深深受苦。无怪乎他们会害怕，甚至憎恶那些令他们困扰并且处理不当的冲动，因此最常用的应对方法就是去压抑它。

当然，在哲学史、神学史和心理学史上，欲望和需求的消灭乃是常见的课题。斯多葛学派、大多数的快乐主义者、经济理论学者、许多政治哲学家及实际上所有的神学家，都一致肯定善良、幸福、愉悦基本上是对匮乏、欲望、需求这些令人不愉快的情况加以改善的结果。

为了尽可能使之简化，他们一致认为欲求或冲动乃是一种令人讨厌的东西，甚至是一项威胁，因此应该尽量予以避免，加以否决或躲避。

有时这种论点也可以正确地总结事实的真相。事实上，对有精神困扰的人和制造问题的人而言，生理上的需求以及对安全、爱、尊重、消息等的需求，常是令人讨厌的东西，尤其是那些在需求的满足上有过失败经验的人和那些目前期望无法获得满足的人，更是感觉如此。

不过，即使有这些缺点，真相仍有点被过分夸张了。因为如果过去的匮乏经验得以补偿，而且如果现在与未来能够期望获得满足，那么这个人便能够接受自己的需求，享受自己的需求，并欢迎它浮现于意识中。例如：如果某人平常已习于品味食物的美好，而今又有美味当前，那么在意识中浮现的食欲必会受到他的欢迎，而不会令他感到害怕（进食时，最怕的是没有食欲）。同样，对口渴、睡眠、性、独立等的需求，以及对爱的需求，亦是如此。针对"需求乃是可厌之物"的理论，有一项更强有力的反驳，是得自于最近出现的有关对成长动机（自我实现）的观察。

属于"自我实现"的各种特异动机，是很难列举出来的，因为每个人都有不同的才干、才能和潜力。不过，大致上仍有一些共同的特征。其中之一便是，这些冲动都是被渴望的和受欢迎的；它是值得享有的，也是令人愉悦的。因此这个人宁愿多要些冲动，也不希望少些。如果这些冲动构成紧张，它们也是令人愉悦的紧张。一般来说，创作者欢迎创作冲动，有才干的人在利用和发展他自己的才干之时，会感到十分愉快。

如果认为在这种消除紧张的情况中，必隐含了对令人困恼之情境的逃避，这种说法是不对的。因为这些情况并不令人困恼。

一旦以消极态度看待需求，就常会附带地认为有机体的主要目标是躲避因需求而产生的困扰，以消除紧张，获得平衡，以臻安详平静和毫无痛苦的境界。

驱力或需求所追求的就是把它自己消除，而它唯一的努力就是为了朝向静止、泯除自己、无欲无求的境界。我们如果按照这样的逻辑推论到极点,最后的结果就是弗洛伊德所谓的死亡冲动。

然而,对于这种本质上是循环的立场,安雅、高斯坦、奥波特、布勒、夏克特以及其他学者,都曾予以有力的批判。如果生活动机基本上在于防御性地消除令人困扰的紧张,而且如果减除紧张后唯一的结果,是被动地等待更令人厌烦的困扰出现,然后再予以消除,那么改变、发展、运动或取向是如何发生的呢?人们求取进步、求取新知,为的是什么?生活中的热情又有何意义呢?

布勒在其《成熟与动机》一书中指出,均衡作用的理论不同于静止理论。静止理论只谈到如何消除紧张,其所隐含的意义就是最好没有紧张。而均衡作用的意义则不在于把紧张降至零度,而是让紧张恰适其度。也就是说,有时要降低紧张,有时要增强紧张,就好比血压有时可能过高,有时也可能过低。

但是这两种理论显然都缺乏足以引导一生的恒常方向。有关人格的成长、智慧的增高、自我的实现、个性的增强以及一生的计划等,在这两种理论中似乎都不会也不可能获得重视。为了缔造一生的发展,实应援引某种长期的诱导或指示方向。

而且,即使这种理论只是针对缺陷动机的一种描述,也是不适当的描述,应该予以抛弃。它欠缺对律动原则的意识,而通过律动原则,各个独立的动机活动才得以相互联系,并彼此相关。各种不同的基本需求乃是按照某种阶层秩序的关系彼此相系的,因此,当某一基本需求获得满足,并因此而逐渐远离核心乃至消失之后,其所引起的结果,并不是一种静止的状态,或是斯多葛学派所说的太上无情,而是在意识中浮现另一更高层次的需求。因此仍然有所渴望,仍然有所欲求,只不过层次较高而已。所以"达到静止境界"的学说,即使对缺陷动机而言,亦是不适当的理论。

然而,如果我们检查那些以成长动机为主的人,便会发现,求静止的动机理论在这些人身上一无所用。对这种人而言,需求之获得满足不仅不会降低动机,反而会促使动机增加;不但不会降低兴奋,反而会提高兴奋,同时胃口大开、食欲提高。他依靠自我而成长,而且他的需求不但不会愈来愈少,反而会愈来愈多——例如,对教育的需求。他的人格不但不会趋于静止状态,反而愈见活泼。他对成长的渴望日增,绝不会因为满足而停止。成长就其本身而言,是一种有所增益且令人兴奋的过程,换言之就是愿望和抱负的实现——例如,要做一名好医生,愿学得令人钦慕的技术(像会拉小提琴、成为伟大的雕刻家等),愿对人类、对宇宙或对自己的了解不断增加,愿发展自己不管在哪个领域中的创造力,或者(且是最重要的)单纯地只愿做个好人的理想。许久以前,魏太摩曾从另一角度强调过这种差异。他曾以看似奇怪的方式指出,一个人真正追求目标的活动不超过其一生时间的百分之十。任何一种有趣的活动若非本身就是一种乐趣,便是因为它是一种能带来乐趣的工具。就后一种情况来说,当某一活动不再成功或不再有效时,它便失去价值,不再令人喜欢了。更常见的情形是,该活动本身根本毫无乐趣可言,只有目标才是乐趣的来源。这就如同认为生命本身毫无价值可言,唯有死后上天堂才是价值所在一样。以上的论点,乃是基于我们所观察到的一项事实:自我实现的人普遍地享受生命、享受生命的各方面,至于其他一般人,则只能享受生命之中不期而至的胜利、成就、高潮或高峰体验。

　　生命的内在价值,有一部分来自成长过程中,以及达到成长境地后所获取的内在快乐。此外,它也来自健康的人把"工具活动"转化为"目的经验"的能力;因此,即使是工具性的活动也可当作目的活动来享有。成长动机可能是长期性的。许多人的一生,大部分的时间可能都花在成为一个优秀的心理学家,或成为一个杰出的艺术家上。而所有的平衡理论、均衡作用理论或静止理论,都只处理短期的插曲动机;这些动机从此独立、互不相干。奥波特曾经特别强调这一点。他指出,周详计划和着眼于未来乃是健全人性的重要特征。他亦同意:"事实上,缺陷动机要求减除紧张,并恢复平衡。而另一方面,成长动机却为了遥远、甚至不可及的目标而维持紧张。正因为如此,它们才区分了人类成长与动物成长的不同,并且区分成人的成长与幼儿的成长的不同。"

　　缺陷需求的满足与成长需求的满足,在主观上和客观上,对人格都有不同的影响效果。假如用十分概括的一句话来表达我在这里所探讨的内容,那就是:缺陷的满足可以避免疾病,而成长的满足则可以产生积极的健康。我必须承认，目前还难以将这点许诺为研究的目标。不过，在防御威胁或打击，与积极的胜利和成就之间，在抵抗、防御、保护自己，与向外伸展以求圆满实现、求兴奋、求扩张之间，的确具有某种实质的临床差异。这种差异，我曾以充实生活的预备和充实的生活二者间的对比，和成长过程与已成长二者间的对比，来试加表达。此外，我也曾使用防御性的结构（为了减少痛苦）和进取性的结构（为了成功、为了克服困难）二者来作对比。

弗洛姆曾努力将较高层次的快乐与较低层次的快乐加以区分，这种区分十分有趣，也十分重要，在弗洛姆之前也有许多人曾经尝试着做过。对于打破主观上之道德的相对性而言，这种区分具有极端的重要性，同时它也是建立科学化价值理论的先决条件。

弗洛姆区分了缺乏的快乐和丰盈的快乐，也区分了由于需求的满足而获得的"较低层次"的快乐和由于生产、创造、见识之增长而获得的"较高层次"的快乐。当我们对照以"功能性之喜悦"、忘我之境和一个人在得以驾轻就熟地发挥功能之后所经验到的宁静，以及当一个人能力达到高峰，亦即所谓的能力得以发挥极致之时所体验到的沉着稳健等等，我们便会发现：满溢、松弛以及随着缺陷的满足而导致紧张消失的情况，至多只能称为是一种"安慰"。

"安慰"既然极有赖于某种现象的消失，则"安慰"本身也十分可能会消失。它必定比由成长而得的愉快较不稳定、也较不持久，至于成长的快乐则是永远持续不断的。

缺陷需求的满足通常是插曲式的、是有顶点的。其最常见的模式是，在一开始有一促动的、引起动机的状况，推动被引发的行为进行策划以便达到某一目标，然后渐渐地、稳定地在欲求和兴奋的程度上升高，最后在完成的刹那达到高峰，然后这种欲求、兴奋及快感的高峰曲线迅速地降落到紧张消除、缺乏动机、平静的高原状态。

此一模式虽然没有普遍的可运用性，但无论如何，它却与成长动机的情况形成强烈的对比。因为成长动机的特征在于没有高峰、没有完成、没有极度兴奋的刹那、没有终结的情境，而且，如果我们把目标定义为高峰状况，则它甚至没有目标。成长是一种持续地、多少有些稳定地向上或向前的发展。他获得的越多,需求的也越多,所以这类的需求是永无止境的,而且也永远无法达到和满足。

正因为如此,一般对促动动机、寻找目标的行为、目标对象和伴随而至的影响效果所作的区分,便全然瓦解。行为本身就是目标,成长的目标和成长的动机是可能加以区分的。但其间并无二致,乃是同一的。

缺陷之需求乃是全人类所共有的,而其他种类的生物也拥有某种程度的缺陷需求。自我实现则是人所独有的,是因人而异的。但在真正的个性得以完全发展之前,通常必须先让缺陷需求(亦即具有普遍性的要求)获得相当的满足。

正如同树木必须从环境中汲取阳光、水分和养分,人类也必须从环境中汲取安全、爱和地位。然而两种情形都只是个性发展的起点,因为这些基本的、具有普遍性的要求一旦获得满足,每一棵树、每一个人都要开始发展自己的风格,各自运用这些必需之物以服膺于个人独有的目的。而更具深远意义的是,此后的发展便由内在所决定,而不再由外在所决定。

对安全、隶属、爱之关系,以及对尊重等的需求,只能由别人来予以满足,亦即从自我以外的其他人处获得满足,这也就是说对环境有相当的依赖。自我在这种依赖的情势下,很难有真正的独立自主,亦难以控制自己的命运。他反而会被供给需求之满足的来源所控制。他必定受制于别人的愿望、别人反复无常的任性、别人的规矩和法令,而且为了避免伤及供应来源,他必须予以让步。至少,他必须有相当程度的"外向",必须对别人的评议、情感和好意有相当的敏感度。这就是说,他必须有弹性、有回应,并以改变自己来迁就外在的环境,以便适应和调整。他是有所依赖的变元(依变项),而环境则是固定的,具有独立性的变元(独变项)。

因此,一个常受缺陷动机所促动的人,必定比较畏惧环境,因为在那里常可能会有失败,会有失望。我们现在也已明白,此种焦虑的依赖亦可能导致敌意的产生。结果便造成自由的匮乏,同时促使一个人多少有些依赖于自己的好运或坏运。

对照之下,一个自我实现的人——按照定义他已获得基本需求的

五、缺陷与成长

满足——就不是那么有所依赖、比较不受控制，反而比较独立自主、比较内向于自我。一个以成长为动机的人，比较不会对别人有所需求，不过实际上他亦可能受到别人的干扰。我在《动机与人格》一书中曾经提到过这些人特别喜欢独处，喜好离群索居，喜爱沉思。

这样的人越发显得自立自足。控制他们的决定因素主要是内在的，而非社会的或环境的因素。他们主宰自己的内在本性，掌握自己的潜力、才干与才能，操控自己的创造冲动。他认识自己的需求，日益变得更为整合，更具统一性；他日益觉察到自己的本来面貌，觉察到自己真正的所需，并觉察到自己的召唤、使命与命运。

由于他们对别人比较无所依赖，因此他们比较不会对别人产生冲突的感情；他们比较没有焦虑、没有敌意，比较不需要别人的赞美和别人的感情。他们不会为了名誉、威望及报酬而感到焦虑。

独立自主或相当地不再依赖于环境，也意味着相当独立于外在的逆境，诸如厄运、打击、悲剧、压迫、剥夺等。正如奥波特所强调的，人类基本上是反应性的，即按照所谓"刺激—反应"公式来反应。这种想法对自我实现者而言，就显得十分可笑，而且完全立不住脚。对自我实现的人来说，行动的来源是出自内在，而不是由于反应。这种对外在世界和对它的期望与压力，无所依赖的情形，当然并不是指他与外在世界完全没有交往，或是完全不尊重外在世界的要求。而是说，在这种关系中，主要的决定因素在于自我实现者的愿望与计划，而不是在于环境的压迫。这也就是我所谓的心理的自由，而这种心理自由恰与地理空间的自由形成对比的情境。

奥波特在对"投机"的行为决定与"自主"的行为决定两者间所作的对比，十分近似于我们对"外在决定"与"内在决定"两者间所作的对比。这种对比也提醒我们注意到生物理论学者所一致同意的看法：他们认为，逐渐独立自主，与逐渐不再依赖于环境的刺激，乃是达到完全个体化、获得真正的自由、促进整个进化历程的决定性特征。

就其本质而言，以缺陷动机为主的远比以成长动机为主的人更对别人有所依赖：他比较有所待，需求比较多，比较具有依赖性，欲望比较多。

这种依赖性表现出人际关系的特征色彩，也限制了人际关系。把人视为主要是能使需求获得满足的提供者，或是视为供应的来源，本身即是一厢情愿之举。它并不把人视为整体、复杂而又独一的个体，而只就其有利的观点来看人。因而在别人身上凡是与自己的需求无关者，不是完全加以忽视，就是将之视为是令自己感到厌烦、苦恼或感到威胁的东西。我们对待餐侍者、计程车司机、苦力、警察以及其他为我们所利用的人的关系态度，和我们对待马、牛、羊的关系态度是同样的。

只有当我们对别人无所求，才可能以无所待、无所欲求、客观的、完整的眼光来看人。只有自我实现的人（或在自我实现的阶段中的人），才比较可能对个人采取整体的、理想的、美感的看法。深入的欣赏、赞美与爱，并非建立于对所受之好处的感谢上，而是建立于被感受的个人所具有的客观的、内在的本性上。他之所以受赞美，是因为他具有客观上值得赞美的特质，而不是因为他奉承阿谀。他之所以被爱，是因为他值得爱，而不是因为他付出了爱。这也就是随后我们将要讨论的无需求之爱，林肯即为一例。

对别人有所待的、对别人求取需要之满足的人际关系，其特征之一是，这些提供需求满足的人们时常可以大幅度地更换。例如，一个爱受人赞美的少女，只要有人赞美，无论是谁赞美都没有多大区别，任何一个提供赞美者都一样好。同样，对于提供爱或提供安全的人，亦是如此。

一个人愈是追求缺陷的满足，愈难以无所待于人的、不求回报的、不予利用的、无所欲求的眼光去看人，愈难将别人视为唯一的、具有独立性的个体，视之为目的本身——换言之，即视其为人、而非视其为工具。"高度的"人际关系心理学，亦即对人际关系最高之可能发展的理解，是不可能建基于缺陷的动机理论上的。

当我们尝试描述一个人在倾向于成长与自我实现之时，对自己或对自我所持有的复杂态度，我们自然就会面对一项相当困难的状况。一个自我力量发挥到极致的人，大都很容易忘怀自我或超越自我，且最能以问题为中心，最能浑然忘我，行动也最自主自发。用安雅的话来说，就是身心的合一。这种人沉醉在知觉、行动、享受、创造之中,且能达到十分透彻、完整而纯粹的程度。

这种关怀世界的能力,这种不只顾自己、不以自我为中心、为获取满足的能力,愈是有缺陷需求的人,愈难获得。一个人越是以成长为动机,越能以问题为中心;而在处理客观世界之时,也越能抛弃自我的意识。

寻求心理学治疗的人,有一项主要的特征,那便是他在过去或目前的基本需求的满足上有所缺乏。精神官能症可以视为是一种由匮乏而引起的疾病。正因为如此,治疗的基本要务是供给病人所缺乏者,或是尽可能促使病人自己去获取他所缺乏的东西。由于这些缺乏的供给只能来自别人,因此一般的治疗必定是人际关系治疗。

但这个事实,却一直被过度地泛论着。事实上,一个缺陷需求已获满足,且以成长动机为主的人,他亦不能全然免除冲突、不幸、焦虑和混乱。他们在这种情况下,也会去寻求帮助,甚至很可能投向人际关系的治疗。不过,我们似乎不该忘记,以成长动机为主的人,通常是借着思考的方式反求自己,以解决自身的问题和冲突。换句话说,他是寻求自己的能力,而不是寻求别人的帮助来解决问题。甚至在原则上,自我实现的任务大部分是内在于人格的,例如拟订计划、发现自我、选择供发展的潜能、建立人生观,等等。

在有关人格改善的理论中,我们必须为自我改进、自我寻求、默观和思考保留一席之地。在成长的最后几个阶段里,个人基本上是孤独的,而且只能依赖自己去完成。许华艾把这种对已然良好的人格再加以更进一步的改良,称为"心理学"。如果心理治疗能使病患痊愈,并且能免除患者的各种病症,那么,心理学便能够以心理治疗的终点为起点,设法使无病的人变得更健康。我十分高兴在罗杰士的书(《精神治疗与人格改造》)中读到:成功的心理治疗使得病患者在成熟分数表上的平均分数,从25%提高到50%。但是,谁来把它提高到75%呢?我们不正需要一些新的原理、新的技术来完成这项工作吗?

所谓的学习理论,在美国几乎一直都建基于缺陷动机之上,而学习的目标对象则通常都在有机体之外。也就是说,是为了学得满足某项需求的最佳方法。因此，只有其他的"学习理论者"会对它有真正的兴趣。

若要解决成长与自我实现的问题，此种学习理论助益甚少。一再向外寻求满足缺陷动机的技巧，实在不必要。联想式的学习与疏导已被认知的学习所取代，代之以不断增加洞识与理解力，代之自我认识和以人格的稳定成长，亦即增强综合性、整合性和内在一致性。改变显然不是由习惯所获得，亦非由一个接一个的习惯联结而成，而是指整个人格的变化，亦即变成一个新人，而不只是在同一个人身上再外加一些新的习惯，如同加上新的财产一般。

这种改变个性的学习，意味着对一个十分复杂的、经过高度整合的、完整的有机体加以自主，对外在冲击便越会加以排斥。

在我所研究的对象向我提出的报告中显示，最重要的学习经验通常是生命中的独特经验，诸如悲剧、死亡、创伤、皈依、顿悟等，这些经验迫使一个人改变他个人的人生观，并且造成他一切行为的改变（当然，所谓悲剧或内心顿悟的，需时甚久，但主要并非联想的学习所致）。

成长在于消除压抑及束缚，使个人得以"做他自己"，得以如发光发热般将行为发放出来，而非一再重复；得以使自己的内在本性自然流露。因此，自我实现者的行为是无法学得的，是创发的，是散发出来的，而不是特意求得的；是自然表现出来的而不是巧于心机的做作。

以缺陷需求为满足的人，对存有领域所表现的强烈封闭性，是一切差异中最主要的一项。心理学家一直无法进入这俨然属于哲学家的辖区，无法掌握这一看似模糊，却具有实在界之确实基础的领域。但是，通过对能自我实现的个体的研究，现在我们已能张开眼睛看到各种基本的直观，这些基本直观对哲学家而言虽已古老，但对我们心理学家而言却仍新颖。

例如，如果我们仔细研究介乎对需求有所待的感知方式、与对需求无所待或无所欲求的感知方式之间的差异，那么，我们对感知的了解以及对所感知之世界的了解，必会大加改变并且有所扩充。因为对需求无所待的感知方式更具体，并且有所选择，因此，这种可能更容易了解感知的内在性质。而且,他亦能同时感到对立的二元、矛盾的两极,以及不协调的两面。较未发展的人似乎是生活在亚里士多德式的"男—女""自私—不自私""成年人—儿童""仁慈—残酷""善—恶"。在亚氏逻辑里,A 就是 A,其他一切都是非 A。且 A 与非 A 二者永远无法相遇。但是就能自我实现者的眼光看来,A 与非 A 事实上彼此解释,且是一体的两面,而每个人都同时是善也是恶、是男也是女、是成年人也是小孩。我们不可以把一个具有整体性的人放到连续线上,只用抽象的一面去看他。整体性是无法比较的。

当我们以需求所决定的方式去感知事物时,我们可能毫不自觉,但若别人也以同样的方式来感知我们,比如把我们当作付钱的人、供应食物的人、提供安全保障的人、可以依靠的人,或者把我们当作侍役、仆人或任何可利用的人,这时我们一定会清楚地觉察出来,而且也都会很不高兴。我们希望别人把我们当作一个具有完整个体的自我来看待。我们不喜欢被当作可利用的对象或工具。我们不喜欢"被利用"。

由于能自我实现的人,并不需要把能使需求获得满足的性质抽绎出来,亦不必视别人为工具,因此他们比较可能采取一个不功利、不武断、不干扰、不妄断的态度去对待别人,也就是采取一种无所欲求的、无庸选择的感知方式去对待别人。这种态度能使我们对事物的理解及感知更清楚、更深刻。这种无纠缠、无牵挂的客观认知态度,正是外科医生和心理治疗医生所极力追求的,能自我实现的人却毫不费力就自然拥有了。

尤其是当被感知的对象或个人结构复杂、困难而又不明显时,这种感知态度的特异性质便更加重要了。这时候,感知者对所感知的对象本质予以尊重,尤其必要。感知必定像水之浸透石隙一般,柔和、细致、无阻,并且无所需求地、被动地去适应事物的本性。它不必像以需求动机为主的认知方式那样,显出装腔作势、蹂躏、剥削、存心利用的样子,就像屠夫剁肉的方式一样。

感知世界之内在本质最有效的方式是接受性的而不是主动争取的。并且尽可能由被认知的对象的内在组织来决定感知方式,尽可能减少感知者自身的干预。这种以毫无牵挂的、道家式的、被动的、不予干扰的感知方式，去感知具体事态同时存有的各个面貌的态度，正与美感经验和神秘经验的描述颇有共同之处。它们所强调的重点是一致的。我们是否看见了真实而具体的世界，或者我们只看到自己投向世界的着眼点、动机、期望和抽象的系统？或者，不客气地问，我们是明还是盲？

一般人对爱之需求的研究，例如鲍尔比、斯比艾和李维所作的研究，均视之为一种缺陷需求来予以研究，认为那是一个必须予以填满的窟窿，是要用爱来倾注的空虚。如果这种治疗的必要条件缺乏，则会产生严重病态的后果。如果它能适时、适量、适切地获得满足，则能避免病态。随着欠缺或满足的程度，决定病态或康复的程度。假如病情并非过度严重，且及早发现并加以治疗，则可能获得痊愈。也就是说，"饥渴爱情"的病患，在某些情形下，可以借着弥补病态之缺乏而获得痊愈。爱的饥渴是一种由于缺乏而引起的病症，就像由于缺少盐、或缺少维生素而引起的病症是一样的。至于健康人，由于没有这种欠缺，只需要接受些许稳定的、维持量的爱就可以了，甚至长期地连这种爱都没有，也也无妨。但是，如果说所有的动机都只是为了满足缺陷、并因此而避免需求，那么结果便会出现矛盾。需求满足后便会导致需求消失。也就是说，爱的关系的需求获得满足的人，便是属于比较无法提供爱，亦比较无法接受爱的人。然而临床研究显示，健康的人在爱的需求获得满足后，虽然不再需要接受爱，却变得更能给予爱。因此，他们才显得更可爱。

此一事实显示出一般的动机理论（以缺陷需求为中心的理论）是有限度的，同时也指明了"后设动机理论"（或称成长动机理论、自我实现的理论）的必要性。

我曾经以导论的方式对存有之爱（亦即对别人的存有之爱、无需求爱、无私之爱）和缺陷之爱（缺陷之爱、有需求之爱、自私之爱）加以对比。在此，我只想运用这两组对比来举例说明以上所叙述的概观。

1. 意识欢迎存有之爱，并完全享受。因为存有之爱不是占有的，它是一种仰慕而非一种需要。它不制造困扰，且实际上常会带来快乐。

2. 存有之爱永远不腻,且能享受无尽。它通常逐渐茁壮,而不会消失。它以内在为喜悦,它是目的而非工具。

3. 存有之爱的经验,通常被描述为与美感经验或神秘经验相同的经验,它们具有相同的效果。

4. 存有之爱的经验在心理学上都具有广大而深远的影响,就像健康的母亲对婴儿纯粹的母爱,或是神秘学者所描述的对神的完美之爱,都具有人格学上的影响效果一样。

5. 存有之爱,毫无疑问,是一种比缺陷之爱更丰富、更高超、更有价值的主体经验(任何存有之爱的持有者都曾有过此种经验)。在我所研究的对象包括一些年长、平凡者的报告里曾指出,他们会在各种不同的情况下,同时经验过这两种不同的爱,他们也指出他们对存有之爱比较偏好。

6. 缺陷之爱可以获得满足。但是,一个人对他人值得赞美、值得爱的一面所发出的仰慕之情,却很难用"满足"一词来概括。

7. 在存有之爱中,焦虑与敌意降至最低限度,而就人类的现实目的而言,甚至可能完全没有焦虑与敌意——当然,为他人感到焦虑还是可能的。至于在缺陷之爱中,一个人必定会常有某种程度的焦虑和敌意。

8. 存有之爱的双方彼此能不依赖于对方,较具有独立性,比较没有需求,比较个体化,比较无所待,但同时也更渴望帮助对方走向自我实现,更能为他人的胜利感到骄傲,因此比较慷慨,也比较体贴。

9. 只有通过存有之爱才可能对别人产生最真实、最透彻的认知。正如我在另一本书(《动机与人格》)中所强调过的,这是一种认知的反应,同时也是一种情绪意志的反应。这点真叫人感动,而且许多人的成熟经验也往往证实了这点。因此,我不再接受"爱会使人盲目"的陈腐老套,我越来越觉得它的反面才是对的;也就是说,"无爱"才会使人盲目。

10. 最后我要说,存有之爱,就其深刻但仍可予以检证的意义而言,可以创造对方的人格。存有之爱赋予个人以自我的图像,使他得以接受自我,并感到值得去爱,这一切都使他得以成长。人类是否能够没有存有之爱而依然充分发展,这真是个问题。

六、进退的平衡

　　另外有一点必须说明，杜拉克以及其他一些管理学者都只假设良好的情况、好的运气。这只适用于今天的美国社会。这些理论在美国以外的地区并不适用。或是假如美国有一天发生原子弹爆炸的大灾难时，这些理论再也不管用。如果我们以审慎而较务实的方式描述问题，可能比较实际、科学。例如说，怎么定义"良好的情况"以及"恶劣的情况"？什么样的力量，什么样的变化，会导致社会朝向退步的动态平衡而不是成长？什么又是一个简单的经济体所欠缺的？

　　这些只是我们的想象而已，如果美国有一部分的人口死亡，整体的社会结构将因此而四分五裂，原先平衡的工业社会可能会退化成丛林社会。明显的，杜拉克的理论在这种情况之下就不管用了。如果这时你还完全地信任别人，假设人们都是诚实的、慈善的、都有利他的精神，就显得极为可笑了。我相信在这种情况下，杜拉克的假设是不存在的，但我相信杜拉克的假设可适用于现今的社会。他所假设的较高层次生活以及高度发展的人类，当然存在我们今天的社会当中。从历史的演变来看，一般来说，美国人属于比较高度发展的一群——尤其是美国女性，大都比其他国家的女性要先进。不过，只有基本需求例如安全需求和归属需求均达到满足，才有可能追求高水准的生活。但如果这种基本需求的满足感，因为外在的环境变化而受到威胁或无法获得满足，健康心理的高层结构也将因此而瓦解。

　　另外，杜拉克假设高度统一的法律和组织。我认为这个假设很正确也很实际，但它适用于变动的环境吗？例如说，在食物匮乏的情况下，人们难道不会互相对抗争夺？我们已经看过幅射尘掩蔽所内的混乱。谁会死？谁会获救？如果一千个人之中，只有十个人能存活，我当然想成为那十个之中的一个。但每个人都想成为那十个人中的一人时，谁来作最后的决定？我想在如此失序的状况下，最后一定得用武力解决，可能是个人也可能是全体。

恐惧与焦虑的增加，都会威胁退步和成长的动态平衡，使个人远离成长而走向退步。损失、分离和死别。也是一样的情况。任何改变都有正反两面的影响，两者之间会自然保持动态的平衡。例如，每个人都喜欢改变，也害怕改变。但你可以让自己喜欢改变而不害怕改变，前提是良好的社会状况。某些经济状况良好，身处于健全组织内的幸运儿，确实能达到以上的目标。不过，杜拉克的理论并不适用于大部分的美国黑人。他们的生活环境并不理想。我相信如果他们的经济状况良好，基本需求获得满足，就能达到以前我们假设的目标。

我必须再一次强调，所有的假设都必须更明确、更完整。大家必须了解，我们是幸运的、受恩宠的，我们必须更实际、更有弹性地回应客观环境的改变，因为这世界仍持续运转，不断地转变。目前的情况是好的，因此，我们可以运用好的管理原则；但明天的情况有可能急转直下，如果我们还死守针对良好情况而设计的管理原则，那么无异于自取灭亡，因为它只适用于良好的情况下，但我们不能期望良好的情况会永远持续。

还有一些事情必须说明，第一就是沟通的重要性。语义学者会说，所有阶层都曾发生良好的沟通和不良的沟通情况。我想杜拉克如果把语义学理论纳入他的理论中的话，对他是有好处的。

也许可以换另外一种方式来说明以上所讲的：我们应该强调人性的积极面吗？绝对有必要。但必须是客观环境有此要求，而且实际可行的情况。实际一点，我们也必须强调负面的情况，这也是现实而且客观存在的事实。

七、自卫与成长

本章尝试提出较为系统化的成长理论，因为我们一旦接受了成长的观念，自然就会出现许多细节的问题。成长到底是如何发生的？儿童为何成长，或是为何不成长？他们如何不成长？他们如何知道该往那个方向成长？他们如何才能避免走入病态的方向？

毕竟，自我实现、成长与自我等都是高度抽象的观念。我们必须去接近实际的发展历程，去接触原始的资料，并走向具体的、生活的事实。

不过，这些都是远程目标。实际上，以健康的方式成长的婴儿与孩童，并不为远程目标，或遥远的未来而生活；他们只是忙着享受自己，他们活在实际的生活里，而不是准备去生活。他们究竟怎么能如此自然、毫不费力地安然成长？怎么能发现真正的自我？我们如何才能协调存有与变化的事实呢？成长并非纯粹只是一个远在前头的目标，自我实现不是，自我发现也不是。在儿童身上，成长并非特别立下的目标，而是自然而然地发生的。他并不寻求成长，而是发现成长。对于成长、自发性与创造力而言，缺陷动机的法则与应对巧妙的法则皆不适用。

纯粹存有心理学可能引起的危机在于静态的倾向，或者是对有关运动、取向和成长的情况未能作周全的考虑。我们通常容易把存有的状态和自我实现的境界，描写为如涅槃般的完美境地。你一旦达到彼处，便止于彼处，好像你唯一能做的就是满足于此一完美境地，寂然不动。

我发现，令人满意的答案竟然十分简单。也就是说，只要下一个前进的步骤不是在主观上比我们先前的熟悉，乃至达到了令人厌烦的满意状况，而是更令人喜欢、更令人愉悦，而且就其内在而言更令人满意之时,成长便自然发生。我们之所以能知道什么对我们最合适,其唯一的方式就是在主观上认为它无可取代,比什么都好。新的经验本身就有价值,无需任何外在的规范。它本来就具体证性,本身就是有效的。

我们成长不是因为它对我们有好处,不是因为心理学家赞同,不是因为有人告诉我应该这么做,不是因为它可以使我们长寿,不是因为它对全人类有益,不是因为它会带来外在的偿报,也不是因为这样才合乎逻辑。我们如此成长的理由,与我喜欢选这块点心而不选那块点心的理由是相同的。我早已说过,这也是谈恋爱或选择朋友的基本法则。也就是说:觉得亲吻这个人要比亲吻那个人来得愉快;与甲交朋友比与乙交朋友主观上觉得较为合意。

按照这种方式我们得知自己的专长、喜好或所恶,得知自己的口味、判断力与才能之所在。一言以蔽之,就是按照此种方式,我们得以发现自我,并回答"我是谁""我是什么"这类终极的问题。

前进的步骤、后悔的选择,都是率性而发的,是由内而外的发展。健康的婴儿和儿童,安处于存有,是存有的一部分。他会随意而率性地感到好奇。他爱探索,他充满惊奇和兴趣。即使当他不为任何目的,不为应付什么,当他充满表达力、率性自然且不因为一般性的匮乏而引发的动机时,他也会试着发展其能力、向外探索,感到被吸引且充满兴趣。他会去把玩世界,对世界感到惊奇,并操控世界。探索、操控、体验、感兴趣、作选择、愉悦、享受,这些都可视为纯粹之存有的属性,并且会导向变化——虽然变化的方式是静态的、偶发的、未经计划的,也不是故意期待的。率性自然且充满创意的经验,可以且必定在无须期待、无须计划、未有先见、没有目的、没有目标的情况下产生。只有当儿童自己感觉腻了、厌倦了,他才会真正地转向别的、或"较高层次"的兴趣。

接着不可避免的问题就产生了。什么会使儿童踌躇不前?什么阻碍成长?冲突何在?成长除了向前之外还有什么别的方向?为什么向前成长对某些人这么困难且痛苦?在此我们必须更充分地觉察到未获满足的缺陷需求所具有的固执与退化的力量,安全感的诱惑力,为避免痛苦、恐惧、损失和威胁而发的防御功能和保护作用,以及为了向前成长需要的勇气。

每个婴儿心中都有两股力量。其中一股力量用于寻求安全感与免于恐惧的卫护，它倾向于后退、恋栈，因此害怕离开母亲的子宫与怀抱以求成长，害怕面临机会的挑战，害怕危害到既有的一切，并对独立自主、自由与分离感到恐惧。而陷于心中的另一股力量，则朝向自我整合、自我独一性而发展，朝向使自我能力完全发挥其功能，并在面对外在世界时充满自信，同时使人能够接受内在最深处的、真正的、下意识中的自我。

我可以把以上所叙述的一切，用一个图表来表示，虽然十分简单，但无论在理论上或实际教学上，都十分有用。自卫的力量与成长的倾向之间所具有的基本对立与冲突，我认为是属于存在的，是深植于人性之中的，现在如此，未来也永远如此。这个图表如下：

安全→（个人）→成长

因此，我们可以很容易把成长的规律用简单的方式归纳如下：
（a）提高成长的诱因。例如，使成长变得更富吸引力，更能产生愉悦之情。
（b）把对成长的恐惧降至最低限度。
（c）把安全的诱因降至最低限度。例如，使之变得较无吸引力。
（d）把对安全、自卫、病态、后退的恐惧，提高至最高限度。
于是我们可以在基本图式上加上四组变元：

提高危险　　　　　　　提高吸引
安全——→（个人）——→成长
将其吸引力降至最低限度　将危险降至最低限度

因此，我们可以把健康成长的历程视为一系列无止境的自由选择的情境，在一生中不时地出现在个人面前；而每次出现，个人都必须在安全的快乐与成长的快乐之间、依赖与独立之间、退步和进步之间、成熟与不成熟之间作一选择。安全有焦虑也有快乐，成长一样也有焦虑也有快乐。当我们对成长的快乐与对安全的焦虑大于对成长的焦虑与安全的快乐之时，我们便是正在向前成长。

到目前为止,这点看来似乎是众所周知的。但对于大部分力求客观化、大众化的行为主义心理学者而言,却不是这么回事。我们已采取了许多有关动物的实验和理论,以便说服研究动物动机的学者们,请他们注意,在需求的减缩上必须加上杨葛所谓"快乐的因素",才能解释迄今在自由选择的实验中所获得的结果。例如,糖精并无丝毫减少需求的性质,然而白老鼠宁可选择糖精而不选择白开水,可见一定与味道有关。

此外,我们观察到,在经验中所体会到的主观的喜悦,是可以归属于任何有机体的某种属性。也就是说,这种属性不但属于成人也属于幼儿,不但属于人也属于动物。

由此而展现出来的可能性,对理论学者而言,是十分具有诱惑力的。或许所有这些高层次的抽象概念,诸如自我、成长、自我实现和心理健康等,其所适用的解释,也同样适用在动物身上所做的胃口实验、对奶娃娃自由选择所做的观察,以及对职业选择和有关均衡作用的多方研究等。

当然,这种"通过快乐而成长"的公式,使我们不得不假定,就成长的意义来说,凡是尝试起来是好的,一定也都是对我们比较好的。而且我们依然相信,假如自由的选择是真正的自由,而且选择者不会由于生病或惊吓过度以致无法选择,他便一定会聪明地做选择,并选择朝向健康与成长的方向。

我们已经做过许多实验来支持这一假设,但是这些实验大多数都还只限于动物的层面,至于有关人类的自由选择,则必须进一步作更详尽的研究。我们还必须更进一步的了解,在体质方面和在心理律动层面之所以会作坏的、不智的选择,理由何在?

我的系统理论之所以偏好这种"通过快乐而成长"的观念,还有另外一个理由。也就是说,借此我才发现,这一理论可以十分圆满地与动态理论,亦即与以下诸位学者所提倡的各种动态理论相吻合。这些学者是弗洛伊德、阿德勒、荣格、夏克特、霍妮、弗洛姆、仙洛、雷荷、兰克,以及罗杰士、卜雷、孔布斯、安杰尔、奥波特、高斯坦、莫瑞、慕斯卡达斯、波尔斯、布根达、阿沙吉奥里、弗朗克、周拉德、梅义、怀特等人。

我批评古典弗洛伊德学派的学者(其极端者)倾向于把一切视

为病态,以及其对人类步向健康的各种可能性了解得不够清楚,而且总是通过有色眼镜来看一切。但是,成长学派(其极端者)也同样脆弱,因为他们通过另一种色彩的有色眼镜来看一切,经常忽略了病理学、软弱以及成长失败等方面的问题。前者好似充满罪恶的神学,而且只有罪恶;后者则好似丝毫没有罪恶的神学,因此也不正确、不实在。

此外,还必须特别提及在安全与成长之间所具有的另一种附带关系。表面上看来,向前成长习惯于采取小步伐的方式前进;而每向前一步,都是由于先有安全感才可能踏出,从安全的母港向未知的领域伸展;因为可以撤退,所以大胆前进。我们可以拿刚在学步、要离开母亲的双膝向陌生环境探索的小孩为例,他总先附在母亲身旁,用眼睛张望房间的四周,然后开始走出几步,且不断地要再度肯定"母亲—安全"常在,于是这种摸索范围越来越大。这样下去,小孩可能摸索到危险、未知的地方。假如母亲消失,他立刻就会陷入焦虑之中,立刻停止摸索,而只希望早些返回安全,甚至可能丧失其能力,例如他不再用走的,而改用爬的。

我想,我们可以将此例案加以普遍化而不致有误。安全得以确保,才能允许较高层次的需求与冲动浮现且朝向优势,而后成长。若安全受到威胁,则表示会朝向更基本的基础而后退。这也就是说,如果要在放弃安全与放弃成长之间做选择,通常都是安全获胜,安全的需求比成长的需求更占优势。这样就扩大了我们的基本公式。一般说来,儿童只有在觉得安全的时候,才敢健康地迈向成长,所以,想要儿童成长,必须先满足他的安全感。儿童之所以无法被迫推向成长,是因为未获满足的安全需求一直隐然留在背后,不断地要求满足。安全的需求愈能获得满足,对儿童的阻碍就愈少,需求愈少,便愈不会降低儿童的勇气。

我们怎样才能知道儿童已经觉得有足够的安全,而选择新的前进步骤了呢?唯一方法就是借着儿童自己的选择,也就是说,只有他自己真正知道什么时候招呼他前进的力量,超过招呼他后退的力量,以及什么时候他的勇气胜过了他的恐惧。

每一个人,即使是儿童,都必须为自己做选择,任何人都不能替代。因为那样会使他变得软弱无能、削减自信并且混淆他在经验中觉察自己内在愉悦的能力，混淆他觉察自己的冲动、自己的判断与自己的感受能力，并混淆他能够将之与别人的标准加以区分的能力。

假如这一点完全正确，假如儿童本身必须自己做出决定以便成长（因为只有他知道自己主观的快乐经验），那么，我们怎样才能把信任个人内在的终极必要性，与由环境而来的助力的必要性相互调合呢？因为他的确需要助力，若没有助力，他就会吓得没有胆子前进了。那么，我们如何帮助他成长呢？而同样重要的是，我们如何会危害到他的成长呢？

就儿童而言，与主观的愉悦经验（信任自己）相对的，正是别人的意见（爱、尊重、赞成、赞美、别人的报答、信任别人而不信任自己）。即使对无能为力的儿童而言，别人也是如此重要，因此，害怕失去他们（他们是提供安全、食物、爱和尊重的人），这是一种原始的、令人害怕的危机。因此，儿童在面对个人的快乐经验与来自别人认可之间作选择时，通常必须选择别人的认可。因此，必须压抑它，或任其自灭，或不去注意它、用意志的力量去控制它等方法来处理自己内在的愉悦经验。一般说来，随着这种作法，自然会发展成对愉悦经验的责备，或者对它感到可耻、尴尬，并且把它偷偷藏起来，甚至最后变得没有能力去体验愉悦的经验了。

所以在别人与自己的自我之间作选择，常是原始选择的十字路口。假如维持自我的唯一途径乃是丧失别人，那么一般的儿童多半会放弃自我。其所以如此，原因前面已经述及，对人强迫他在一个重要的必需（较低层次的和较强烈）和另一个重要的必需（较高层次的但较软弱）之间做选择，儿童必会选择安全，即使因而放弃自我与成长。

原则上，并没有必要强迫儿童做此选择，但人们常由于自己的病态或无知而如此做。我们知道这并非必要，因为我们已观察过够多的儿童的例子，他们都同时拥有这些好处，不必牺牲什么，他们也能拥有安全、爱、和尊重。

这一点，从治疗的情况、从创造性的教育情况、从创造性的艺术教育，甚至我相信从创造性的舞蹈教育中，我们都可获取重要的教训。在这些情况中，他的处境若是自由的、令人爱慕的、可赞美的、可接受的、安全的、令人满意的、安心的、可支持的、不受威胁的、没有评价的、没有比较的。也就是说，于其间一个人可以完全感到安全而不受威胁,他便可能发现,并表达一切较次级的愉悦感。例如,敌意、神经质的信赖。一旦这些较次级的愉悦完全得以清除,他便会去寻求其他的愉悦,也就是局外人所认为的"较高层次的",或倾向于成长的喜悦,例如爱、创造力。至于他自己若两种喜悦之情都经历过,他便会喜好前者。不管心理治疗医师、教师或协助者等,他们所持用的解释理论无论是哪一种,通常都没有什么不同。其实一个真正的心理治疗医生也许崇奉悲观的弗洛伊德派理论,但他的治疗行为俨然视成长为可能。一位口头上对人性乐观的好老师,在实际的教学活动中,也可能隐含着对后退与自卫力量的完全了解与尊重。此外,有的虽拥有一套合乎现实且包容广博的哲学思想,但在实际行为、治疗活动、教学过程与亲子关系中,却完全违背这套哲学思想。只有尊重恐惧和自卫的人,才能胜任教职,只有尊重健康的人,才能胜任治疗。

这种情况,显示出一部分的诡异现象,亦即对一个患有精神官能症的病患者而言,即便是"坏"的选择,也可能对他有"好处",至少根据他的身体机能状况来说,是可以了解的,甚至是必要的。我们知道,如果以强迫或直接对质、直接阐析方式破除其功能性的精神官能症病症,或以压力情境粉碎其为避免过于痛苦的洞察而有的防卫心,则很可能使当事人完全崩溃。讲到这点,我们不能不考虑成长的步伐问题。好的父母,好的心理治疗医生或好的教育家,其作为在显示出他们了解,如果要使成长不会变成一种令人崩溃的危险,而变成一种令人愉悦的期待,则和善、甜蜜、对恐惧的尊重,以及把自己与后退的力量视为合乎本性的了解态度,都是十分必要的。他的作为,意味着他明白成长只能从安全中浮现出来;他感觉得出,一个人若过分自卫,一定有极其恰当的理由,而他也很愿意耐着性子试着了解——虽然他明知是一条儿童"应该"走的路。

从动态的观点来看,一切的选择都是明智的,只要我们承认智慧有两种:自卫的智慧和成长的智慧,自卫与胆识同样都可能是明智的,这完全要看个人的特质、个人特殊的地位,以及令他作选择的特殊环境而定。假如安全能使个人避免当下受不了的痛苦,则选择安全是聪明的;假如我们希望帮助他成长(因为我们知道若一味地选择安全,最终会将他导入不幸,并使他无法享有只有他自己去品尝,才能感受到的各种可能的快乐),那么我们所能做的,就是当他因痛苦而无助时去帮助他，否则便同时既让他感到安全，又呼唤他向前尝试新的经验，就像母亲张开双臂呼唤小孩儿学步一样。我们不可以强迫他成长，我们只能诱导他成长，且使他尽可能地成长，因为我们相信只有当他体验到新的经验之时，才会令他喜欢成长。假如他不这样，我们必须很潇洒地承认，此刻还不是时候。

以上表示出，就成长的历程而言，有病的儿童必须像健康的儿童一样受尊重，只有当他的恐惧受到尊重，并被接纳时，他才可能变得大胆起来。我们必须了解，黑暗的力量与成长的力量同样都是"正常的"。

这真是一个棘手的工作，因为它意味着我们知道什么对他是最好的（因为我们呼唤他走向我们所选择的方向），但同时又意味着，只有他自己知道，到底什么对他是最好的。这表示我们只能提供，却要很少强迫。我们必须妥善准备，不只为了呼唤他向前，而且尊重他退阵下来舔伤口、重振力量，尊重他对于当前情况采取安全的看法，甚至后退到先前的阵地或较低层次的快乐中，以重振成长的勇气。

此时正是协助者插手的时刻，协助者并不是只有在健康儿童向前成长需要他的帮助时才援手以助（当儿童要求时予以回应），而在其他时刻则袖手不管。其实当一个人停滞于某一固执点上，停滞于严重的自卫里，停滞于安全的限度里以致于截断了成长的可能性，这时更需要协助者的帮助。精神官能症本身是常自恒在的，性情的结构亦然。因此，我们或是袖手旁观，任由生命向他证明他的系统行不通，亦即任由他终究崩溃在精神病的痛苦里；或是去谅解他、尊重他，并了解他的缺陷需求或成长需求，以帮助他成长。

这就等于说我们重新修订了道家"无为"的理论，这一道家理论之所以常行不通，是因为成长中的儿童常需要帮助。我们可以用"有助力的无为"来表达被修正的理论。这是一种付出爱和予以尊重的道家理论。它不但承认成长和促使成长要步入正道的规律，也承认并尊重对成长的恐惧、成长的缓慢步骤，成长的停顿、病态、和不成长的理由。它承认外在环境的地位、必要性和助力，但是并不任其左右。它借助对成长规律的认识及帮助成长的意愿来促进个人内在的成长，而不只是怀抱希望，或对成长采取被动的乐观态度。

现在我们可以把以上所说的一切，和我在《动机与人格》一书所提出的一般动机理论，尤其是需求满足的理论，予以相互连贯。对我来说，需求满足的理论乃是人类一切健康的发展中，最为重要的基础原则。把人类诸多动机加以连串的重要统整原则在于：唯有当较低层次的需求充分满足而得以完成之后，才会浮现出更新、更高层次需求的倾向。幸运的儿童能够正常地成长，适度地获得满足，厌倦已充分满足的快乐，并且能在毫无危险或威胁的情况下，自然热切地毫无外在压力地渴求前进，走向更高层次的、更为复杂的快乐。

这一原则不仅可以在儿童的深度动机活动中找到实例，而且在作为小宇宙之个人的任何平凡无奇的活动发展中（诸如学习阅读、滑雪、绘画或跳舞等）找到实例。儿童在通晓几个单字的时候，就会感到强烈的快乐，但他并不停留于此。在适当的气氛下，他会自然地显示出热切地想要继续学更多的新字、更难的字、更复杂的句子等等。如果他被迫停在简单的阶段，他会感到厌倦，而且以前曾使他感到喜欢的那些东西，也会令他感到发慌，他要前进、运动、成长。只有在下一步骤中，当他遭到挫折、失败、责骂、取笑时，才会停滞或后退。此时我们所面对的是错综复杂的情况，交错着病态的动力和神经质的妥协，于其间冲动尚存但未获得实现，或甚至丧失冲动与能力。

因此，我们准备在各种需求层次的安排原则上，加上一种主观的设计，一种用以指导，并引领个人步上"健康"的成长方向的设计。此种设计适用于任何年龄。恢复能够感受自己内在愉悦的能力，乃是重新发现被牺牲了的自我的最佳办法——即使对成年人亦是如此。心理治疗的过程帮助成年人发现，对来自他人的赞同的幼稚被压抑的需求，可以不再以幼稚的形式与程度出现；同时，对失去别人的恐惧，以及伴随着由恐惧而来的软弱、无助和被遗弃的感觉，其实是不实际的，而且只有小孩才会如此。对成年人而言，别人似乎不应该像对小孩那样显得那么重要。

最后可将我们的公式归纳为以下几点：

1. 率真自发的健康儿童以其率真的天性，由内而外地回应他自己内在的存有，在满心的惊奇和兴味中向周遭伸展，并表达他自己所有的才能。

2. 只要他不因恐惧而瘫痪，他便会有足够的安全敢于前进。

3. 在这一历程当中，凡是给予他愉悦经验的，都是偶然遭遇到的，或是由协助者所提供的。

4. 他必须先有足够的安全和足够的自我接受，才能选择并面对这些愉悦，而不会被惊吓倒。

5. 只要他能够选择这些经验，并确认是愉悦的经验，他才能够返回于经验之中，不断重复它、品尝它，直到饱满、满足或厌倦。

6. 至此，他开始显示出倾向于前进到同一区域中较为复杂、较为丰富的经验与成就。（条件是必须感到足够的安全。）

7. 这类经验不但代表了前进，对自我亦有回馈的效果，使他感到确信（我确实喜欢这个、不喜欢那个）、感到有能力、能主宰、有自信、有自尊。

8. 生命就是这种永无止境的选择系列，这种选择大致可以概括为介于安全（或更广义地说是自卫）与成长之间的选择。而且，既然只有已拥有安全感的儿童才不再需求安全，我们可以想见，成长的选择是出自已获安全之满足的儿童，只有这种儿童才拿得出勇气来。

9. 必须允许儿童保有主观的快乐与厌倦的经验，以作为正确选择的判断，这样才能让儿童的选择符合自己的本性，并能发展自己的本性。另一种判断，则是根据别人的希望来作选择。这种情况会使他丧失自我，使他只懂得选择安全。因为这时儿童会由于恐惧（恐惧于失去保护、失去爱等），而不再信任自己的"快乐判断"。

10. 如果选择是真正自由的选择，而且如果儿童并未因恐惧而瘫痪，那么，我们可以期待他正常地作出选择，并向前进步。

11. 证据显示，凡是令健康儿童觉得愉悦的，凡是让他觉得尝试起来感觉好的，就观察者所及的远程目标而言，同时也常常就是对儿童"最好的"。

12. 在这一历程中，即使还是需要儿童自己作最后的选择，环境（父母、心理治疗医生、老师）就各方面而言，仍有其重要性：

（1）它可以满足儿童对安全、隶属、爱和尊重的基本需求，以使他觉得不受威胁，感到独立自主、充满兴趣、率性自然，而敢于对未知者加以选择。

（2）它有助于使成长的选择变得积极而有吸引力，较不具危险性，并使后退的选择变得较不具吸引力，且较需费力。

13. 按此方式，存有心理学与变化心理学可以相互调和，而儿童就在他成为自己的同时，也迈步向前，并臻至成长。

八、需求与恐惧

根据我们的看法,弗洛伊德最伟大的发现,是关于大部分的心理疾病的最大原因,在于对认识自我的恐惧——惧于认识自己的情绪、自己的冲动、记忆、能力、潜在力与自己的命运。我们也已发现,对认识自己的恐惧与对外在世界的恐惧,通常是同性质的,而且是平行并列的。这也就是说,内在的问题与外在的问题极其相似,而且彼此相关。因此,我们只一般性地谈论对知识的恐惧,而不严格地分辨是对内在自我的恐惧,还是对外在世界的恐惧。

一般而言,这种恐惧是自卫性的,是为了保护自尊,为了保护对自己的爱和对自己的尊重。对于任何足以导致我们轻视自己,或使我们自感卑下、软弱、不值得、邪恶、可耻等的一切认识,我们自然会感到恐惧。我们借着压抑和类似的自卫方式来保护自我、保护自我理想的形像。这也正是我们用以避免意识到令人不愉快的、或具有危险性事实真相的基本方法。心理治疗学中,我们把这种连续避免意识到痛苦真相的策略,和抗御心理治疗医生努力帮助我们认清真相的方式,称之为"抗拒"。心理治疗医生所使用的一切技术,主要是揭发事实真相,或者强化病患者本身的能力,使他能够承担起事实的真相。(弗洛伊德说:"对自己诚实,乃是人类最高的努力。")

但是我们还倾向于逃避另一种事实的真相。我们不仅对我们的心理疾病裹足不前,也倾向于逃避个人人格的成长,因为它也可能会带来另一种害怕、另一种恐惧,害怕感到自己软弱,感到自己不足。因此我们发现,还有另外一种抗拒,一种对自我的优点、自我的才能、自我高雅的冲动、自我较深的潜在力、和自我创造力的否定。简而言之,就是对自我内在这伟大性质的抗拒,和对骄傲的恐惧。

我们不禁回想起有关亚当和夏娃不准碰触那危险的"知识之树"

的神话，在许多其他文化也有类似的神话，也认为最终极的认识是诸神的专利。大多数的宗教都有反理智主义的线索可寻（当然，除此之外还有其他线索），都有一些偏好信心、信念或诚心，而不喜欢知识的痕迹，同样都觉得对某种形态知识的涉猎太过危险，最好予以禁止，或留给某些特殊的人。在大部分的文化里，凡是寻索神明的秘密，向神挑战的革新分子都受到重罚，像亚当与夏娃、普罗米修斯、艾底帕斯均是如此。并且它一再提醒大众：不可妄想成为神。

然而，假如我可以用浓缩的方式来表达，那么就是说，正因为在我们的心中含有肖似于神的成分，才会令我们内心冲突，感到迷惘、恐惧，引起动机、自卫。这正是人类基本处境的某一个面貌，我们同时既是蚂蚁又是神明。每一位伟大的创作者，每一位肖似于神的人，在创造中的孤寂时刻里，在更新（对抗陈腐）的时刻里，其勇气皆备尝历练。这是一种胆识，一种以一敌万的精神，一种反抗，一种挑战。恐惧是可理解的，但是为了使创造成为可能，必须予以克服。在自我的内部发现新的才能，虽然令人兴奋，但也会带来恐惧，亦即对于作为一个领导者，作为一个孤寂者所具有的危险、责任与义务的恐惧。想到责任可能会成为极重的负担而尽可能地逃避它。我们可以从那些当选为主席、会长之职的人们所提出的报告中看出，他们的心情总是混淆着敬畏、谦逊，甚至战斗的情绪。

一些临床的实例可以使我们获益非浅。首先是女性的心理治疗实例中相当常见的一个现象，即许多杰出的女性下意识地会把才智与男性视为等同而深感困扰。她们觉得诸如探索、研究、好奇、肯定、发现等，这一切都是非女性化的东西，尤其当她的丈夫的男性性格不稳定时，特别使她感到受压迫。有许多文化和宗教都不允许女人求知和进行研究，我觉得这种行为的根源之一，乃在于想要维持妇女的"女性化"（虐待狂与自虐狂意义下的字眼）。例如，女性不可做司祭或经师。

懦弱的男人，也容易把研究的好奇等同于对别人的挑战。假如他无意中变得聪明，又研究出真理来，他就会变得大胆、武断、人模人样起来，因而无法自制，而这种姿态终将引起别的比他年长、比他强的人的愤怒。同样地，孩童也会把好奇等同于侵犯他们心中的神明，亦即全能的大人的专利。当然，在成年人身上更容易发现相对于孩子的态度，因为成人常会觉得小孩子永无休止的好奇至少是件很麻烦的事，有时甚至觉得是一种威胁、一种危险，尤其是他们的好奇是有关性方面的问题。迄今，还是少有父母能欣赏小孩子的好奇，并且感到愉快。同样，在被剥削的人、被践踏的少数弱者或在奴隶的身上，亦可看到类似的情形。他们害怕知道得太多，害怕自由地去探查，因为这样会引起他们的主人的愤怒。在这类人群中，装傻是最常见的自卫态度。无论如何，剥削者或暴君，在情势的力量下，都不适于鼓励他们的属下好奇、学习与认知。人知道太多似乎都会反抗。被剥削者或剥削者双方都被迫认为，对于一个调教良好、服贴的奴隶而言，知识与其身份是不相匹配的。在这种情形下，知识是危险的，而且相当危险。弱者、奴隶、自尊较低者的身份是不可以拥有求知之需的。直接、毫无禁忌的凝视，是一个猴王用以建立其控制权的主要技术，群猴在猴王的凝视下自然低头成为从属的动物。

不幸，这种情形亦见于课堂之中。真正出色的学生、最热切的发问者、详细询问的探究者，尤其当他比老师还要出色的时候，常会被当作"聪明的捣蛋鬼"，被视为纪律的威胁者，以及向老师的权威挑战的人。

在潜意识里，"认知"可以意味着主宰、控制，甚至是轻视，也可以从患有窥视症的眼光来看这个字的意义。患有窥视症的人，在窥视裸体女性时，感到自己对她有一种压服的能力，好像他的眼睛就是一种控制的工具，他甚至能用它们来强奸她。从这个意义来说，许多男人都是爱窥视的人，他们大胆地凝视妇女，用他们的眼光除去她们的衣衫。至于圣经上把"认识"一词的用法等同于性的"认识"，乃是另一种隐晦的说法。

在潜意识的层面里，认识是一种侵入、一种穿透，是男性的性。这种比喻可以帮助我们了解，小孩由于窥视秘密、窥视未知者而引起的不安，某些女人在女性化与大胆求知之间所感到的冲突，从属者认为知识是主人的特权，迷信的人害怕求知会僭越诸神的权力，这些原始冲突情绪的情结是危险的，而且会招致愤怒。认识，正如两性之间的"认识"，也能是一种自我肯定的行为。

迄今我们所谈论的都是针对知识本身的求知之需，亦即是为了获得对知识与理解本身的原始满足和纯粹愉悦而发出的求知之需。这种求知使得一个人长大、更聪明、更丰富、更强壮、更进步，也更成熟。它代表人类潜在力的实现，代表由人类潜能所引领的命运的完成。它就好比好花盛开、众鸟鸣啭一般，它的方式就像果树结果，无须费力，只不过是其内在本性的表达罢了。

但我们也知道，比起安全的需求，好奇与探索乃是属于"较高层次的"需求；也就是说，安全感、保障感、无所焦虑、无所畏惧等的需求，比好奇的需求更优先、更强烈。我们在猴子和人类婴儿身上均可明显地观察到这点。幼儿初入陌生环境之时，自然会紧靠母亲身旁；唯有如此，他才从母亲身旁一点一点地探索到附近的事物旁去"探探险"。如果母亲突然消失了，他立刻吓哭，好奇心立刻消失，直到又恢复了安全感。哈尔乐所试验的婴猴也是如此，只要任何东西吓到它，它立即逃回母猴身旁，附在母猴身上它才敢再度东张西望，然后再一点点摸索出去。假如母猴不在，它就蜷缩成一团，抽噎不停。在哈尔乐所拍摄的实验电影中，可以很清楚地看到这点。

成年人就比较难以捉摸，也比较会隐藏自己的焦虑和恐惧。如果不是完全被打垮，他会很容易地加以抑制，甚至对自己否认有焦虑和恐惧。通常，他甚至都"不知道"自己在害怕。

对付这类焦虑的办法有很多，其中有几种是与求知有关的。对这种人来说，凡是不熟悉的、模糊的、神秘的、隐秘的、出乎意料之外的，都是一种威胁。若要使它们变得熟悉、可预测、可对付、可控制——也就是说变得可怕、无害——其方式之一就是去认识它们、去了解它们。可见，知识不但具有成长的作用，而且兼具消除焦虑的作用和保护性的均衡作用。虽然外在的行为可能十分相似，但是动机却可能完全迥异，因此主观上的结果也将十分不同。比如说，有一个管家半夜听到楼下有奇异而可怕的声响，颇感惊扰，于是拿着手枪下楼察看，结果发现什么也没有，这时他所具有的松了一口气和紧张降低了的感觉，跟一位年轻的学生，第一次从显微镜下看见肾脏的微妙组织，或是突然了解一首交响曲的结构、猛烈顿悟一首难解的诗、突然理解某种政治理论的意义，其所获得之透悟的兴奋、甚至忘我的感觉是大相径庭的。在后者的情况我们感到自己更扩大、更潇洒、更强壮、更充实、更有能力、更成功，也变得更敏锐，好似我们的感官变得更具效力，我们的眼睛更锐利，耳朵畅通无阻。这正是我所愿意感受到的。教育和心理治疗中，应该也能有这种情形发生，但是并不常见。

在广大的人类画面中，在伟大的哲学思想里，在宗教的结构里，在政治及法律的系统中，在各种科学中，甚至在整本文化中，均随处可见这种动机间的交互作用。用非常简单的方式来说，它们同时亦代表了对理解之需求与对各种程度之安全的需求所导引的结果。有时候，安全的需求几乎会完全歪曲求知的需求，使之服膺于缓和焦虑的目的之下。一个不受焦虑干扰的人，可能比较大胆、比较勇敢，而且能够为了知识本身而作研究，并创立学说。因此，我们可以确切地断定，后者似乎比较接近真理，比较接近事物真正的本质。一种仅寻求安全的哲学、宗教或科学，比寻求成长的哲学、宗教或科学更容易导向盲目。

焦虑和胆怯不仅把好奇、求知、理解服膺在它们的目的之下（也就是利用它们作工具以缓和焦虑），同时，好奇心的缺乏与由于废而不用所引起的好奇心的萎缩有所不同。也就是说，我们可能为了消灭焦虑而寻求知识，也可能为了消灭焦虑而逃避求知。用弗洛伊德的话来说，不好奇、学习障碍、装傻等都可能是一种自卫。知识与行动是密切相连、相互契合的。我越深入研究，越确信知识与行动常是同义的，甚至如苏格拉底所言，知行乃是同一的。只要我们完整而彻底地认知，随后便会自动地反应出适当的行动。因此便能毫无冲突、并且发乎本性自然地作选择。

这一点我们在健康人身上可以看得相当深切，健康的人似乎明是非、知善恶，同时又能轻易而彻底地将之表现出来。但是在幼小的孩童身上（或在隐藏于成人心中的童稚之心里），这点则完全表现出另一种层次。对他们而言，针对一个行动加以思考，就等于已经行动了一般——心理分析的学者称之为"万能的思想"。也就是说，如果他有一个愿望，希望他的父亲死亡，他下意识的行为反应，就会好像实际上他也把父亲杀了一般。事实上，成人的心理治疗的功能之一，就是排除这种幼稚的认同作用，使他不再由于把幼稚思想当成事实而感到罪恶。

无论如何，知与行之间密切的关系可以帮助我们说明对求知的恐惧，其原因之一显然就是对行动的恐惧，对知道后果的恐惧，以及知道以后的可怕责任的恐惧。不知道倒好，因为一旦知道了，就得有所行动，就得引颈以待。这点所隐含的意义，就有一点像有个人所说的："我真庆幸我不喜欢牡蛎，因为假如我喜欢牡蛎，我就会吃它，而我最恨这种讨厌的东西了。"

对于住在大壕集中营附近的德国人来说，若不知道集中营里发生了什么事情，或是装瞎、装傻，当然要来得安全多了。因为如果他们知道了，则要不然就必须设法尽些力量，要不然就会因为觉得自己懦弱而自责。

小孩子也会演这种戏，他们会拒绝张开眼睛去看众人皆知的事实：比如他父亲是个卑鄙的懦夫，或是他母亲并不是真正地爱他。这种知识所要求的是不可能实现的行动，因此不知道要更好。

无论如何，我们现在对于焦虑与认知已有足够的了解，因此我们可以对几世纪以来许多哲学家、心理学家和理论学者们所坚持的极端立场加以驳斥。他们认为一切的求知需求都是被焦虑所激起的，而消灭焦虑便是求知之需所必要的唯一努力。多年来，大家都以为这是一种值得称道的说法，但今天在我们对动物与对儿童所做的实验中，均显示出这理论有所矛盾。一般来说，焦虑会抹煞好奇心与探索力，尤其在极端焦虑的时候，二者更是彼此对立互不相容。只有在安全和毫无焦虑的情况下，求知之需才能最清楚地显示出来。

罗奇士在《开放与封闭的心灵》一书中，对此一情况，作了个十分可取的总结：

有一种信念系统的好处在于，它似乎可以同时应用于两处目的：尽可能地去了解这个世界，同时尽其必要地保护自己免受世界的伤害。有些人认为人选择性地歪曲自己的认知功能，因此也只看见、只回忆、只思考自己所想要的东西。这个看法，我们不敢苟同。我们认为，人只有在情非得已的时候才会如此。因为，我们都被时而强、时而弱的欲望所引动，想要去看清事实的真面貌，即使它会带来伤害。

如果我们想了解求知的需求，则显然必须将之与焦虑、知的恐惧、安全和保障的需求重加整合。在恐惧和勇气的挣扎间，同时有一种来回交错的辩证关系。一切增加恐惧的心理因素与社会因素都会截断我们的求知冲动，而一切允许勇气、自由与胆量的因素，则将可以让我们求知的需求获得自由。

九、高峰体验（一）

本章和下一章中的各论点都是初步约略性的论证，是印象式的、理想的"拼凑而成的图像"，是经过与大约80个人的个别面谈，以及190位大专生对以下咨询所做的书面答复组构而成的。

请你先回想一下，在你的生命之中，曾遭逢过的各种或某一种最美好的经验。也许是在恋爱中，也许是在聆赏音乐时，或由于一本书一幅画的震撼，或在某一重要的创作时刻里，你体验到最快乐、最兴奋、最愉悦的刹那。请你一一列举之。然后请你告诉我，在那刺激的片刻中，你的感觉如何？此时的感觉与其他时刻的感觉有何不同？此刻的你，在某些方面，究竟如何不同于平日的你？（对某些人所提出的问题，则是有关于世界在此刻对你而言，如何显得不同于往昔）

在所有的报告中，没有人提出全部的状况。我把一些不全的答复聚在一起，拼凑成有关高峰体验的"完整的"状况。此外，大约有50位未经过我请求的读者，在阅读我从前所发表的一些论文后，写信向我提出他们个人高峰体验的报告。最后，广泛涉猎了神秘主义、宗教、艺术、创作、爱情等各方面的文字资料。

自我实现的人，也就是那些在人格成熟、健康、自我圆满各方面均已达到高水准的人，有许多都告诉我们，有时候他们仿佛是人类中的异类。但是，由于探寻人类本性、人类的可能性、及人类向往所能达到的极致，是件崭新的工作，因而愈发困难与曲折。对我而言，它包括要不断摧毁自己一向珍奉的原则，要经常抵制表面上的模棱两可、互相矛盾、含混不清的状态，以及随时瓦解自己长期以来耳濡目染、一向坚信、看起来无懈可击的心理法则。这些法则，其实早就不再成其为法则了，只是一些陋规，令我们习以为常地活在缓和而慢性的心理疾病与恐惧之中，活在发育不全、苟延残喘、人格不成熟之境而不自知——只因为多数人和我们一样都有同样的疾病。

　　通常，这种对未知领域的探索，远在尚未获得任何科学性的解答之前，首先都会形成一种不满的情绪，亦即对不明之物感到不安，像科学理论史便是一则典型的例子。例如，我在研究自我实现者的时候，最先出现的困难之一是，我约略觉察到他们的生命动机大不相同于其他我所认识的人。最初我将此动机描述为表现式的，而不是应付式的，但这一描述仍然不是正确完整的说明。于是，我进而指出，这种动机不是被刺激而成的，而是不受刺激的，是在动机之外的（在挣扎之外）。但是，这种说明仍然过分依赖于大家一向所接受的动机理论，因此，虽有所助益，也同样有害。我曾将成长动机与各种缺陷需要的动机予以对比，虽有所助益，但仍嫌不足，因为它尚未充分地将变化与存有加以区别。在本章中，我将提出一个新的方针（以便导入存有心理学），使之包括并归纳前面做过的三项尝试，以便把我们在心智已完全发展的人身上和其他大部分人身上所观察到的动机生活及认知生活的差异表现于文字。

　　这种针对存有处境（无常的、动机之外的、非竞争的、非自我中心的、无目的的、各种终极经验以及圆满的境界和达成目标的状况）的分析，首先是出自对自我实现者各种爱情关系的研究，其次是出自对其他人所做的同样研究，最后则是出自对神学、美学以及哲学之文字资料的涉猎。而我们首先有必要把在前面所描述过的两种类型之爱（缺陷之爱和存有之爱）的差异加以区别。在存有之爱（对别人或他物的真实存有之爱）的境界中，我明白了一种特殊的认知，这是我的心理学知识所不曾给我预备的，倒是在某些作者有关美学、宗教和哲学的著作中看到了一些高妙的阐述。我把这种特殊的认知，称之为存有的认知，或简称为存有之知。至于由个人缺陷需求所构成的认知，我则称之为缺陷之知。具有存有之爱的人，能够在被爱者的身上觉察出别人所看不到的真实，也就是说，他具有更敏锐、更洞彻的透视力。

　　本章就是要试着把出现在存有之爱的体验，亲情的体验，神秘的、浩瀚的、自然的体验，美感的体会，创造的时刻，睿智的洞见，兴奋的体验以及某种体能成就等等，这些经验中的基本认知，以一种简单的描述来加以普遍化。这些体验以及其他最幸福、最圆满的时刻，我称之为"高峰体验"。

所以，本章属于未来的"积极的心理学"或"正宗的心理学"，它所处理的是功能健全、身体健康的人类，而不是一般的病态。因此，它与所谓"普通精神病理学"的心理学并不互相矛盾。它超越其上，且能以理论的方式，把所有的发现组构在一涵盖更广、更可理解的结构之中，此一结构包括了病态与健康，包括缺陷、变化与存有。我称它为存有心理学，因为它所关切的是目的而不是工具。也就是说，关切的是目的经验、目的价值、目的认识。关切的是把人当作目的来看待。当代心理学大部分研究的是缺乏而不是拥有，是奋斗而不是成就，是挫败而不是满足，是对欢乐的寻求，而不是已经得到欢乐。然而这种心理学虽然有误，却广泛被人接受，且奉之为金科玉律，而把一切行为都视为是由所动机触发，并且是天经地义的事。

现在我要以浓缩的摘要方式一一介绍一般高峰体验所达到的认知的各种特征。此处的"认知"一词，是采其广义而言。

1. 在存有之知中，倾向于把体验或对象视为一个整体，一个完整的单位，毫无任何牵连关系，无涉于实用之可能，无关乎权宜计策，无关乎目的，视之为俨然充塞于宇宙之万有，俨然为存有的全体、宇宙的同义词。

与之形成对比的是缺陷之知，它涵盖了人类大部分的认知经验。这些体验就我们下面所要描述的各方面而言，都是偏颇而不全的。

在此，我们想起19世纪的绝对观念论，该论把全体宇宙视为一个整体单位。有限的人类永远无法完全掌握、觉察或认识宇宙的整体，因此人类现有的一切知识，都必然只是存有的部分，永远无法是存有全体。

2. 只要是一种存有之知，则感知对象必会获得绝对且全面的关注，这种关注可以称为"完全的关注"，正如夏克特的见解一般。这里，我所要阐述的境界，十分类似于痴迷或全神贯注的境界。在这种关注中，被感知的人物变成全部的人物，至于背景则消失了，或至少不是感知的重要对象。此时，人物俨然暂时孤立突出于一切事物之外，世界仿佛已被遗忘，感知对象俨然成为全体存有。

既然全体存有已被感知，因此就在宇宙全体被囊括的同时，所有这些法则才得以畅行无碍。

此种感知与一般的感知形成了强烈的对比。在一般的认知里，认知对象与相关的其他各物，都同时受到关注。我们关注它，是基于它与世界上其他各物间的关注；它是世界的一部分。换言之，一般的"人物——背景"关系是成立的，亦即背景与人物同时获得关注，虽然关注的方式有所差异。此外，平常的认知是把认知对象当作某类中的一个成分、某一较大范畴中的一员来看待，而不是就该对象本身加以观察。我曾将此种感知描述为"标题式的"，并且进一步指出，此种感知无法觉察被感知人物与对象的全貌，因为它只是一种分类法，将对象条目细分、分门别类、赋予名称、纳入档案。

认知活动与其他活动的牵扯关系，远超过我们所能想象的程度。认识其实是指在一系列连续活动上的定位。认识的同时，也包括某种自动的比较、判断与评估。它包含着比……高、比……好、比……坏、比……深等意思在内。

存有之知却是非比较性的、非评估性的、非判断性的认知。

我们可按还其本原的方式来了解一个人，就其本身来看他，视他为独一无二、独赋异禀的个体，仿佛他是构成他那一类的唯一分子。这也就是我所谓以其为唯一个体的感知方式，也是临床心理医师所应努力做到的目标。但这是一件相当困难的工作，远比我们平日所愿承认的困难。尽管如此，这种认知却"可能"出现（即使短暂如过眼云烟），而在高峰体验中，它尤其会出现且显出其特征。一个身心健康的母亲，充满爱意、望着怀中的爱儿时，便接近此种觉察个人之独特性的认知方式。在她眼中，怀中的爱儿，乃是举世无双的，是全世界最可爱、最完美、最迷人的婴儿（至少她会远离葛塞原理，她不会拿自己的孩子与邻居的孩子相比较）。

具体地感知对象整体，也意味着以"关怀"的态度去了解对象。"关怀"可以产生持续的注意力，反复地考察乃是觉察对象全貌的必要之举。比起一般漫不经心的、标题式的、原本不正确的感知方式，母亲无微不至的呵护、双眼一刻不离爱儿的关注、恋人含情脉脉的凝视、行家对名画的审视，确实是更为完全的感知方式。这种全神贯注、着迷出神、完全投入的认知，一定能使我们对事物的观察巨细靡遗、面面俱到。与之对比的是漫不经心的观察，它只能提供经验的空架子，只能窥得对象某一选择性的面貌，或只能以"重要"或"不重要"的观点来了解对象。(一幅画、一个小婴儿、一个恋人,他们身上有哪一部分是"不重要"的呢?)

3. 人类一切的感知活动,固然是人类的作为,且有相当程度是人类的创作,但我们仍可在人对外物的感知中区分出何者与人的挂虑有关、何者无关。能自我实现的人比较能够觉察世界本身,世界不仅对个人,且对全人类皆有其独立性。而一般人在高峰时刻,亦即高峰体验中似乎也会有这种倾向。他能比较恰当地把自然视为在己和为己的存在,而不只是为服膺于人类目的的舞台。他能轻松自在地不把人性意向加诸自然之上。简言之,他能洞观自然本身的存在(以自然为目的),而不是视自然为工具,不会恐惧自然,也不会以其他某种人为方式起反应。

让我们以显微镜下的幻灯片所展现的世界为例。它本身是个美丽的世界,但它也是个具有威胁性的、危险的、病理的世界。显微镜下的癌症切片,如果我们能忘掉它是绝症,则所见到的乃是一个美丽、缤纷、令人肃然起敬的组织结构。一只小蚊虫,若以其本身为目的来看待,则真是个奇妙的东西。电子显微镜下的过滤性病毒,都是迷人的小东西。(至少,只要我们能忘掉它们与人类的关系,它们便是如此。)

由于存有之知比较可能"与人无关",因此也比较能使我们更真实地了解对象本身的性质。

4. 我在研究中渐渐发现介乎存有之知与一般认知之间有一项差异,不过目前还不太明确。那就是:存有之知若再三反复似乎可以令认知更加丰富。反复再三并全神投入地体会一张我们所爱的脸,或是我们所欣赏的一幅画,会令我们更喜爱它,并且可以让我们愈来愈了解它在多方面的意义。这点我们可以称之为对象内在的丰富性。

但是,再三反复一般较平常的经验,会产生极为强烈的相反效果,诸如无聊、熟滥、引不起兴趣等。我曾发现(虽然尚未证实),把一幅我认为好的画,不断反复再三地展示给预先经过选择、具有敏锐感受力的人看,他们愈看这幅画便愈见其美,但若不断再三展示一幅我认知为坏的画,便益见其不美。同样,好人和坏人亦是如此,比如残忍者愈看愈残忍、庸俗的人愈看愈庸俗。反复再三地看一个好人,似乎愈见其好。不断重复看一个坏人,也令他们看起来更坏。

这种比较寻常的感知，通常一开始就直接去作有用或无用、危险或不危险的分类，因此再三反复地观看只会使感知愈变愈空洞。一般正常的感知多半以挂虑为基础，以缺陷动机为决定因素，因此第一眼就已把感知职责交待完毕。认知的需求因而消失，而且对象与人物既已被分门别类，也就全然无需再被感知了。再重复的经验既暴露贫乏，也能彰显丰富。再三重复的观察，不但会揭露感知对象的贫乏，也会揭露感知者本身的贫乏。

对于所爱对象的内在价值，有爱比无爱更能产生深刻的感知，其中一个主要原理是，爱伴随着对所爱之物的着迷，因此会反复再三、全心全意地以"关怀的态度"去搜索追寻、观看考察。恋爱中的情侣看得见彼此的潜在能力，而别人却看不见。习惯上，我们说"爱情是盲目的"，但现在我们却必须为"爱在某种情形下比无爱更具洞察力"的可能性留下余地。当然，这也意指所见者可能具备尚未实现的潜能。这个问题，研究起来并不如想象中的困难。专家手中的罗夏克测验，便是对尚未实现的潜能的一种观察。原则上，这是一项经得起考验的假设。

5. 美国心理学（或更广泛而言之，西方心理学），采取的便是我所谓的以人为中心的路线，它认为人性的需求、恐惧与利害关系都是感知的决定因素，感知的"新面貌"建基于"认知皆由动机所引起"的假设上。这也是古典弗洛伊德的观点。它还进一步地假设认知是一种竞争的、工具的原理，因此在某种程度上它必须以自我为中心。它认为只能从感知者的有利观点来观看世界，而且必须以自我为中心的决定点，环绕着自我来建构经验。可以再加一点：这也正是美国心理学的古老论点。而所谓"功能心理学"，在广受支持的达尔文主义的强烈影响下，也倾向于以有用性和"剩余价值"的观点来思考一切能力。

我之所以认为这是以人为中心的观点，不仅是因为它是源自西方世界观的一种无意识的表现，也因为它顽强又故意地忽略东方世界，特别是中国、日本、印度的哲学家、神学家及心理学家的各种著作，甚至连高斯坦、穆尔菲、存勒、赫胥黎、索罗金、华茨、诺托、安雅以及其他作者亦被忽视。

我研究发现，在自我实现者的寻常经验，以及在一般人偶发的高峰体验中,感知可能具有相当程度的超我、忘我、无我。它可能是由非动机引起的、非个人化的、无欲、无私、无需求、无牵扯。它以对象为中心,而不以自我为中心。也就是说,感知经验是环绕于对象所组成的,它以对象为中心点,而不是以自我为中心点。仿佛他们所感知的事物本身即为具有独立性的实体,而不是依赖着感知者的东西。在美感经验中,或在爱的经验中,都可能由于过分全神贯注地"投入"于对象,以至于使自我真正地消失了。某些谈美感、谈神秘主义、谈母爱、谈爱情的作者,比如索罗金,都曾广泛地提到过。我们甚至可以说感知者与被感知者在高峰体验中合二为一了,二者相互融合而成为一个崭新而又广大的整体,成为一个超乎寻常的统一体。这点可能会使我们想起一些有关出神与冥然合一的定义;当然,它也开启了朝此方向探索的可能性。

6. 高峰体验感觉上就是一种自我确认有效、自我判定有理的时刻,本身却具有内在价值。也就是说,它即是目的本身,我们可以称之为目的经验,而不是工具经验。由于它在感觉上是极有价值的经验,是极伟大的启发,因此,即使想要予以检证,也会剥夺它的尊严与价值。这点在我们的研究对象所谈及的爱情体验、神秘体验、美感体验、创造体验,以及灵光闪现的洞见之中,得到了普遍的证实。尤其在治疗时透悟的刹那,更是益发明显。由于个人会保护自己,避免透悟,因此高峰体验令人很难以接受。它透入意识之举,有时会令人崩溃。但它最终还是会导致令人满意、令人向往的价值。即使"看见"会导致伤害,看见总比瞎着好的这个例子,也更说明了经验的内在自我认定与自我评估的价值,常使得痛苦成为值得的代价。许多谈美感、宗教、创造与爱情的作家,都不约而同地把这种经验描写为具有内在价值的经验;并且都认为其宝贵之处就在于它虽然发生于偶然,却能赋予生命以价值。神秘主义也常认定,伟大的神秘体验虽然一生中只能出现一两次,却具有极伟大的价值。

这与一般日常的经验(尤其是在西方,更尤其对美国的心理学家而言),真是形成了强烈的对比。由于行为被认同为达到目的的工具,因此,许多作家均把"行为"与"工具性的行为"当作同义词。做每一件事,都是为了某种更进一步的目的,以便完成其他的事物。杜威在其价值理论中,即尊崇此种态度。他眼中并无任何目的,只有达到目的的工具。其实，即使是这样的陈述，也不完全正确，因为它仍暗示着目的的存在。更正确的说法是，杜威暗指一切工具都是为达到其他工具的工具；而所欲达到的工具本身，也只是一种工具，如此一直推及无穷。

对我所研究的对象而言，纯然喜乐的高峰体验就处在生命的终极目的之中，以及对此目的所作的终极评估与认定之中。心理学家竟然会忽视它们，甚至完全无知于它们的存在。更糟的是，重视客观性的心理学，竟然拒绝把它们存在的先天可能性当作科学研究的对象，这真是太不可思议了。

7. 在所有我所研究的一般高峰体验中，时空的困惑是一大特色。正确地说，应该是指在高峰体验的时刻里，个人乃是在主观上置身于时空之外的。诗人或是艺术家在创作的狂热中很容易忘却周遭的一切、忘掉时间的流逝；等他从狂热中醒来时，他无法判断自己花了多少时间去创作，通常他会摇摇脑袋，仿佛刚从晕眩中苏醒，才发现自己身在何处。

但是，比这更常见的报告，特别是由情侣所反映出的，则是时间完全丧失其扩延性。在他们出神忘我的时刻里，时间不仅以惊人的速度消逝，一日眨眼即逝，仿佛只过了一分钟；但同时也由于活得充实，一分钟在感觉上就像一天或是一年那样长。就某方面而言，他们俨然来到了另外一个世界，在那里，时间寂然不动，同时又快速移动。根据一般常理，这当然是既悖理而又矛盾的事。但是，这却是由报告所反映出的事实，因此也是我们必须予以考虑的一项事实。我看不出为什么这种对时间的经验，不适合于实验的调查。在高峰体验中，对时间消逝的判断一定极不准确。同样，对周遭事物的意识，也一定比常情之下的意识较为不准确。

8. 对价值心理学而言，我的各种研究发现，一定是扑朔迷离，却又一成不变，因此，好好地加以调查，且从各方面来予以了解，乃是必要之举。我们且先从最后结论着手：高峰体验只有好的、令人满意的经验，绝不会体验到恶或是令人不悦的东西。这个经验具有其内在的有效性，它本身便是完美的，且别无它求。它自足于本身，感觉上，它具有内在的必要性，且是理所当然的。它的美善恰如其分，人们对它的反应常是带着恐惧、怀疑、惊讶、谦卑，甚至尊崇、赞扬与虔敬。有时候人们也用"神圣的"这个词语来描述它。就存有的意义而言，它是令人喜悦的，并且是"使人感到有趣的"。

这里隐含了很深的哲学涵意。如果我们接受"在高峰体验中可以更加看清实体本身的性质、更深入穿透其本质"的论题，则等于说出了许多哲学家、神学家已经肯定的一个论点：存有全体，若从其最高顶点来观之，则只是中性的或美善的，所谓罪恶、痛苦与威胁，都只是存有的部分现象，是由于未能观察到世界统一且整体的全貌，却只从一个以自我为中心的观点，或从太过低下的观点来予以了解，而导致的后果。（当然，这并不是对罪恶、痛苦与死亡加以否定，而是与之重新协调，并重新理解其必要性。）

另一种解说的方式，就是将之与许多宗教都有的"神"的概念的某一方面来加以比较。神能够观得存有全体，能够包容存有全体，故而也能够理解存有全体，因此，他所看到的存有全体必然皆是美善的、恰当的、理所当然的，而且他必定视"恶"为有限的产物，是在自私的观点与理解下产生的后果。如果我们能在此意义下肖似于神，我们便也能够运出一般普遍的理解，而永远不会再责备、诅咒、失望、吃惊。对于别人的缺点，我们所怀有的心情，必然是同情、仁爱与宽恕，甚或是悲悯，或是对存有的愉悦。然而，这正是能自我实现的人对世界反应的方式，以及我们每一个人在高峰体验的霎那时对世界反应的方式。这也正是所有的心理治疗医师们尝试对待病人的方式。当然，我们必须承认，这种能够像神一般，具有普遍容受一切的包容力，能够以存有为悦，接受存有的态度，的确相当难以达到，即使在纯粹的形式中也不可能，何况我们也知道它是相对的。我们只能做到十分接近，但是，如果只因为它很少出现，出现的时间短暂，且并非以纯粹的形式出现，便否认这种现象的存在，那便是太愚昧了。就算我们永远无法变成此种意义下的神，我们终究还可以或渐渐肖似于神，也可以或时常，或不常地肖似于他。

这与我们平常的认识与反省比起来，具有强烈的对比。平常我们按各种工具价值来行事，也就是按照可用性、可欲求性、好处或坏处，是否合乎目的等各种价值来行事。我们作评估、下判断、去控制，我们或谴责、或赞同。我们总是在一旁讪笑，而不是会心而笑。我们只针对与个人有关的经验作反应，并且所觉察的世界是与我们本身有关、与我们的目的有关的世界。这种态度正与和世界无所挂搭的态度相反。换言之,这就表示,我们不曾真正地去感知世界,只是在世界中看到自己,或是只看到自己天地中的世界。我们是以一种有缺陷的动机方式去认知世界,所以也只能感知缺陷价值。这与对世界全体的感知大不相同,亦不同于我们在高峰体验中对世界某一部分的感知,因为在高峰体验中所感知到的世界部分已俨然就是整体世界的代言人。唯有在高峰体验中,我们才能感知世界的本来价值,而不是只感知到我们自己的价值。我把这些价值称为存有的价值,或简称之为存有价值,类似于哈特曼,见其《科学的价值》一文所谓的"内在价值"。

根据这一观点,我所能列举的存有价值,计有:

(1) 全体;(统一;整合;合一的倾向;内在连贯;单纯、组织;结构;二分法的超越;秩序)

(2) 完美;(必要;恰如其分、正是如此;不可避免;适合;恰当;完全;理所当然)

(3) 圆满;(终止;终结;恰好;"已经完成了";完满;终结性与目的性;命定;天命)

(4) 正义;(光明正大;纪律;合法;"理应如此")

(5) 活力;(历程;有生气;自然天成;自我调整;完全发挥功能)

(6) 丰裕;(差异;复杂;错综纷乱)

(7) 单纯;(正直不阿;质朴率真;本性;抽象而基本的骨架结构)

(8) 美;(廉正;形式;活力;单纯;丰裕;全体;完美;圆满;唯一;忠诚)

(9) 善;(廉正;渴求;理应如此;正义;慈善;忠诚)

(10) 独特;(特异性质;个体;非比较性;创新)

(11) 不费力;(容易;无需紧张,无需费力,没有困难;天赐恩宠;完美、漂亮的功能运作)

(12) 有趣;(游戏;欢乐;愉悦;快乐;幽默;繁茂;不费力)

(13) 真理;真诚;实在;(赤裸;单纯;丰裕;理应如此;美;纯粹的、清净的;无搀杂的;圆满;根本)

（14）自足；（自律；独立自主；无假求于他人，只靠自己本身，以便还其本原；自我决定；超越环境；个别独立；按照自己的原则生活）

很明显，这些价值彼此并不互相排斥也并不互相独立，亦不彼此有别，而是彼此牵连、互相涵盖。总体说来，它们是存有所展现的各个面貌，而不是存有的各个部分。这些各式各样的面貌——展现在认知的舞台前，而认知则是使之展露于外的活动。例如，感知某个人的美，感知某幅画的美，或体验完美的性关系或（和）完美的爱情、洞见、创作、生产等等。

这不仅是指真、善、美这古老的三位一体的密切融合，而且还有更为深刻的意义。我发现在我们的文化里，真、善、美对一般人而言，只不过是彼此相互关联的三样东西；而对精神病患者而言，则有过之而无不及。唯有在已经发展的人、心智成熟的人身上，在能自我实现的人、功能完全发展的人身上，三者才得以具有极高度的密切关系，因此才可以说三者实际上已合而为一了。容我再加上一句：在其他人的高峰体验中，情形亦然。

如果这终究是正确的，那么这项发现便直接相悖于导引一切科学思想的基本法则，也就是相悖于所谓感知若愈客观愈与个人无关，便愈远离价值的法则。（知识分子）经常把事实与价值看作二律背反、且彼此相互排斥。但是，也许应该反过来说才对，因为在我们考察最远离自我、最客观、最不受动机影响、最被动的认知活动之时，我们发现，这种认知会要求直接去感知价值之所在。我们也发现，价值是不能割舍于现实实体的，而且对"事实"所做的最深刻的感知，一定会促使事实的"本来是"与"应该是"二者相互融合。就在此时，实体便染上了惊奇、钦慕、恐惧与赞同的色彩，亦即染上了价值的色彩。

9. 普通一般的经验潜藏于历史与文化之中，同时也潜藏于人类各种变化多端、又彼此相关的需要当中。它是在时空之内被组构而成的，是较大之整体中的一部分，因此与这些较大的整体以及各种指意法令均息息相关。由于感觉经验的凭据在于人，而不管经验所具有的现实实体是什么，因此一旦人消逝了，经验便也消逝了。组构经验的各种判准亦随个人兴趣的不同、情况要求的差异而变迁，随时间的先后，根据当下、过去和未来的不同而有差异，并随此处与彼此的差异而变化。在这些意义之下，经验与行为都是相对的。

就此观点而言，高峰体验比较绝对，而不是相对的经验。不仅由于按照我前面所指出的，高峰体验乃是无时间性与无空间性的；不仅由于它们远离背景，且按其本身予以感知，也不仅由于它们相当地不受动机影响，且与人类的利益无所关联，同时更由于人们对高峰体验的感知与反应，就仿佛它们是"独立于彼处"、内在于自身的经验，仿佛它们是人们对某一独立于人类之外、远离人类生活范围的现实实体所发出的各种感知。当然，以科学方式来谈论相对与绝对，是相当困难，也是相当危险的，而且我也知道这是语义上的一种困境。不过，由于我的研究对象提出了许多他们自己内省观察而得的报告，迫使我提出这一区分，而这一区分的发现也终究是我们心理学家所要面对的。而这些词语，都是我的研究对象他们自己所使用的，用来尝试描述那些基本上难以用语言表达的经验。他们说到"绝对"、也说到"相对"。

我们自己也一次又一次禁不住使用这类的词汇，例如在艺术的范围里，一个中国式的花瓶也许是一件完美的作品，它一方面是件两千年之久的古董，一方面又是此刻刚得手的新品，它具有世界性的普遍价值而不只是属于中国的古物。虽然至少在这些意义上它是绝对的，但是，就时间而言，就其所出自的文化而言，或就持有者所根据的审美标准而言，它同时也是相对的。在各种宗教、各个时代、各种文化中，人用几乎相同的字眼曾描述过的神秘经验，岂不也具有深长的意义吗？难怪赫胥黎要称之为"永远的哲学"。我们也同意名诗编者纪斯兰所说过的话：伟大的创作者，不管他是诗人、化学家、雕刻家、哲学家或数学家，尽管他们彼此各不相同，却都曾用过几乎完全相同的字眼来描述他们创作的时刻。

绝对概念之所以造成极大困难，部分是由于它几乎常带有一种静态的意味。现在，从我所研究之对象的经验中已经清楚地显示并非必然，也并非理所当然如此。感知一件美感对象，感知一张钟爱的脸孔，或是感知一项优秀的理论，都是一种变化多端而又交替变迁的历程，不过，这种注意力的转变却紧密地内存于感知作用之中。它多姿多彩、变化万千，对于完美面貌由此到彼不断地一一凝视，注意力时而集中于此，时而集中于彼。一幅杰出的绘画作品必具有多方面的组织结构，而不仅只是一种而已，因此美感经验亦具有一种连续不断，而又变化多端的喜悦。因为我们可以时而以此方式，时而以彼方式来欣赏作品本身，同时也可能此时采取相对的角度来欣赏，彼时又采取绝对的角度来欣赏。我们无需为了它是绝对还是相对的问题痛苦挣扎。因为它可以两者兼具。

10. 一般的认知活动是一种相当主动的历程。它是一种由观察者以具有特征的方式所作的裁决与选取。他选取自己所要的和所不要的感知，并配合他的各种需求、恐惧与利益来加以组构、安排和重整，简言之，就是加以操作。因此认知是一种消耗能量的历程，它伴随着敏捷、机警与紧张，因此也是令人疲倦的。

存有之知是较为被动、较为接纳式的历程，而比较不是主动的历程，当然，也并非全然如此。我从东方哲学家，尤其是老子和道家哲人身上，找到了有关这种"被动"认知的最佳描述。克利斯纳穆提有一句话说得好，我可以用来描绘我所提出的资料，就是他所谓的"无选择性的知觉"。我们也可以称之为"无所欲求的知觉"。道家思想的"无为"概念也很难表达出我想要说的话，换言之，这种感知是无所需求的，而不是有所需求的；是静观而得的，而不是费力以求的。它在经验之前显得卑微、不加干扰、全然接受而不是夺取，并且它能够让感知对象还其本原。在这里，我也想起弗洛伊德所描述的"浮沉自如的注意力"。这种注意力也是被动的而非主动的，无我的而不是以自我为中心的，梦幻似的而非随时警惕的，是含忍的而不是焦躁的。它专注凝视而不搜寻张望，并且沉酣于经验之中，附属于经验之内。

我又发现，史莱恩在其新近所著之备忘摘要中，对被动之倾听与主动费力地聆听二者之间所做的区分，也很有用。好的心理治疗医师就必须能够以此种包容的态度来倾听，而不是以采取某种意见的态度来听，为的是能够听到病人实际上说了些什么，而不是只听到自己所预期听到的，或要求听到的话。他不应该自作主张，而应该让语言流贯心中。惟其如此，才能消除自己的格局与模式。否则，所听到的一定只是自己的理论和预期。

事实上，我们可以说这是一个能否容受与被动的判断。这判断能够对无论任何学派的心理治疗医生都作一好坏的区分。好的心理治疗医师必须能够鲜活地觉察到每一位病人的本来面貌，而不会强加以分类、加以标题、加以分门别类并纳入档案。坏的心理治疗医师，即使经过了一百年的临床经验，他所找到的也只是一再重复经由各种理论所证明的事实而已，而这些理论却是他在一开始从事这项职业之时便已习得的。因此，在此意义之下，我们可以指出，一位心理治疗医生很可能一再犯同样的错误四十年之久，却称此错误为"丰富的临床经验"。

对于感觉存有之知的特性的方式，另有一种截然不同的方式可以传达出这种感觉，不过同样也是不流行的一种方式，那便是像劳伦斯和其他的浪漫主义者所谓的不受意志控制的方式，而不是强加意愿的方法。一般的认知行为具有高度的意愿性，因此是有所需求、是事先安排的，且是先入为主的。而在高峰体验中的认知活动，则不受意愿干预；意愿停止活动，只接受而不作要求。因此我们无法控制高峰体验。它是突如其来地发生在我们身上的。

11. 在高峰体验中的情绪反应具有惊奇、讶异、崇敬、谦逊的特色，而面临此种经验时的渺小卑微感，就如同面临某一伟大者一样。有时会有一点害怕（虽然是高兴的害怕）、怕被完全吞没。我所研究的对象用下面这些话来表达他们的感受："实在令我受不了"、"超过我所能忍受的"、"太棒了"。这种经验也具有某种强烈而刺激的性质，因此也会带来眼泪或欢笑，或者又哭又笑，这种性质也可能模模糊糊地类似于痛苦，但却是令人喜悦的痛苦，因此常被描述成"甜蜜"的痛苦，甚至可能会引起一种特别想死的念头。不仅我的研究对象这么说，有许多作家在谈到他们的各种高峰体验时，也说到他们同样有过这类想死的经验，亦即宁愿死去的经验。"真是太棒了，我真不知道我怎能承受得了，现在即使我死了，我亦无憾"，便是典型的句子。也许一部分是由于为了永远牢握这一体验，而不愿此后又沉入了日常经验的谷底里；另一部分，也许这正代表着由于在这一浩瀚雄伟的经验之前，深深地感到谦逊、渺小、一无所是，因而表现出来的一种态度吧！

12. 我所必须处理（虽然十分棘手）的另一种，见之于两种互相冲突的对世界的认知的报告表。在某些报告中，特别是在神秘经验、宗教经验或哲学经验的报告中，整个世界是个统一体，是个单一而充满生机的实体。而在另一种有关高峰体验的报告中，特别是在爱的经验以及美感经验的报告中，所感知的虽只是世界的一小部分，此一小部分在经验当时却俨然成为世界的全体。在两种报告中说的都是具有统一体的感知作用。某幅画、某个人、某种理论的存有之知所以能掌握整体存有的一切属性（存在价值），或许是由于在感知的同时，感知对象已俨然成为彼时所存在的一切了。

13. 抽象化、条目分明的认知，和对具体、原始、个别之物的鲜活认知，二者之间具有实质上的差异。也就是在此种差异的意义之下，我使用了抽象与具体的字眼。它们和高斯坦所使用的术语并无多大的差异。我们大部分的认知活动（注意、感知、回忆、思考和学习）都是抽象的，而不是具体的。也就是说，在我们认知活动的生命里，我们主要做的是树立范畴、建构体系、分门别类，并且加以抽象化。与其说我们在努力认识世界的本来面貌，还不如说我们是在努力建构自己内在的世界观。我们大部分的经验都已经过各种范畴、组织和标题化之系统的过滤；正如夏克特在经典之作《幼年时代的健忘与记忆问题》中所指出的一样。我在研究能自我实现的人之时，发现在他们身上同时具有无需放弃具体亦能予以抽象化的能力，以及无需放弃抽象亦能具体化的能力，因而促使我作了这项区分。如此便对高斯坦所作的描述添加了一些补充，因为我不仅发现了一种朝向具体的还原，同时也发现了另一种还原，我们可以称之为朝向抽象的还原，换言之，丧失认知具体的能力。后来我又发现出色的艺术家和优秀的临床医师，他们虽然不是能自我实现的人，但在他们身上也同样可以找到这种能够感知具体的特殊能力。最近，我在一般人的高峰体验中也发现了这种相同的能力。他们因而比较能够就认知对象之具体的、特殊的性质来了解对象。

这种针对具体形象的感知方式，由于习惯上已被描述为美感知觉的核心，因此正如诺托卜所言，二者几乎成为同义词。对大部分的哲学家和艺术家而言，以具体的方式去感知一个人的内在独特性，就是以审美的态度去感知他。而我则愿意扩大这一语词的使用。我已经证明这种觉察对象之特性的感知能力，并不只是美感经验所独具的特征，而是一切高峰体验均具有的特征。

把发生在存有之知中的具体感知,理解为同时或以快速的连续方式,去感知对象所具有的一切面貌及特性,是很有用的做法。抽象化本质上就是一种选择,根据对象所仅有的几个面貌,也就是根据那些对我们有用的,那些威胁我们的,那些我所熟悉的,或是那些适合于我们的语言范畴的面貌来作选择。怀海德与柏格森两位哲人都曾针对这点作过彻底的澄清,一如历来许多其他哲人,比如费万提所谓的一般。抽象,就某一程度而言是有用的,但同时也是有缺陷的。简言之,以抽象的方式去感知某一对象,乃意味着不去感知对象的某些其他面貌。其中显然包含着对某些性质的选取、对另一些性质的舍弃,以及许多其他性质的杜撰或歪曲。我们按照我们的意愿来塑造它,创造它,制造它,而更严重的是,在抽象化之中有一强烈的倾向,即倾向于把对象的各个面貌配上我们的语言系统,因此便造成了特殊的困扰。因为语言乃是弗洛伊德所谓的次要历程,而不是弗氏所谓的原始历程,因为语言所处理的乃是外在的实体,而不是心理的实体;是意识的,而非潜意识的。当然,此种缺陷的确可以借着诗的语言,或是抒情的语言而匡正。不过,大部分的高峰体验都是难以言喻,而且根本无法略以语言诠释的。

我们且以欣赏一幅画或观察一个人为例。为了能够全面认知所知觉的对象,我们必须尽力避免自行对他们做分类、比较、评估、需求与利用。比如,当我说这个人是外国人时,我已经把他归类了,我已经在实践一项抽象的活动了;因此就某种程度而言,我已经隔限了自己,使自己无法把他看成世上独一无二的整全个体。当我走近墙上所挂的一幅画时,如果我寻找的是作者的名字,我便也隔限了自己,使自己无法从画本身,以鲜活淋漓的态度来看画。因此,在某个一定的程度内,我们所谓的"认识",乃是指把某种经验定位于某一概念系统、某一文字系统或某一关系系统之中,也因此便把自己隔限于完全认知的可能性之外了。赫伯·李德曾经指出,儿童都有一双"纯洁的眼睛",能够看任何东西都像第一次见到一样(通常他真的是第一次看见)。因此,儿童看东西常充满了好奇,他能寻察东西的各种面貌,体会它所具有的一切属性。因为在此种情形下,一件新奇的东西所具有的任何属性对儿童来说都同样重要,没有一种属性会比另一种属性更重要。他并不对它加以组构。他纯粹只是观察它、注视它。他品尝体验各种性质的方式，正是康特里尔和穆尔菲所曾描述过的方式。我们成年人如果也能处于同样的境界，便不至于只会把对象加以抽象化、赋予名称、予以定位、加以比较，并纳入关系的脉络之中；我们便更能够多方面地看到一个人，或是一幅画所具有的多姿多彩的面貌了。我必须强调的是，我们能够觉察到那不可言喻、根本无法落于语言诠释的内容。如果我们强加以语言，便会改变它的原貌，即使十分类似，也已是异于其本身的他物了。

也就是这种能够感知全体和能够屹立于任何部分之上的能力，形成了在各种高峰体验中的认知所具有的特征。既然我们唯有如此，才能全面认识一个人，无怪乎能自我实现的人比较能更活泼地观察一个人，也比较能够透察一个人的内在本质。这也就是为什么我深信一位理想的心理治疗医生，必能凭借职业的需要从一个人的独特性及其整体性来了解病人，因而他必定至少是一个心理相当健康的人。我主张用这种感知方式去觉察那些即使我们愿意承认，却也无法解释的许多个别性的差异，我也主张治疗的经验本身便是一种训练，使人能够认识别人的存有。这也说明了为什么我觉得美感知觉和美感创造的训练，也是相当可取的临床训练。

14. 当人格成熟达到高水准之时，许多二分的两面，对立的两极，以及冲突的两端都会被化解、被超越，或是被融合为一。能自我实现的人是自私的，同时也是无私的，他们兼具酒神戴奥尼修斯及太阳神阿波罗的性质；他们具有个体性也具有社会性，是理性的也是非理性的，与别人相互融合，同时又与他人保持距离，等等。我认为这就好像一条连续的直线，线的两端是彼此遥遥相隔、互相对立的两极，但这条线变成了圆圈，或圈成了螺旋状，因此线头对立的两极便互相交会形成了融合的一体。我发现在我们对对象的完全认知之中，也具有这样一种强烈的倾向。我们愈能了解存有全体，我们便愈能包容那些同时是彼此相悖、互相对立，而又完全矛盾的感知与存在。而这些其实原本只是部分的认知所产生的后果，一旦能对全体有所认知，这些矛盾冲突便自然消失殆尽了。若从肖似于神的有利观点来看一位患有精神官能症的病患者，我们也能把他看成是创造历程中的一个奇妙、复杂而又美丽的统一体。而一般所认为的矛盾、冲突与分裂，我们亦能感知它们的必然性与不可避免性，甚至视之为命中注定。换言之，如果病患者能完全被了解，那么他的一切便落入必然之境，因此我们可以从审美的观点去觉察他，去欣赏他。而他的一切冲突和分裂便一转而成为具有某种智慧的意义了。而且如果我们把病患者的症状看成是急于迈向健康使然，或者把轻微的精神官能症当作是一个人在其困难的时候所采取的最健康的解决方法，那么，即使是疾病的概念和健康的概念，也可能互相融合而消弭于无形了。

15. 在高峰体验中的人，不仅在我前面所提到的意义之下肖似于神，而且在其他方面也会肖似于神，尤其是他会肖似于神的圆满、充满爱心、无怨忧，并且悦纳世界、悦纳别人，尽管平时他看起来并没有那么好。世间的罪、恶和痛苦如何与神是全知、全能、全爱的概念相互调和，乃是长期以来神学家所努力不懈去解决的难题。而随之所呈现的困难，则是如何协调善恶赏罚的必然性与神是爱一切、并原谅一切的概念。总之，他（或她）必须是兼具罚与非罚，同时是会原谅与会谴责的神。

我想我们对能自我实现者所作的研究，以及对我们讨论至此，彼此差异极大的两种感知方式——亦即存有的感知和缺陷的感知——所作的比较，也许可以令我们学会以自然主义的方法来解决这两道论证的难题。一般而言，存有的感知是很短暂的。它是一种高峰、一个顶点，是偶有的成就。人类大部分的时间似乎都是以缺陷的方式来感知万事万物。他们进行比较，下判断，表示赞同；他们拉关系，并且相互利用。言下之意，我们有可能交互使用两种不同的方式来认知别人：有时候，是在此人的存有中进行认知，这时他俨若宇宙的全体；然而，多半时候我们都只把他看成宇宙中的一小部分，且以各种复杂的方式与其他万物息息相关。当我们以存有的方式去感知他人时，我们也能够变得爱一切、原谅一切、接纳一切、爱慕一切、了解一切。我们以存有为荣，并且衷心喜悦。这些都是用来指称神之属性的概念（除了娱乐概念之外，奇怪的是大部分神的概念中均缺少这一概念）。就在这些时候里，我们便能像神一样具有这些特性。例如在心理治疗的情境中，我们便能够以这种充满爱心的、了解的、接纳的和原谅的方式，来对待一切我们平常所害怕、所谴责，甚至所痛恨的人，比如杀人犯、盗匪、奸贼、懦夫等。

十分有趣的是，所有的人在不经意的时候，也会表现出他们很渴望别人能认识自己的存有,他们痛恨被分门别类、赋予名称、加上标签。譬如,称某个人为侍者、警察或"夫人",而不称他为经常犯错的人。我们每一个人都希望别人能认识并接纳完整、丰富且复杂的我。如果我在世人之中找不到一个能这样接纳我的人,那么便会有强烈的倾向去设计和创造一个肖似于神的形象,有时候是一个人,有时候是个超自然之物,来作为我的接纳者。

我所研究的对象,皆按存有本身及其本来面貌来"接纳现实"。这种方式,提供了"恶之问题"的另一种答案。现实的存在不是为了人类,也不是为了反对人类,其存在的本质乃是与人格无关的。只有对那些需要一位钟爱一切、同时不受情绪影响、并且是全能的、创造宇宙万物之位格神的人而言,置人于死地的地震才是需要协调的难题。而对那些把地震视为与人格无关,本来就会有的自然现象,因而坦然接受它的人而言,它便是无关乎伦理与价值的问题了。因为它并不是"故意"而困扰人类的,所以他便耸一耸肩坦然受之,即使是以人为中心的方式所界定的恶,他也照样接受,就像他接受四季变化,接受暴风雨一样。原则上,洪水的壮观之美或是老虎吃人之前的威武之美,都可能值得欣赏,甚至可能在赏玩中得到乐趣。当然,要对有害的事物抱持这种态度,是十分困难的,但也并非不能做到。人格愈成熟的人,便愈可能达到这种境界。

16. 在高峰体验中,感知的强烈倾向是具体形象化,非条目分明式。在高峰体验中,被感知的对象无论是一个人或是世界,是一棵树或是艺术作品,都倾向于被当作是独一无二或是其类别中唯一的构成分子来处理。而一般所认为合理的处理世界的方式,则与之形成强烈对比。基本上,一般处理世界的方式建基于普遍化以及亚里士多德式的区分法之上。亚氏的区分法乃是把世界分成许多不同的种类,认知对象只是某一种类中的典范或样品。而分类法的整个概念便是建基于普遍的种类之上的。因此,如果没有分门别类,那么,类似、等同、相似、差异这些概念便完全无用武之地了。因为我们无法比较两样毫无共同之处的东西;也因为我们若说两样东西具有某些共同之处,则必然意谓着抽象化,比如兼具红色、圆形、重量等性质。但是,如果我们不以抽象法来感知一个人,如果我们坚决主张每一个人所必然具有且同时存在的一切属性,那么我们便无法再予以分类了。在这种观点之下，每一位整合的个人、每一幅画、每一只鸟、每一朵花，都是在其类别中独一无二的构成分子，因此必须以具体个别的方式予以感知。这种希望观得对象之全貌的意愿，便意味着认知效度的扩大。

17. 高峰体验有一个特色就是处于一种完全无忧、无惧、无压抑、无自卫、无控制的境界，虽然很短暂，却很透彻，它是一种暂时对克制、拖延、压抑的完全舍弃。对瓦解与分化的恐惧、对受制于"本能"的恐惧、对死亡和疯狂的恐惧、对屈服于放任的快乐与情绪之中的恐惧……所有的这一切恐惧，在存有的霎那间，都会消失殆尽或戛然而止。这也暗指对知觉作更大的开放，因为已不再恐惧。

我们可以将之视为纯粹的满足、纯粹的表达、纯粹的欢乐或喜悦。但是，由于它仍存在于"世间"，因此它所表现的乃是一种弗洛伊德所谓的"惟乐原则"和"现实原则"的融合。它仍是对一般的二分概念在心理功能较高之层次所作的另一种解决方法。

因此，我们可以在拥有这种高峰体验的人身上找到某种"可渗透性"，这是一种对潜意识的接近与开放，以及对于潜意识的无忧无惧。

18. 我们已经发现人在各种各类的高峰体验中，会变得比较具有整合性，比较个体化，比较会表达，比较从容自若，比较不费力，比较有勇气，比较有能力……

而这些特性都与我前面所列举的各项存有价值十分类似，甚至几乎完全一样。因此，内在世界与外在世界之间似乎存在着一种律动的对应性或同形质性。这也就是说，当一个人觉察到世界真正的存有时，他同时便也逐渐更接近于自己的存有本身（更接近于自己的圆满，并且更全然地成为自己）。此一交互运作的结果似乎导引了双重的方向，因为，当一个人无论为了任何理由而更接近自己的存有本身，或接近自我圆满，他便也能更轻而易举地观得世间的存有价值。而当他日益统一化，他也更能观得世界的统一性。当他日渐懂得如何运作存有，他便也更能够了解存有在世间的运作。当他日益强而有力，他便也日益观得世间的强度与力量。二者相互补足，互增彼此的可能性，正如抑郁的心情使得世界看起来比较不美好，而反之亦然，当个人与世界均逐步迈向圆满（或是逐渐失去其圆满），彼此之间都会日益相似。

也许这正是爱侣的交融所指涉意义的一部分，正是人在伟大的哲学洞见之中所觉察的、与宇宙万物冥合的经验,以及成为统一体一部分的感觉。还有某些与之相关的资料亦指出,有些用来描写一幅好画的结构的各种特质,也可以用来描写人品的美好,如具有整全、独一、鲜活的存有价值。当然这是可以检证的。

19. 现在如果我尝试以扼要的方式,把所有这一切以另一种大家所熟悉的法则,即心理分析来予以解说,对某些读者或许会有所助益。次要历程所处理的世界乃是在潜意识与前意识之外的世界。逻辑、科学、常识、适应良好、文化教养、负责任、有计划、理性主义,这一切都是次要历程的手法。而原始历程最初只发现于精神官能症病患和精神病患者身上,之后又见于儿童身上,最近才发现健康的人亦具有原始历程。潜意识所运用的各项原则,大部分在梦中清晰可见。对弗洛伊德的心理学法则而言,希望与恐惧乃是原始的动力。适应良好、肯负责任、有常识的人,在现实世界上总是比较吃得开,但他通常都必须舍弃潜意识与前意识,并予以否定与压抑,才能做到。

而我在这方面的了悟,最强烈的一次是出自多年前我不得不面对的一项研究事实:我所研究的自我实现者都相当孩子气。虽然我选他们是因为他们都是十分成熟的人。这种情形我称之为"健康如儿童",是一种"二度的天真"。这也是克利斯以及自我心理学家所承认的"为了自我而退化",这种退化不仅可出现在健康人身上,而且更是心理健康最终究的必要条件(换言之,一个人若不能退让,则亦不能爱)。何况,心理分析家都同意所谓灵感或伟大的原始的创造力,有一部分是出自潜意识,亦即是出自一种健康的退让、一种暂时脱离现实世界的隐退。

现在我在此所描述的这一切,可以视为自我、欲望我(或真我)、超我、与理想我的融合,是意识、前意识与潜意识的融合,是原始与次要历程的融合,也是惟乐原则和现实原则的一种综合,是由于发挥了人格最高度的成熟而臻至一种无所畏惧的、健康的退让,亦是人格在各个层面上的真正整合。

换言之,任何一个人在任何一种高峰体验中,都能暂时表现出我在自我实现者身上所发现的各种特征。也就是说,在高峰体验的时刻里,他们都变成了自我实现的人。如果愿意,我们可以将之视为人格品性偶然的变革,而不只是一种"情绪—认知—表现"的过程。这不仅是他最快乐、最兴奋的时刻，也是他达到最成熟、最个体化、最圆满的伟大时刻，简言之，就是他一生中最健康的时刻。

这点使得我们可以重新界定自我实现的意义，以便去除它原有的静态化和类型化的缺点，使它不再只是一种"非全即无"的万神庙，不再是只有少数已达六十岁的人才进得去的万神庙。我们可以把它定义为一种生命中的插曲，是一种个人力量的涌现，是以某种特殊有效且又强烈兴奋的方式凝聚而成的力量，使人更具整合性而较少分裂，更能朝经验而开放，更具有个人独特性，更能表达完美、天真率直、完全发挥功能，更具创造力、幽默感，更能超越自我、独立于自己较低级的需求等等。而在这些生命的插曲中，他更能成为真正的自己，更能完全实现自己的潜在力，因而更接近自己存有的核心，并成为一个更完美的人。

理论上，在一个人的一生中，这种境界或生命的插曲随时都可能出现。而我所谓的能自我实现的人，之所以能成为不同于他人的个体，是因为在他们身上，这种生命插曲的出现，似乎还较一般人的次数更为频繁、更强烈，也更完美。因此，所谓的自我实现乃是指次数频繁的程度问题，而不是一种"非全即无"的状态，如此，自我实现便是一种可以不断追寻、精进的历程活动。而我们也无需再把研究限制于那些稀有的对象上，也就是那些所谓一生大部分的时间都能完全自我实现的人身上。至少在理论上，我们在任何人的生命史中，都可以找到自我实现的插曲。特别是艺术家、知识分子和其他从事特殊创作事业的人，还有那些具有深刻的宗教情操的人，以及那些在心理治疗的过程中或在其他重大的成长经验中，曾经体验过真知灼见的人，都可以见到这种自我实现的插曲。

截至目前为止，我所描写的经验形态都是主观的经验，而它与外在世界的关系则完全是另外一回事。这是因为虽然认知者确信自己已然感知到最真实、最完整的世界，但这并不证明他实际上已经做到。判断此一信念是否有效的准则，通常决定于所知觉的对象、人物、或创作品。因此，在原则上，这纯粹是相关研究的问题。

但是，艺术究竟在何种意义下方可称为知识呢？美感知觉当然有其内在本身的有效性。在感觉上，它是奇妙而有价值的经验，但有些幻想和幻觉亦是如此。此外，一幅我无动于衷的画，却可能会引起你的美感经验。因此，如果我们一旦走出自己私人的领域，美感知觉便和所有其他各种知觉一样，仍然会碰到有关外在有效性的问题。

同样，爱的感知、神秘的经验、创作的时刻、洞见的闪现，亦均是如此。

恋爱中的人在所爱的对方身上可以感知到别人所不能感知之处，他们不会怀疑自己内在经验的真正价值，也不会怀疑对自己、对爱人和对世界所产生的多种影响是否真的有价值。如果我们以母亲对孩子的爱为例，情形就更明显了。爱不仅可以感知对方的潜在力，还可以使潜在力实现。缺少了爱会抑制甚至扼杀潜在力。一个人的成长要有勇气、有自信，甚至有胆识。如果缺少了父母双亲的爱或配偶的爱，便会导致相反的结果。因而自我怀疑、焦虑、自感一无是处、预期会遭讪笑……这一切，全都会压抑成长与自我实现。

所有的人品学与心理治疗所提供的经验都证实：爱令人实现，无爱却令人窒息，且无论是否理所应得，均是如此。

因此，这里便引起了一个复杂且循环的问题，这也正是梅尔顿所问的："这种现象到达何种程度就是一种能自我实现的预言？"为人夫者深信自己的妻子很美，或是为人妻者确信自己的丈夫真勇敢，这样的信念常会创出某种程度的美与勇气。但是与其说这种情形是对某一已存在之事物的感知，不如说是借着信念而把事物导向存在。也许我们可以把这个例子当作能够感知其潜在力的一个典型例子，因为每一个人都具有变得美丽、变得勇敢的可能性。这么说来，这种感知能力便与所谓能感知某人可能会成为伟大的小提琴家的感知能力有所不同，因为能成为伟大小提琴手的可能性并不是一种普遍的可能性。

比这还要更复杂的是，有些人一心希望把所有这一切问题都纳入一般科学的领域里，因此仍然心存疑惑。通常，爱也会对别人产生幻觉，或感知对方并不具有的一些性质与潜在力；但是，这些性质或潜在力并不是认知者所真正感知的，而是认知者在自己心中所创想出来的；因此它们乃建基于一种有所需求、压抑、否认、计划和理性化的系统之上。如果说爱比无爱更能使人具有感知力，那么爱也可能令人盲目。究竟什么时候是那一种情形，乃是我们常会遇到，且必须调查的问题。究竟如何分辨在那些情况中我们对现实世界的感知比较强烈？这个问题，我已经提出在我的人品学上的观察报告。我认为这个问题的答案之一,在于必须根据认知者心理健康的程度,以及是否在爱的关系内或外来决定。越健康的人,对世界及其他同等级事物的感知愈强烈,也愈能穿透它。但由于这项论点乃是未经过检查的观察结果,因此只能代表一种尚待检证之研究的假设而已。

一般而言,在创造时所迸出的美与知性的火花中,或在真知灼见的体验中,我们都会遭逢到相同的问题。在以上两种情形下,经验的外在有效性并不完全与现象本身的效益有关。伟大的洞见很可能有误,伟大的爱情也可能会消失。在高峰体验中所创作的诗词,之后却可能因为觉得不满意而予以舍弃。经得起考验的作品,其创作历程在主观上与经不起冷峻、客观、批判性之审查的作品的创作历程并无不同。惯于从事创作的人,都深深明白这个道理,因此也都预料得到他在灵光涌现的伟大时刻中所获者,有一半是行不通的。所有的高峰体验感觉上都很像是存有的认知,实则并非全然如此。不过有一点是我们所不敢妄自否认的,亦即至少有些时候,在一个较健康的人身上和较健康的时刻里,我们可以发现其认知更清晰简明,也更具有效性;这就是说,某些高峰体验的确就是存有的认知。以前我曾建议过一个方法:如果说能自我实现的人真的比我们一般人能够更完全、更有效地认知现实世界,而且又较少受动机的污染,那么我们便可以利用他们来做一些生物学上的分析试验。通过他们较敏锐的感觉与认知,我们或可获得比通过我们自己的眼睛更真确的有关现实世界的表达——就像金丝雀比起其他较不敏锐的生物更能用来勘查矿坑中的瓦斯一样。我们也可以把自己最具感知能力的时刻和自己的高峰体验(亦即当我们能自我实现的霎那)当作弓箭的备用弦,用来为我们提供有关现实世界的报导,相信一定比我们平常所见还要真确。

我所描述的这些认知经验,显然并不能取代科学上惯有之怀疑且审慎的方法。不论这些认知的效果有多么好,多么具有洞察力,而且即使它们完全是发现某种真理的最佳途径,甚或是唯一的方法,但随着洞见的火花之后,仍然还有检验、选取、否定、确认,以及评估是否外在有效的问题存在。总之,如果把两者纳入一种对立且相互排斥的关系中,那就似乎太愚昧了。它们彼此之间,正如同前锋与后卫一般,彼此相互需要、相互补足,这点至此已是昭然若揭了。

有关高峰体验带给个人的影响后果,在另一种意义下,也可以说是有关评估高峰体验是否有效的问题，但却与高峰体验中的认知是否具有外在效度的问题无关。我并没有已经经过检证的调查资料可资提供。但我所研究的对象，都一致同意的确有这种效果，我自己也确信有，而且所有写作有关创意、爱情、洞见、神秘经验与美感经验等方面的作家，也都完全同意这种看法。根据这些，我认为至少可以作出以下的肯定或命题，当然这一切都是可以检证的。

1. 就祛除病症的严格意义而言，高峰体验的确具有治疗的效果。我至少可以提出两种报告，一种来自心理学家，一种来自人类学家。他们均指出此种神秘而浩瀚的经验是如此深刻，以致可以永久消除某种精神官能上的症状。这种心灵转变的经验在人类历史记载中处处可见，不过就我所知，我却从来没有看到任何心理学家，或心理治疗医生注意到此。

2. 它们可以改变个人对自我的看法，并予以导入健康之途。

3. 它们可以改变一个人对他人的看法，并改善他与别人在各方面的关系。

4. 它们多多少少能够永远改变一个人对世界的面貌和对世界各部分的看法。

5. 它们可以使一个人从容自若，以便从事更伟大的创作事业；使他更天真率直，更具表达力，也更具有个别的独特性。

6. 他会常常想念这种经验，认为这是一种十分重大，而且令他向往的事件，因此他会想办法再次亲临其境。

7. 这个人较容易感受到：即使生命常显得单调、陈腐、痛苦，而又讨厌，一般说来仍是值得的，因为生命中的美丽、兴奋、忠诚、游戏、善、真及其深远的意义，均曾向他显示过它们的存在。换言之，生命本身是有价值的，自杀与宁愿死去的念头实为不妥。

我们还可以提出许多有关高峰体验的影响效果的报告。这些影响效果根据不同的个人，根据个人不同的难题，而各具特色，同时这些难题也都在高峰体验的影响效果下获得解决，或者因而得以了然于怀。

我认为这些影响效果全都可予以归纳、综合。如果高峰体验可以比拟成一个人经历过个人内在的天堂之境后，又返回人间尘世的旅程，那么当事人对这些影响效果的感觉便可传达出来。而高峰体验所导致的各种令人向往的效果（有些是具有普遍性的，有些则是个人所独具的），都是相当有可能存在的。

此外，我还要强调，像美感的经验，创造的经验，爱的经验，神秘的经验，透悟的经验，以及其他各种高峰体验的各种影响效果，乃是艺术家、艺术教育者、充满创意的教师、宗教和哲学的理论研究者、满怀爱心的丈夫、母亲、心理治疗医师，以及许多其他人士所共同期待，并前意识地认为理应如此的。

总而言之，这些良好的影响效果还算是相当容易了解的。而比较难以说明的，则是何以在某些人身上并没有可资识别的效果。

十、高峰体验（二）

　　我打算谈谈健康心理学，或者说是关于正常状态下的人的心理学。这是一篇来自日常生活的考察报告，是一件尚未完成的研究工作，是对一个未知领域的首次探索。在这一探索中，我有意暴露出我的学术理论中的薄弱环节。我说这些话是为了提醒你们中的一些人，因为他们只欣赏已经彻底完成了的研究，而我要谈的还远远不是完成了的研究成果。

　　当我着手进行健康心理学的研究时，我只选择那些最正常、最健康和最具有代表性的人，来作为我的研究对象，以便找出他们的特点。在某些方面他们同一般人相比有令人惊异的差别。生物学家曾以充分的理由宣称，他们找到了类人猿与（未来）文明人之间一直未被发现的中间环节。"这中间环节就是我们。"

　　在对健康人的研究中，我获得不少新的认识，其中之一就是我们现在要专门讲的问题。我注意到这些人常常说自己有过近乎神秘的体验。这种体验可能是瞬间产生的、压倒一切的敬畏情绪，也可能是转眼即逝的极度强烈的幸福感，或甚至是欣喜若狂、如醉如痴、欢乐至极的感觉（因为"幸福感"这一字眼已经不足以表达这种体验）。

　　在这些短暂的时刻里，他们沉浸在一片纯净而完善的幸福之中，摆脱了一切怀疑、恐惧、压抑、紧张和怯懦。他们的自我意识也悄然消逝。他们不再感到自己与世界之间存在着任何距离而相互隔绝，相反，他们觉得自己已经与世界紧紧相连融为一体。他们感到自己是真正属于这一世界，而不是站在世界之外的旁观者（例如，在我考察的对象中，有一个人这样说过："我感到自己是一个大家庭中的一员，而不是无人问津的孤儿"）。

　　最重要的一点也许是，他们都声称在这类体验中感到自己窥见终极真理、事物的本质和生活的奥秘，仿佛遮掩知识的帷幕一下子被拉开了。艾伦·华艾曾这样表达过这种感觉，"噢，原来如此"。这好像是我们的最终目的地——我们的生活似乎是一场艰巨紧张的奋斗，以达到某个特定的目的地，而现在我们终于达到了，这就是目的地，这就是我们艰苦奋斗的终点，是我们渴求期待的成就，是我们愿望理想的实现。每一个人都有过这种时候，即我们感到迫切需要某种东西，但又不知道究竟是什么；而这种朦胧模糊的未能如愿以偿的渴望，则可以通过我们的这体验得到最充分的满足。产生这种体验的人，像突然步入了天堂，实现了奇迹，达到了尽善尽美。

就在这一点上，我已经得到了一些新的知识。我以前总把自己读到的那点少得可怜的神秘体验归结为宗教迷信。与大多数科学家一样，我对这些体验嗤之以鼻，概不相信，并把它们统统斥之为胡说八道、错觉幻像或歇斯底里等。我几乎毫不迟疑地断定它们都属于病态心理。

然而，那些对我讲述过或文字描写过此类体验的人，无不健康正常，这便是我的体会之一。除此之外这类体验还使我看到了那些目光偏狭的正统科学家的局限性，他们不承认任何与现成科学相违的情报资料是知识，也不承认它们是客观现实（"我是这所学院的院长，大凡我不知道的就不是知识"）。

这类体验大多与宗教无关，至少从通常的迷信意义上看是如此。这些美好的瞬时体验，来自爱情和异性结合，来自审美感受（特别是对音乐），来自创造冲动和创造激情（伟大的灵感），来自意义重大的顿悟和发现，来自女性的自然分娩和对孩子的慈爱，来自与大自然的交融（在森林里在海滩上，在群山中，等等），来自某种体育运动，如潜泳，来自翩翩起舞时……

我的第二点体会是这类体验都是自然产生，绝非迷信。从现在起，我将不再称它们为"神秘体验"，而改称"高峰体验"。我们完全可以对这类体验进行科学的研究（我现在便开始了这项工作）。它们属于人的知识范围，而不是什么不可思议的外界秘密。它们存在于这个世界中，而不是超乎于世界之上。它们不只是神父特有的本领，而是全人类共同的感受。它们不再是宗教信仰的问题，对它们的研究，完全是出于人的好奇心，出于对知识的追求。请大家留意一下像"启示""天堂""拯救"等字眼的自然主义用法的含义吧。科学史正是一门又一门的科学从宗教中诞生并分化出来的历史。今天,历史似乎又在我们探讨的这一领域中重演。或者换种说法,如果我们从高峰体验所具有的最美好、最深刻、最普遍和最人道的意义上看,这类体验到的确可以被看成是真正的宗教体验。因此,对这方面的研究可能产生一个最重要的结果,即把宗教拉到科学领域中来。

我的第三点重大体会是,高峰体验比我所预料的要普遍得多。它们不仅在健康人中产生,而且在一般常人或甚至在心理病态的人身上出现。事实上,我现在几乎认为每一个人都有这种体验,只是人们有时能认为每一个人都有这种体验,只是人们有时不能认识或接受罢了。

请注意,这句话暗示了一个多么荒唐可笑的现象,我花了很长时间才意识到这一点。假如通过适当的方法、询问和鼓励,每一个人实际上都会承认自己有过高峰体验。而且我发现,只需要像我现在这样谈论这种体验,便可以使人们将深藏心底的各种秘密的高峰体验表露出来。这些体验以前从未向其他人提及过,甚至人们自己也从未觉察到。为什么我们会羞于提及这种体验呢?既然这种体验是美好的,为什么我们会力图掩盖呢?有人这样说过:"一些人害怕死,另一些人则畏惧活。"大概我们属于后者吧。

高峰体验的特点与健康心理的特点之间有许多重叠吻合之处(如更完善、更有活力、更具个性、较少抑制、较少焦虑等等)。因此,我一直倾向于把高峰体验称为"自我实现"或健康心理的倏忽短暂的插曲。假如我的这一猜测是正确的话,那么几乎每一个人,甚至那些病入膏肓的人,都有处于健康心理状况的时候。

我还有一点体会是:高峰体验的产生肯定有许许多多根源,也肯定能在任何一种人身上发生。随着我的探索的不断深入,我对产生这种体验的根源的记录也变得越来越长。有时我都这样认为,几乎在任何情况下,只要人们能臻于完善,实现希望,达到满足,诸事顺心,便可能不时地产生高峰体验。这种体验完全可能产生于非常平凡低下的生活天地里,而有的情形哪怕重复出现了上千次,也可能产生不了一次这样的体验。

里尔克在给一位青年诗人的信中写道:"假如你感到生活贫乏,不要抱怨生活,应该责怪自己,因为是你自己还没有足够的诗人才华,将生活中的丰富内容概括表达出来。在创造者的眼中,没有什么地方是平淡无奇或无关重要的。"

举例来说，一位年轻的母亲在厨房里为丈夫和孩子们准备早餐而转来转去奔忙不止。这时一束明媚的阳光泻进屋里，阳光下孩子们衣着整洁漂亮，一边吃东西，一边叽叽喳喳地说个不停；丈夫也正在轻松悠闲地与孩子们逗乐。当她注视着这一切的时候，她突然为他们的美所深深感动，一股不可遏止的爱笼罩了她的整个心灵——她产生了高峰体验。（说到这里我想起了当我听到女士们谈起这类体验时，我所表现出的惊愕状态。我的惊愕表明，我们曾经是怎样一直用大男子主义的眼光来理解这一切的。）

几年后，一位青年男子对我说，他依靠在一个爵士乐队里担任鼓手来挣钱读完了医科学院；在整个鼓乐期间，他一共有过三次高峰体验。在这些时候，他突然感到自己是一个杰出的鼓手，而他的演奏效果简直达到了完美的地步。

一位女主人在宴会顺利结束后，最后一个客人已道别离去。她坐在椅子里，望着杯盏狼藉、乱七八糟的屋子，想到度过了一个多么愉快的夜晚，她体验到了一阵极度的兴奋和幸福。

人们也可能体验到一些比较轻微的高峰体验。例如，对一个男子来说，这种体验可能产生在他与友人共进了一顿美餐然后点上一支高级雪茄时；对一位女性来说，她可能在打扫厨房后，望着周围清洁无瑕、闪闪发光的炊具器皿而进入这种体验。

因此，显然有多种途径达到这些狂喜神迷的体验。它们并不一定是什么幻想离奇、神秘莫测的体验，人们也不需要经过若干年的训练和学习才能获得。这种体验也不仅仅为那些在特殊的优雅环境中深居简出的人所专有，如僧人、圣徒、瑜珈信徒、禅宗佛教徒、东方人等等。这种体验不只是发生在远方，或某个特定的地区，或某种经过特殊训练的人，或经过专门挑选的人。在任何行业中的任何常人都可能在生活中得到这种体验。对于那些论述禅宗的著作家来说，这对他们的学说无疑是一种支持，因为他们宣称"无物特殊"。

现在我可以比较有把握地进行另一个概括了。不管高峰体验的根源是什么，所有这类体验都趋于相互类似、彼此吻合。我不能说它们都是同一的，但它们之间接近同一的程度，远远超过了我的想象。当我听到一位母亲在描述她生下孩子的那一瞬间的狂喜心情时，我感到万分惊讶，因为她用的一些词句竟跟我在某些著作中读到的完全相同，像阿维拉的圣特来萨的著作、艾克哈行的著作，或日本和印度文献中关于体验的描述。（阿道斯·赫胥黎在他的《恒久哲学》中，也提出了相同看法。）

在这方面，我还没有进行非常认真细致的研究，我迄今为止的工作都只尝试性的、初步的。不过，我觉得完全可能对所有的高峰体验进行某种程度上的概括。产生刺激的因素各不相同，但主观体验却彼此相似。换种说法就是，我们通过不同的途径得到相同的刺激作用。当我在文学作品中读到各种各样的类似体验后，我对自己的这一见解更加确信不疑了。这些体验有：神秘体验、宇宙意识、海洋体验、审美体验、创作体验、爱情体验、父母情感体验、顿悟体验等等。它们全都交叉重叠，具有相当程度的类似性，甚至同一性。

这一发现使我收益不小，大家也都可以从中获得好处，因为它们有助于我们增进彼此之间的理解。诗人可能因一首成功的诗而产生高峰体验，数学家则可能因一次成功的数学证明获得类似的感受。如果他们能用同样的语言来叙述这种感受和体验的话，我们就可以发现他们在主观精神方面的相似远远胜过我们历来的判断。我可以从不同的人身上看到彼此共同的地方，无论是手持橄榄球向底线冲去的高中运动员，还是因制定了一个完美无缺的无花果罐头厂的设计计划而感受万千的企业家，或是陶醉在贝多芬第九交响乐的柔板中的大学生。我认为男性和女性之间还可以因此更好地了解彼此的精神生活，如果他们都能多加注意那些促使他们产生最大满足和创造感受的东西。例如在大学里姑娘们因被人爱恋而产生最高体验的频率远远大于小伙子们，后者更经常是从成功、征服、成就和胜利中享受到最大的幸福。这一点既跟我们的常识相吻合，也跟临床经验相一致。

如果我们大家对幸福的内心体验都基本相同，不管究竟是什么东西刺激了这种体验产生，也不管获得这种体验的人是多么不同（也就是说，如果我们的内心世界远比我们的外表更为相似的话），我们就可能获得一种途径使各不相同的人达到彼此同情和理解，如运动员与知识分子，女人与男人，成人与儿童，等等。艺术家和家庭主妇之间并非相去甚远，他们不仅生活在同一世界上，而且有时会产生共同的语言和共同的体验。

你能否根据自己的意志产生这些体验呢？不！几乎完全不能！一般说来，我们都像刘易斯的著作标题所揭示的那样，是"喜出望外"。高峰体验都是以毫无预料、突如其来的方式发生的。我们无法预计它们会在什么时候出现。追逐这种体验像追逐幸福一样,我们最好不要直接在高峰体验上下功夫。这种体验应该作为一种附产物或副现象出现,例如它可能在我们成功地完成了一件重要任务之后出现。

当然,我们可以根据以往的经验使这种感受更可能产生,或者不那么可能产生。有的人在性生活上能获得高峰体验;有的人则可以指望在某些音乐或某种喜爱的活动中得到相同的感受,如跳舞和潜泳。但是,没有任何一种途径能够确保产生这种体验。当你们能够善于几乎是被动地感受时,或者当你们抱有信赖感、臣服感或道家那种对万事万物听其自然、不加干涉的态度时,你们便处于最易于形成这种体验的精神状态。你们一定要能够放弃自己的骄傲、意志和支配感,不要力图操纵和控制自己的感情。你们要能够放松自己,让高峰体验自然而然地产生。

我想这会使你们跟我一样,重新激发起对禅宗教义等的兴趣。(总的来说,我相信我的这些发现与佛教禅宗和道家哲学更吻合,远远超过其他任何宗教神秘主义。)

我敢肯定地说,人们对这类体验的不可言喻性作了过分的强调。其实,我们完全可以谈论、描述和交流这类体验,我自己一直就在这样做,因为我懂得了怎样去谈论、描述和交流这类体验。"不可言喻"的真实含义是"不能以理性的、逻辑的、抽象的、可以表述的、可以分析、意义确切的语言来传达和交流"。如果你们在相互交流时,双方都曾经有过这样的体验;如果你们能够用诗一般的语言和热烈狂喜的语言来交谈,能够像荣格那样自己带点古风,能够用隐喻的方式或原发过程的方式来意会,或者用维尔纳所说的形象语言来思考,那么你们可以将高峰体验较好地描述出来。

心灵确实是孤独的,它被躯体包裹起来而与外界隔绝。两个如此相互隔离的心灵能够越过其间的巨大鸿沟而彼此沟通起来,这似乎是一个奇迹,而这奇迹竟真的发生了。

我的下一个问题是想谈谈高峰体验对象和高峰体验者之间的关系。有一点在我看来似乎已经很清楚,即有某种同型的动力在起作用,有某种相互平行的反馈和回响存在于感知者的特征和被感知的世界的特征之间,因而人和外界往往互相影响。简单地说,感知者必须与被感知的对象之间彼此符合,或者说他们必须相互匹配,不论好坏总得像一对夫妇。只有心地善良的人可能领悟到什么是仁慈。具有病态心理人格的人决不可能理解什么是慈善、良心、道德和内疚，因为他本身就与这些无缘。一个善良、真诚、美好的人，比其他人更能体会到存在于外界中的真、善、美。同样，如果我们自己具有统一谐和的心理状态，那我们就能够比较容易觉察到世界的统一性。

　　但是，外界反过来也要对感知者产生影响。世界愈谐和、美好、公正，它便愈能使人也变得如此。当我们在外界发现了最高的价值时，我们就可能同时在自己的内心中产生或加强这些价值。举例来说，我们在兰代斯大学进行的实验证明，当人呆在漂亮的房间里时，他显得比在丑陋的房间里更富有生气、更活跃、更健康。换言之，较好的人和处于较好环境的人，更容易产生高峰体验。

　　要把这一点说清楚，还需要更多的实例。我打算就此写一篇较长的文章，这个问题相当重要。

　　在高峰体验中，"是什么样"与"应当怎么样"已合二为一，没有任何差异和矛盾。感知到的是什么，同时就应该是什么。凡实际出现的，便都是美好的。这引起了许多难题，对此我不希望谈得过多，从而超出了我对实际发生的情况的记录。最后，我发现高峰体验有一点与神秘主义、特别是与东方的神秘主义相反，即所有的高峰体验都是转瞬即逝的。虽然其影响和作用可能长期存在，但是体验出现的一霎那却是短暂的。对有些人来说，高峰体验一直具有较高的治疗意义。而对另一些人来说，高峰体验则由于使人产生了意义重大的顿悟、启示或宗教皈依，而使其整个人生观发生了永久性的变化。这一点很容易理解，因为高峰体验就像使我们暂时步入了天堂，而后我们又在这索然无味的人世上不时回想起那美好的时刻。一个人很有特色地说道："我知道生活可以是美妙的，值得我活在世上。在那些冷酷的日子里，我就竭力回忆那些美好的瞬间。"一个妇女刚刚经历了顺产以后，气喘吁吁地，同时又无比惊奇地对丈夫说："绝没有人有过像我这样的心情。"另一个妇女在回忆同样的经历时说："我在那时感到自己就像是一个女皇，一个世界上最完美的女皇。"有一个人回忆起他在战争期间一次夜护航的情景时说，在没有一丝光亮的沉沉黑夜里，他感到一种无比敬畏的情绪油然而生，感到自己已经与广漠的宇宙融为一体，被包含在整个世界的美之中，不可分割。另一个人回忆当他独自一人像鱼一样在水中翻腾欢跃时，他感到自己爆发出一种纯粹是孩子的狂喜心情，他因为感到一种生理上的完美幸福而禁不住放声大叫。不用说，健康正常的性生活在相宜的情况下也常常产生类似的体验。

我们不难理解这类美好的体验会产生心理治疗效果，使人变得高尚美好。这种体验对任何人（不论是丈夫还是小孩）的性格、人生观、世界观都要产生影响。真正令人费解的是这类体验为什么不是经常性的。尽管每一个人事实上都可能最终意识到自己曾有过类似的体验，但为什么人的命运却如此可悲，充满了妒嫉、恐惧、敌意和痛苦，这是我始终不能明白的问题。

从目前的研究中，我们可以得到一个线索，我们中有些人正在专门研究"高峰体验者"和"反高峰体验者"。反高峰体验者是指那些排斥、否认或压抑其高峰体验的人，或者指那些害怕自己的高峰体验的人。我确信，如果我们以这种方式来抵制高峰体验的话，那么我们内心的这种体验就不会带来任何好处。

起初，我们以为有的人根本就没有产生过高峰体验。但是正如我上面所说，我们后来发现更可能的情况是反高峰体验者也有自己的这类体验，但他们压抑、曲解或由于种种原因排斥了自己的体验，因而未能利用这类体验。

导致人们排斥其高峰体验的部分原因、有那种刻板的马克思主义者的态度，如西蒙·德·博乌华相信这种体验是一种脆弱病态的表现（阿瑟·凯斯特勒也这样认为）。在他们看来，马克思主义者就应该"强硬"。为什么弗洛伊德要对自己的高峰体验持否定的态度，这是大家都拿不准的，也许是因为他抱有19世纪所特有的机械的科学观，也可能是因为他的悲观性格。在我所观察的对象中，我发现上述因素在不同的时候都要起作用。在其他一些人身上，我还注意到，他们排斥自己的高峰体验，因为他们有一种狭隘的理性主义态度。我认为这种态度是一种防御机制，专门反抗情感的泛滥，非理性的倾向，失去控制的、不合逻辑的柔情的、危险的女性特征，对精神失常的恐惧等等。我们在有些人身上比较能经常看到这种态度，如工程师、数学家、分析哲学家、书店老板、会计人员等。一般说来，他们都是具有强迫症倾向的人。

拒绝承认自己的高峰体验可能导致种种不良影响，现在我们就是要努力消除这些影响。

有一点我已经注意到，即权威人士对高峰体验的赞赏，有助于人们解除对这类体验的压抑。举例来说，无论我是给学生还是给其他团体作了关于高峰体验的讲演后（不用说我对这类体验是肯定和赞赏的），我的听众们都会恍然大悟他们曾有过许多高峰体验，或者说，他们才首次"回想起来"。不过今天我更愿意这样说，所有处于前意识状态的混乱无序的这类体验全都冒了出来，清晰可见，我们必须对此命名，必须认真对待。简言之，人们此刻才"意识到"，或者说才"明白"他们曾有过什么样的体验。你们中一定有许多人在听了我今天的讲演后也会有同样的发现。这种发现很像你们刚进入青春期时首次萌生出性欲的情景一样，不过，这次你们的父亲却不会表示异议。

最近，我从一个观察对象身上认识到一些与今天的讲演有关的东西。一个女人虽然可能在分娩时产生高峰体验，但她不能意识到这种体验与其他高峰体验也完全一样，她不知道所有的高峰体验都具有相同的结构。大概正是由于这一原故，高峰体验不能产生治疗性转换，不能产生普遍的效果。例如，女性只有在最后才意识到：当她看到自己在丈夫的心中占据不可缺少的重要位置时所产生的感情，跟她在分娩时所产生的感情非常相似，也跟她在碰到一个孤儿时所激起的强烈母爱极其相同。只有这个时候，她才能认识到这种体验具有普遍意义，她才能在以后生活的各个方面有意识地利用这些体验，而不仅仅局限于某个孤立的生活角落。

这一研究工作有助于解释那个为许多宗教作家和神秘主义者所注意的古老难题，这个难题特别受到那些描写过有关宗教皈依的作家的注意，像詹姆斯和贝格比等。他们常常暗示任何人都有必要经历"灵魂最阴沉的阶段"，说到底，就是要有绝望的体验。他们认为这是一个人要想达到神秘的狂喜心境的先决条件。从某些这样的作品中，我感到人似乎总要首先在最大程度上表现出自己的意志、骄傲和狂妄，当事实证明其意志、骄傲和狂妄只能产生极大的痛苦时，人才可能打心底里表示让步和屈服，并变得谦恭起来。他俯首屈膝、拜倒在圣坛前，对主说："不是我的意志，而是您的威力所致。"我要强调这不仅仅是一种宗教现象，这种现象也可能发生在酗酒者或精神病患者身上，发生在女性反抗丈夫的压制时，发生在青年人反抗父母的约束时。

我现在认为，这个问题的难点一直在于它既可能呈现出健康的形式，也可能显示同态的形式。例如，这整套系统不仅对宗教皈依和神秘体验起作用，也对性欲起作用。在神秘主义的文学作品中，我们能轻易发现有关性的成分。我们可以看到一个清心寡欲的教士是怎样彻底弃绝其情欲的，可以看到像蒙肯那样的评论家是怎样高声取笑这类风流韵事的。对于所有那些不能使性欲和宗教（在"较高尚"的生活中）共存的人来说，这是一个进退两难的困境，它使人终日烦恼不安。现在，这个问题的一方面已经不再使人感到困扰，至少对于那些把性欲（起码是性爱）看成是愉快美好的事情的人来说是如此，他们极愿意将这看成是通向天堂的大门之一。

　　但是，还有其他一些问题。骄傲很容易变成一桩坏事，而完全缺乏骄傲也同样不好，这样可能导致受虐狂。一个人似乎应该既能坚定、顽强、固执、戒备、警惕、气盛、好胜、自信，也能信赖他人，能做到松弛和善于感受，能采取道家的态度，对万事万物听其自然、不加干涉，能谦恭臣服。例如，我们现在已经知道，一个人要想创造，要想进行深邃的思索和理论研究，要想保持良好的人际关系，当然也包括与异性的关系，他就必须将上述两个不同方面的特点和能力恰当地结合在一起。女性在信任人和谦恭方面较强，而男性在决断和坚强方面较强。这看来是真实的，但是男女双方都应该同时具备两方面的能力。

　　就我们迄今所看到的高峰体验来说，其中大多数具有被动感受的性质。高峰体验降临于人，而人则必须能够做到听其自然。人不能强迫、控制或支配高峰体验。意志力量是无用的，奋力争取和竭力遏止也是无用的。对这类体验我们只须让其自然发生。可以给你们举一些简单的例子来说明我的意思。安贾尔曾对我说，根据他的经验，真正患有强迫症的人根本无法在水中"漂浮"，因为他们不能放松自己，不能做到无控制。要想自由，情形跟大小便、入睡、松弛肌肉等一样。所有这些活动都需要我们能够使自己放松，任其自然发生，意志力只会碍事。由此可见，意志力的干涉，似乎只能抑制高峰体验。

　　关于这一点我最后想说，"听其自然"和"信赖感"等诸如此类的能力，并不一定意味着是"灵魂的阴沉"或"绝望"，也不意味着是骄傲感被彻底粉碎，或人的被迫屈服。健康的骄傲感与健康的感受性并行不悖。我们要拿掉的是那种不健康的骄傲。

　　随便提及，这一点也是神秘体验与高峰体验之间的又一不同之处。

我在其他地方已经提到一个尚未解决的问题，即高峰体验使一些人变得更活跃、更激动、更兴奋，同时又使另一些人变得松弛、平静、安详。我不明白这种差别的真实含义，也不清楚产生这一差别的根源是什么。也许后者与前者相比是更完全的满足，当然也许不是。在所有的受试者中，我至少遇到过一位因高峰体验、特别是审美体验而感到剧烈头疼的人。她说在这些时候她感到自己很生硬、紧张、激动，因而变得特别健壮。这头疼并不使人讨厌，她一点也不回避，相反她还期待头疼出现。与头疼同时出现的，还有其他一些比较普通的现象。她说："世界变得美好，我自己也变得和善。我有一种强烈的希望感，这对我来说是少有的事。在这些时候，我明白我想要什么，我很有把握，较少怀疑。我的工作效率变得高起来，能很快作出决定，很少含糊。我比任何其他时候都更清楚自己的要求和同情心。"

我提的问题都是关于那些人们感到极度兴奋和幸福的瞬间，因此他们能够注意到一个众所周知的事实：悲剧、痛苦以及面临死亡，在那些具有足够勇气和力量的人的心中，同样能够产生认知效果和治疗效果。因此我们必须研究快乐与忧伤的融合，欢笑与眼泪的密切关系。

人们常常告诉我，有人流泪是因为极度的幸福（如在愉快的婚礼上哭泣），或是因为正义的最后胜利（如为幸福的结局而热泪盈眶），也有人因为感情激动而喉咙哽咽（如由于跳舞特别优美而产生高峰体验时），或是因为音乐高峰体验而打寒颤、起鸡皮疙瘩、发抖，甚至有一个人还出现呕吐的症兆。所有这些问题，都需要深入广泛地研究。

对高峰体验的研究，不可避免地要提出一个非常困难的问题，对这个问题的解答，一定会成为下一个世纪的心理学的注意中心。这就是古代某些神秘主义者和神学家称之为"大同意识"或其他什么名称的问题。正如笃信宗教的人所说，这个问题就是怎样在这个世俗的世界上度过圣洁的一生，怎样使人生具有永恒的意义，怎样在这不完善的世界上始终保持着对至善至美的理想，怎样在假、丑、恶的尘埃中永不忘记对真、善、美的追求。过去，人们若想达到这一目的，就不得不逃离尘世，隐居在寺庙里，过着苦行的生活。不少人还想尽一切办法来折磨自己的肉体，压抑自己的欲望，克制其胃口，他们错误地以为，肉体和欲望是与永恒、至善至美、神性、上帝的意旨等格格不入的。

请注意！高峰体验具有重要的意义，它可以被吸收到（或甚至完全取代）那些不成熟的观念。根据这些观念，天堂不过像一个乡村俱乐部，只是地点有些特殊罢了，大概在云层里。而在高峰体验中，人们常常能直接窥见上帝的本质，而永恒性也似乎成了现实世界本身的特征。或者换种说法，天堂就在我们的身边，从大体上看，它任何时候都可以达到，我们随时都可以步入天堂，逗留几分钟。天堂存在于任何地方，在厨房里，在工厂里，在篮球场上，在任何地方完美都可以出现，手段可以变成目的，事情可以妥贴办好。"大同生活"变得比任何时候都更会成为可能，而不仅仅是梦想。有一点很清楚，我们的研究将使这种生活更接近、更可能达到。

最后还有一句话：现在，那些比较熟悉有关神秘体验的文学的人，已经可能清楚看到，高峰体验与神秘体验非常相似，二者间有彼此吻合一致的地方，但它们并不是同一的。它们之间的关系究竟如何，我还不十分了解。我最多只能猜测二者并无本质区别，只有程度上的差异。正如古典意义的描述，整个神秘体验，多少有点接近那些或大或小的高峰体验。

十一、自我的实现

　　当我们在为"自我身份"寻求各种定义之时，必须切记，这些定义与概念并非早已潜藏于某些隐蔽之处，正耐心地等着我们去发现。其实这些定义只有一部分是由我们发掘的，还有一部分则有赖于我们的创造。因为所谓"自我身份"，有一大部分意义是我们自己所赋予的。当然，在此之前，我们的感觉力与容受力应该先把握这个语词原已含有的各种意义。我们若明白，由于不同的作者将这一词语用于不同的资料，因而会产生不同的运作效果。我们理应找出各种不同的运作，以便了解各个作者在使用这一词语时，其意义究竟何在？对于不同行业的专家学者，诸如心理治疗医师、社会学者、自我心理学者、儿童心理学者，这一词语均各有不同的指意。不过，即使在这些专家学者眼中，这一词语仍具有某种意义上的雷同或重叠之处。（或许这种雷同性便是今日所谓"自我身份"的"指意"吧！）

　　此外，我还要提出另外一种有关运用这一词语的报告，即在高峰体验中，"自我身份"具有许多种真实的、明显的、可用的指意。但是，我们并不认为唯有这些才是自我身份的真正指意。我们只不过提供了另一个角度而已。因为我觉得享有高峰体验的人最能认识自己的身份，最接近真正的自我，最具个人的独特性；而这似乎正是纯粹且不受污染之资料的重要来源，也就是说让人为的发明缩至最小限度，而让自然的显露发挥至极限。

　　读者必会明显地发现，以下所列之"条目分明"的各个特点，其实并非完全各自独立，而是在多方面彼此参与、相互涵盖；亦即以不同的方式说明同一件事情，其隐喻的意义并无不同。对"全面分析"理论（与原子论的、归纳性的、分析理论形成对比）感兴趣的读者,可以参考我在《动机与人格》第三章所作的说明。此处我也将使用全面分析的方式来描述所谓的"自我身份"。我并不将之分解为许多各自独立,而又相互排斥的构成因素,而是不断将之把玩于手中,并再三视其各个面貌,就好像一位艺术欣赏的行家在观赏一幅佳作一样,有时从作品(整体的)某一个组构层面来欣赏,有时又从另一个组构面来观看。以下所讨论的每一个"面貌",都可视为其他每一个"面貌"的部分说明。

1. 享有高峰体验的每个人,都感觉自己比任何其他时候都更具有整合性(统一性、整体性、一贯性)。(对旁观者而言)他在(以下我们所描述的)各方面,也显得比较具有整合性,亦即人格比较不分裂或分化,比较不会跟自己过不去,比较安于自我,比较专心一致,比较能够将彼此功能运作良好的各部分予以和谐而有效地组织,比较能与人合作,个人内心的冲突也比较少……有关整合性的其他各个面貌,以及其所依据的条件将留在下面来讨论。

2. 当一个人比较能单纯地把握住自我,他便也比较能够与世界相互交融,并与形式上的非我互相融合。比如说,恋爱中的情侣互相结合成为一体,而不再是两个单独的个人,因此这种"你—我"相融的一元论更显示出可能性。创作者在创作之时逐渐融入创作作品之中,母亲感觉自己的孩子就像自己一样,艺术观赏者在欣赏之余就化身而为音乐、化为绘画、化为舞蹈,天文学家透观天象之际,神游太空,与星辰同游(而不是一个独立的个体凭借着天文望远镜的管孔,穿透广袤浑沌的太空,窥见到另一个独立的个体)。

这就是说,自我身份(独立自主、自我个性)的最大成就,其本身同时就是一种对自我的超越,一种对自我的不断扬弃与逾越。因此,这样的人会变得相当地无我。

3. 享有高峰体验的人,通常都感觉到自己正处于力量的高峰,自己的一切力量均获妥善运用并发挥到极致。用罗杰士的一句话来说,就是感觉自己"完全发挥功能"。他感觉自己比任何时刻都更聪明,更具感知力、更机智、更坚强,也更温文尔雅。他正处于生命的巅峰,比平常更尽其材,是精神最焕发之际,这种情形并不只是个人主观的感受,而且是旁观者有目共睹的实情。他不再白费力气去跟自己过不去或压抑自我,也不再任意浪费体力。在一般情况下,我们只把自己一部分的能力用于行动,而有一部分却用来约束管制同样的能力。而现在却毫无浪费,并把所有的能力都用以付诸行动。因此,他就像滔滔江河一往无阻般汹涌向前。

4. 当一个人处于生命的巅峰,在能完全发挥其功能时,有一个细微而不显著的差别现象,便是他能轻松自在、毫不费力地发挥功能,平常在紧张、挣扎之中需要努力奋斗的事情,现在做起来却不费吹灰之力,不需要拼命苦干就能"自然天成"。通常随着祥和、从容、毫不费力便能完全发挥功能之后,伴随而至的是温文尔雅的感觉与神态,因此遂使万事皆能"相互契合"、"环环相扣"并"齿轮相接"。

因此,我们看到他们所表现出来的是沉着冷静的坚定与正直,好像他们十分确知自己正在做些什么,并能专心一意全力以赴,毫无怀疑、犹豫、三心二意或退却。因此能够朝向目标全力以击,而不是随意浏览、不痛不痒地吹飘而过。伟大的运动员、艺术家、创作者、领导人物与行政人员,在他们全力以赴发挥功能之时,均表现出这种行为的特质。

比起前面所述及有关自我身份的概念,这点似乎较不明显,不过我认为应该予以纳为"能实现真正自我"的特殊现象之一。因为其所具有之外在化与普遍性已足以作为探寻的对象。而且我也相信,为了能够完全明了所谓能像神明一样快乐,比如幽默、有趣、大智若愚、傻气、游戏、欢笑。我认为这种境界正是自我身份所能达到的存有价值之一,这点也是相当必要的。

5. 享有高峰体验的人,都感觉自己比任何其他时刻更勇于负责、更活跃进取、更能成为自己一切活动及感知的创造中心。他更感觉到自己就像是原始的推动者,更能自我决定一切(而不是受因果控制、受决定的、无助的、依赖的、消极的、软弱的,或受制于上司的)。他更觉得自己就是自己的老板,能够负完全的责任,能完全运用自己的意愿,比任何时候都更拥有"自由意志",是自己命运的主人,是操纵者。

对旁观者而言,他看起来亦是如此。例如他变得比较果决,显得更为坚强,更一心一意,面对逆境更能嗤之以鼻并起而克服之,更有坚定的自信,更能给人以百折不挠的印象。就好像他现在无论决定做任何事情,他都毫不怀疑事情的价值与自己的能力。因此对旁人而言,他看起来更值得信赖,更可以托付、依靠,且是最佳的信托人选。通常在心理治疗、成长、教育与婚姻之中,均可能辨认出这种勇于负责的伟大片刻。

6. 现在他享有最大的自由,不再受制于心理障碍、内心压抑、忧心、恐惧、怀疑、拘束;不再有所隐藏或保留,更不必受制于自我批判与受挫感。这些都只是价值感、自我接受感、自尊自爱感的负面,而此种自由自在的现象同时具有主观性,并且可以进一步从这两方面来予以描述。当然这也只是前述所列以及下面所将列的各种特征中的一个不同面貌而已。

也许我们所受制的各种现象是可以检验的,因为客观而言,这些都是齿唇相斗徒劳体力,而非手足互助。

7. 他因此更能率性而行,更具表达力,行为也更天真纯朴(譬如诚实、纯真、真诚、耿直、无邪、天真烂漫、无所矫饰、毫无心机、毫无防范),比较合乎自然本性(单纯、自在、无所犹豫、纯朴真诚、不矫揉造作、直接,并且在某种意义下是原始的),行为比较不受控制,且能自然洋溢于外(自动自发、任性冲动、反应直爽、"本能的"、不受拘束、无自我意识、无所思虑、不自觉)。

8. 而且他更具有某种特殊意义的"创造力"。他的认知与行为均是发自最强大的自信心,并且一无所惧。因此能够以毫无干预的、道家的方式,或是以完型心理学者所描述的具有弹性的方式来形塑自己,并且能够以深入内在、一心投入的方式或要求(而不是以自我为中心、以自我意识的方式)来处理一切有问题或无问题的处境;换言之,就是按照任务的内在本身、或责任(如弗兰克所言)或游戏来处理。因此其认知与行为常是随兴而发、超越时间性、随兴之所自创生无,而且它是有所期待而发,常是新颖而新鲜的,不是口号式的,不是受指导的,不是例行惯性的。并且它亦不是预先准备好设计过、计划过的,不是预先想过,预先排练过,或预先思考过的。甚且只要是含有先在的时间性与某种预先计划之意涵在内的字眼,便不适用于它。因此，它是相当不易寻得，不是欲求可得的，也不是需求的对象。它不具目的性，不是奋斗争取的对象；它不是受动机所引发的，也不是被驱迫的。它是突然兴起的，是截然新创的，而不是由于先前时间所衍生的。

9. 所有这一切都可以用另一种语词方式来予以说明，比如说已达到独一无二、个别独立、独具特性的极致。如果说我们每一个人大体上彼此互有差异，那么，在高峰体验中的每一个人都可以说是彻底不同。如果说在某些方面（比如所扮演的角色）人们可以彼此互换，那么，在高峰体验中的个人则不再扮演任何角色，因此便无法互换。不管他们原本如何，不管"独一自我"原意何指，他们在高峰体验中所体会到的都更甚于此。

10. 在高峰体验中，个人最是活于此时此刻中的。在许多方面都最能脱离过去与未来的束缚，一切均昭然若揭地朗现于经验之中。例如，此刻他一定比任何时候都听得清楚，因为他现在最不受习惯束缚、最无所期待，并且由于根据过去的情况（已非今日之情境）而设定的各种预期，或是根据他对未来之计划（这表示只把目前当作迈向未来的工具而不是目的本身）所抱持之希望或挂虑，均不再污染心灵；因此他能够全面地倾听。正由于无所欲求，因此他不再需要用恐惧、仇恨或希望来标示自己。他不必要把先前之牺牲拿来和非先前之物相比较之后，才能作评估。

11. 此人更纯粹处于心灵的层次，而不再只是按照世界的规律准则活在世上的一样东西。这也就是说，他逐渐更能按内在心灵的法则来决定一切，而不再受制于与之有异的非心灵实体。这点看起来似乎是一个矛盾，然而事实却不然；而且即使如此，我们亦应因其具有某种特殊意义，而予以接纳。唯有让自我的存在与别人的存有能够同时自由展现，我们才可能对别人作存有的认知。自尊自爱并尊爱别人，每一个人才能彼此互相宽容、互相支持，并互相给予力量。由于无所需求，我才能最适切地把握住非我，也就是说，让非我成其所是，任其而行，并允许他按照自己的法则生存，而不是要他模仿。正如同，唯有当我从非我中解放出来，拒绝非我对我的控制、拒绝按照非我的法则生存，并且坚持按照内在于我的法则与规律生存，这时，我才能

十一、自我的实现

117

成为真正的我自己。当这一切均得以实现，结果一定是内在的心灵（我）与外在的心灵（别人）不再彼此截然互异，因此实质上当然也就不是彼此敌对的了。结果两种律则体系都深富意义，且兴味盎然甚至能够相互整合、彼此相融。

帮助读者了解这堆令人迷惑的字眼，有一个浅显易明的典例，那就是处于两人间的存有之爱的关系。当然，在高峰体验中的任何其他典型，亦可通告以说明这一切。不过很明显的是，就理想的言论层次（我所谓之存有领域）而言，所有的这些字眼，像自由、独立、把握、无为、信赖、意志、依靠、实体、别人、独立自立等等，都具有十分复杂、丰富的指意。这些指意正是在日常生活、缺陷、希望、需求、自卫，在对立二分两极、与分裂等这些缺陷领域中的一切所匮乏的。

12. 重点放在无需奋斗、无所需求的特征点上，并以之作为目前研究的中心焦点，可以说具有某种学理上的优势。根据以上所描述的各方面而言，在某种特定的意义之下，高峰体验中的每个人都是不受动机驱使的人（是不受驱迫的）——此尤以缺陷需求的角度来看为甚。在此相同的讲座范围中，我们把最高等的、最真诚的自我身份描述为非驱迫性、非需求性、非愿望性，亦具有同样的意义。也就是说自我已然超越了日常繁杂的需求与驱迫。他正是其所是，已然达于欢悦之境，因而暂时不再以追寻欢悦为目的。

我们在说明能自我实现者之时，亦曾描述过这类情形。此时的一切均出于自动自发、自然流溢、驾轻就熟、无所目的。此刻他能够完整而毫无缺陷地行动，不是为了均衡作用，或为了减少需求而行动。他的行动不是为了逃避痛苦、不悦、死亡，不是为了未来更进一步的目标，也不是为了任何其他目的，而是为了其本身。他的行为与经验已然成为在己之物，具有本身的价值，是目的性的行为、目的性的经验，而不是工具性的行为或工具性的经验。

达到此一层次的人物，我称之为有若神明，因为大部分的神明都被认为没有需求或欲望，没有缺陷与匮乏，处于万物之中而自得其所。此种"至高""至善"的神明，其特征与行动皆是衍生自其无所欲求的基础。我发现此一衍生现象极具激发性，使我明白了人无欲无求时发生之种种行为。例如，对于有关"肖似神明的幽默与愉悦"的理论、有关无聊的理论、及有关创造性的理论等等，这点均可作为极富启发性的基础。人在胚胎期一无所求的事实，正是我所谈到的高等涅与低等涅相互事例的丰富来源。

13. 传述高峰体验的语汇，常显得充满诗意、神秘与幻想，仿佛非如此不足以把这种存有境界表达得适切似的。事实上，自我身份的理论本身就暗示着，愈是真正的人，就愈像诗人、艺术家、音乐家或先知……

14. 高峰体验都可充分被理解为李维所谓的"行为的圆满"，或完型心理学派所谓的终止，或雷奇所提出的完全高潮；亦可将之理解为全然的解放、净化、极点、高峰、极致、淘空或完结。而与之形成对比的是，诸如对完成之问题的执着、被割去部分的乳房或列腺、通便不顺畅、哭不完的哀伤、节食中的半饥半饱、永远清不干净的厨房、久未练习的运动员、扶不正墙上的歪斜画像、不得不吞下的愚蠢、缺陷或不平，等等。从以上这些例子，任何一位读者从现象上就应该可以了解到完满是多么地重要，以及为什么这一观点极有助于加强对无需奋斗、整合、放松以及前所述及之一切情形的理解。我们在此一世界中所见到的完整就是圆满、正义与美丽，而不是工具，等等。由于人们内在世界与外在世界就某种程度而言是同形质的，并且是相互交关的（彼此互为因果），因此我们便触及了良好的个人与良好的世界是如何彼此造就的问题了。

自我的实现这点对自我的身份有何意义呢？也许真正的人本身就是完整的，或者就某种意义而言是终结的。他必定也偶而体会过自己的终极目的、完整或圆满，他必然也在周遭的世界中体会过这些。但可以说唯有享有高峰体验的人才能成就完全的自我身份，而缺少高峰体验的人则常处于不完整、有缺陷、需斗争、常欠缺的境地，生活于工具之中，而非目的之中。如果说高峰体验与真正人格之间不完全彼此相关，但至少可以确定其间的关系是积极的。

我们所谈到的身体上和心理上的紧张，以及对完整的执着，这些情形似乎的确不仅不能与纯静、和平和心理健康的情况相匹敌，甚至亦不能与身体完好的情况相比。这里我们还有另一种令人扑朔迷离的情形，即许多人都在有关高峰体验的报告中指出，在高峰体验中他们似乎就好像亲临了（美丽的）死亡之境，生命之强烈尖锐，似乎令人巴不得或渴望死于其中。我们可以说，任何一种圆满完整、或圆满的结束，就其隐喻性、神秘性或归本溯源而言，就是一种死亡，如兰克所指涉的一般。

15. 我强烈地感觉到，这种喜乐欢悦之情就是一种存有的价值。我之所以这样想的理由，前面已曾述及一些。不过其中最为重要的理由则是，在高峰体验的报告中，此种喜悦之情经常被提及，同时，在由外观研究高峰体验的人所提出的报告中亦显示，研究人员也能自外观察到此种愉悦。

此种存有之愉悦实在难以描述，这因为语言的狭隘而不敷使用（正如同一般来说，我们无法用语言去描述个人"较深层次"的主观经验）。这种愉悦之情具有涵盖宇宙、肖似神明的特质，而且理所当然地超乎任何敌意之外。我们可以很顺口地称之为快乐的欢笑、欢乐的洋溢或纯然的喜悦。它之所以带有满溢的特性，是因为丰余、满盈而外溢的结果（但不是由于缺陷动机而造成的外溢）。它包容了人的卑微（软弱）和尊贵（强壮），且与之同喜同乐，并超越了"支配—附庸"的两极对峙。它就存在于这种意义之下。它有时是欢欣鼓舞，有时则是轻柔的安慰。这是一种成熟的表现，同时也持守住了孩童的天真。

它是终极，是乌托邦，是心灵的善，是超越者，一如马古士与布朗在其书中所作的描述，我们亦可将之称为尼采的超人。

下列这些词汇，是它的一部分定义，与它的特质息息相关：从容的、不费力的、幸运的，超脱了压抑、限制与怀疑，是以存有之知为悦（而非以之取乐），超越了以自我为中心和以工具为中心的境界，并且超越于时空、历史与区域的限度之外。

最后，可以说，它本身就是一个整合者，本身就是美，是爱，是创造的智慧。因此，它是对立二分的破除者，是许多无法解决的问题的解决方法，是人类处境的最佳解决之道。它教导我们一条解决问题的最佳途径：就是以之为悦。因此使我们同时存活于缺陷之途又存活于存有之境，就像塞万提斯一样，同时扮演着唐·吉诃德和桑科庞撒的角色。

16. 处于高峰体验中，或经历过高峰体验的人，最特殊的一点就是感觉自己幸运、有福与恩宠满被。最平常的反应就是："我真是承受不起啊！"高峰境界不是计划中的，也不是由于计划而得的，它是突如其来的，是不经意而得的。我们因此感到惊喜惊讶、出乎意料和认知的惊喜，这些反应其实十分平常。

其结果通常是充满感激之情，在宗教上的反应是感激神，其他的人则是感激命运、大自然、全人类，感怀过去，感激父母、世界，感激任何足以帮助他达到此一奇妙境界的人与事。甚至进而对之崇拜敬礼、宣扬称谢，加以推崇、称颂赞扬，加以供奉，并且进而产生任何适于宗教模式的行为反应。显然任何宗教心理学，无论超原或自然的，都应考虑到这些可能发生的情形，此外任何有关宗教起源的自然主义的理论亦应注意这些。

此种感激之情常常会被表现为、或被导向为一种包容所有的人、包容一切万物的爱，或是一种感觉宇宙为美、为善的感受；而最常见的，则是一种愿意为世界行善的冲动，一种想要回报的渴望，甚至视之为一种使命。

最后，在能自我实现的、真正的人身上所表现出来的谦卑与骄傲，在理论上亦可能是衔接得上的。幸运的人并不能完全保证自己怕幸运，恐惧的人、感恩的人亦是如此。他一定会问自己："我本配吗？"这种人便消融了骄傲与谦卑之间的对立，用同时又感骄傲（某种特殊意义之下的）又感谦卑（某种意义下的）的态度，将两者之间的对立融合成一个既单纯又复杂、且超乎寻常的统一体。（带有谦卑色彩的）骄傲并不是习惯或妄想症，带有（骄傲色彩的）谦卑也不是受虐狂。唯有把骄傲与谦卑造成对立局面，才会使之成为病态。对存有的感激之情能使我们把英雄般的主角与卑微的仆人整合为同一的个体。

我想再强调一下我前面所处理过的一个主要的奇异的问题（第二点），即使我们不太明白它的意义，但我们仍要面对它。这就是，自我身份所欲达到的目标（自我实现、独立自主、赋予个性以及霍妮所谓之真实自我、真实性等），其本身似乎就是一个最后的目标，同时也是一个过渡性的目标，是转变的历程，是迈向不断超越自我之途中的一个阶段。这就是说，其功能就在于不断地扬弃自我。换另一种方式来说，如果我们的目标就是东方人所欲达到的境界，自我之超越与扬弃、忘却自我意识与自我观察、与世界冥合为一，以及布克所谓的与世界认同，和安雅所谓的圆融和谐，那么，对大部分人而言，欲达到此一目标的最佳途径，就是先确立自我身份，建立一个坚强真实的自我，和满足基本需求，而非苦行禁欲。

我所研究的一群年轻的对象，他们提出了两种由高峰体验所引起的生理反应报告，也许与此一理论颇有相同之处。一种是兴奋和强烈的紧张感（我感到野劲，好像要上下不断跳跃，又像要大声狂笑一般）；另一种则是松弛、和平、安静和寂静感。例如，在一次美好的性经验之后，一次美感经验、或创造的狂热之后，就可能会有如此的感觉：不是持续不断地感到高度兴奋、无法入睡，就是对它失去欲望，甚至失去食欲，发生便秘等，甚或是完全松弛、怠惰、沉沉入睡等。这究意是怎么回事，我不明白。

十二、存在与危机

本章主要目的在于纠正一个普遍的误解：误把自我实现视为一种静态的、不真实的、"完美的"境界。在其间人类一切的困难问题皆已超脱，人类"永远快乐地生活"在一个超乎人性的宁谧或忘我的情境中。实际的经验并非如此，正如我曾在《动机与人格》一书中所指出过的那样。

为了澄清这一事实，我可以把自我实现描述为一种人格的发展，它可以使人从年轻时由于种种缺陷而引发的难题中解脱出来，或由精神官能症的（幼稚的、空想的、不必要的或"不真实"的）问题中解脱，因而使人能够面对、处理，并把握生命中"真实"的问题（也就是人性内在、终极的问题，是无可避免，且永远无法解决的有关"实存"的问题）。自我实现并不是说没有问题了，而是从过渡性的、不真实的问题转移到真正的问题上。举个令人震撼的例子，我甚至可以把一个能接受自我、具有洞察力，但患有精神官能症的病患者，称为能自我实现的人。因为自我实现这个语词也可以定义为"能了解，并能接纳自己内在的人性状况"的同义词。也就是说，勇敢地面对和接受人性的"各种缺点"，甚至欣赏它，并以之为悦，而不是努力尝试去否定它们。

也就是这些难题，这些即使是（或特别是）最成熟的人也都必须面对的真正的难题，正是我将来所要处理的，例如，真正的罪恶感、真正的悲哀、真正的孤寂感、健康的自私、勇气、责任，以及对别人负责等。

当然，随着人性高度发展而来的，除了有种了解真理的真正内在满足感，而不是感到愚弄自我之外，还有一种量（和质）的改进。人类大部分的罪恶感，就统计数字而言，多半是精神官能症，而不是真正的罪疚。能够解脱于精神官能上的罪恶感，就意味着罪恶数字的减少，虽然真正的罪疚仍然可能存在。

不仅如此，人格高度发展的人同时也拥有较多的高峰体验，而且这些体验似乎也更为深刻（虽然这些并不是"根深蒂固的"或阿波罗式的自我实现）。换言之，虽然一个比较完美的人仍然会有困难与痛苦（甚至更大的困难、更深的痛苦），但是，这些困难和痛苦在量上都比较少，而快乐在质与量上却比较多。简而言之，一个人由于已经达到人格发展的较高层次，他在主观上便会更加感到幸福。

能自我实现的人比一般平常的人更能找到一种特别的知识——存有之知，或以人性为中心以自我为中心的认知。由于自我实现并不意味着不再有问题，作为其特性之一的存有知亦同样隐伏着某种危机。

1. 存有之知的主要危机在于无法付诸行动，或至少变得踌躇不前。存有之知就是无需判断、比较、谴责或赋予价值。同时，它亦无需任何决定，因为下决定就是准备行动。而存有之知却是被动的观望、欣赏，并且不加干涉，也就是"无为而为"。当一个人在观赏癌细胞或细菌之际，由于被动地沉浸在理解广浩知识的喜悦中，而为之感到震撼、赞叹、惊异，这时他必定不会造次作为。一切的忿怒、恐惧、想要改进现状的欲望、想要予以扼杀、破坏、谴责的欲望，以及以人为中心的各种论点（比如"这点对我不好"，或"还是我的敌人，它会伤害到我"），这一切念头都戛然而止。错或对、好或坏、过去与未来，这一切都与存有之知无所瓜葛，并且也都不具任何行动。就存在主义的意义而言，它根本不是在世的存有。而就寻常意义而言，它甚至不是合乎人性的。它有若神明，充满悲悯之情，无所行动，不予干涉，无所作为，并且无关乎以人性为中心的意义之下的友谊或敌人。唯有当知识转向缺陷之知，才可能有所行动、决定、判断、处罚、谴责以及对未来加以计划。

因此，主要的危机就在于存有之知与行动之间的水火不容的情形。由于我们大部分的时间都生活于此世的在世存有，行动乃是必要之举（行动指自卫性或攻击性的行为，或是指从观者的角度而言，所谓以私我为中心的行动）。一只老虎从其"存有"的观点来说，拥有生存的权利（苍蝇如此、蚊子如此、细菌亦是如此），然而人类同样亦然。因此，其间便有着无可避免的冲突。由于自我实现的需求，结果必定得杀掉老虎,即使"知道老虎本身是一种存有'的认知与"杀死老虎"的行为有所抵触。就存在而言,某种程度的自私和自我保护,以及对于必要之暴力,甚至残忍作某种程度的忍让,对自我实现的概念来说,都是根本且必要的。因此,自我实现不仅需要存有之知,也需要缺陷之知,它亦是自我实现所必要的一个特色。这点意味着冲突、实际的决断和选择,必然包含在自我实现的概念之内。同时也表示,攻击、挣扎、奋斗、不明确性、罪恶、懊悔,一定都是自我实现"必然的"附带现象;并且也意味着自我实现,同时涵盖了欣赏与采取必要行动两方面。

因此在一个社会中,便可能产生某种工作上的划分。只要有人替他做,观赏者便可以以逸代劳。我们吃牛排,用不着亲自操刀宰牛。这一点,高斯坦就以笼统的方式指出过。脑力受损的病人可以无需使用抽象作用、忧虑烦恼,便能活着,因为有别人保护他们,有别人替他们做好他们无能为力的事情。同理,自我实现(至少就特殊专长的自我实现,在一个讲究分工的社会,愈来愈不可能了)。比如爱因斯坦,晚年时已是极为杰出的大专才,这种成就的获得,该说是因他的妻子、普林斯顿大学、他的友人,及其他因素之助。爱因斯坦能够放弃多才多艺的发展而定于一专,且获致自我实现,乃是由于别人之助。如果他孤零零处在一个荒岛上,也许仍能达到高斯坦所谓的自我实现(亦即在世界所允许的范围内,将其各项能力发挥到极致),但他无论如何不可能成为一个特殊才能的自我实现者——如他所曾是那样——甚且可能一无所长,比如他可能死于岛上,或焦虑于自己既显的才能(因为无法发展),或也可能就此堕入缺陷之需的生活层次中。

2. 存有之知以及观赏式的理解所导致的另一个危机,在于它会使我们变得较不负责任,特别是帮助他人的。极端特殊的例子就是婴儿,"放任他"意味着阻碍他、甚至扼杀他。我们对非婴儿、成人、动物、土壤、树木、花草也都有责任。外科医生如果在手术中,失神于肿瘤的奇异之美,很可能害死他的病人。如果我们喜爱奔腾的洪流,就不会去建水坝。这不仅对受害于无所行动的人如此,对观赏者本人亦是如此;因为他必定会感到罪恶——为他的静默和无所行动所带给别人的恶果而愧疚。(他一定会感到罪恶,因为他多少都"爱着"他们,他的爱心认同于他的"兄弟们",这表示他关心他们的自我实现,而他们的死亡或痛苦却会断绝他们的自我实现。)

在老师对学生的态度,父母对子女的态度,心理治疗医生对病人的态度中,都可以发现此种两难困局的最佳例范。要把这种关系看成"自成一格"的关系是很容易的,但我们须面对一个事实:(老师、父母、医生)在辅导成长上,有其无法旁贷的责任,也就是指设定限制、纪律、处罚、不予满足、故意给予挫折、能引起或忍受敌意等方面的问题。

3. 行动的抑制和责任的丧失,必定导致宿命论,亦即:"会来的一定会来。世界本来就是如此。早就注定了,我实在无能为力"。因此丧失了意愿,丧失了自由意志,成为一种最糟糕的宿命论,这当然有害于任何人的成长与自我实现。

4. 缺乏行动的观赏态度,一定会被受害者所误解。他们会认为这是因为缺少爱、缺少关怀与谅解。这种情形不仅会阻止他们朝向自我实现的方向成长,并且由于它可能会"教导"他们认为世道不良、人心险恶,因此也会导致成长的退化,而结果他们对人的爱、尊敬与信赖也将退化。这便意味着世界在儿童、青少年或软弱的成年人眼中益形腐化。他们把"无为而为"解释为轻忽或爱之缺乏,甚至藐视之。

5. 正如同以上所举之特例,纯粹的观赏包含着不写作、不帮助、不教导的意思在内,佛家认为群支佛不同于菩萨,群支佛只为自己求得光明,不管他人。而菩萨则虽已得到光明,但是有感于只要有别人未受光明,自我的解救便不完美。我们可以说,为了他自己的自我实现,他必须离弃存有之知的喜悦,以便帮助其他的人,并且教导他们。

佛之光明是否纯属个人私有?或者它同时也必然属于别人所有?属于世界所有?写作与教导有时的确令人远离喜悦或忘我的境界。这就表示必须放弃天堂来帮助别人上天堂。禅学或道家所谓"一旦你用言语道断,它便不再存在,不再真实",这是因为获取经验的唯一方式就是去经验它,任何方式的语言皆无法予以描述,因为它是不落言诠的,此一说法是否正确呢?

当然正反两面皆有其理(这也就是为什么这是一种存在上永远无

法解决的两难困局)。如果我发现一片别人也能与我共享的绿洲,我应该独自享有,还是应该为了救别人的性命而把他们带到绿洲之上呢?如果我发现一处幽美的溪谷,它之所以美,部分原因是它宁静、无人烟,而又隐密,我应该保留它的原样,还是应该让它成为成千上万的人所共有的国家公园,即使这成千上万的人将会削减它原来的美好,或者甚至摧毁了它呢?我是不是应该与别人共享我的私人海滩,使它因此失去私有性?印度人由于尊重生命并痛恨残害生物,因而让牛群日益肥硕,反而让幼儿垂死,这是对的吗?在一个贫穷的国度里,当我进食的时候,旁有饥饿的儿童巴望着,我能让自己享有食物的美好呢,还是应该同他们一样饿着呢?这些都没有完美的、清楚的、理论上的、先定好了的答案。无论怎样回答,多少一定都会有些遗憾。自我实现者一定是自私的人,但也一定是不自私的人。因此一定会有所选择、有所冲突,并且可能有所遗憾。

也许分工原理(与个人素质差异的原理息息相关)能够帮助我们获得较佳的答案(不过永远无法取得完美的答案)。在不同的宗教层次里,有的人感到要做个"自私的自我实现者"的召唤,有的人则感到"做个良好的自我实现者"的召唤。同理,一个社会也可以要求某些人做个"自私的自我实现者",做个纯粹的冥想者,这种要求就如同特赐(因此无需愧疚)。社会也许假定了供养这些人是值得的,因为他们可以做其他人的榜样、可以启示灵感,并可以证明纯粹出世的冥想是可能存在的。我们对少数伟大的科学家、艺术家、作家和哲学家,便采取如是的做法。我们免除他们教书、写作与社会的责任,不仅是为了一些"单纯"的理由,而且也因为在这场赌注中,我们亦将有所获益。

这种困局也使得"真正的罪疚"(亦即弗洛姆所谓的"人性的罪疚")益形复杂化,我称之为真正的罪疚,是为了用以区分精神官能症的罪恶感。真正的罪疚来自对自己、对自己的命运、对自己真正的内在本性不忠诚的缘故。

但是,此处我要提出更深一层的问题:"有哪些罪疚是出自为了对自己忠诚,因而对别人不忠诚之故?"正如同我们所了解的,有时忠于自己,本质上,必然与忠于别人发生冲突。作选择乃是可能且必要之举,而任何选择都难以获得完全的满足。如果像高斯坦所说的,忠于他人乃是为了忠于自己，或是像阿德勒所指出的，对社会的关心乃是心理健康的一个真正内在，且可作为定义的特色，那么，当一个自我实现者为了拯救别人而作部分牺牲之时，世界必定有所遗憾。而另一方面，如果你首先必须忠于自己，因为必会有一些未曾写下的手稿，一些丢弃了的绘画作品，以及同于纯只为了"私自的"冥想，由于未能留下玑珠隽语，因而不能带给别人任何教诲，为此，世界也一定会有所遗憾。

6. 存有之知可能会导致对一切事物均不分青红皂白地予以接受，导致日常价值的模糊、鉴赏力的丧失，以及过分宽大的包容。其之所以如此，乃是因为每一个人，若单从其个人之存有而言，都可视为独树一格、风格独具。在此，一切的评价、谴责、判断、反对、批判、比较，均不适用、不切题。虽然对心理治疗学者，或譬如对爱侣、老师、父母、朋友而言，无条件的包容乃是必要之举；不过，对法官、警察或行政人员而言，单只是无条件地接受，则显然尚嫌不足。

我们已经看出，这里所指涉的两种待人的态度，彼此间具有某种程度的不相容性。大部分的心理治疗工程师都拒绝在病人身上擅加任何纪律或处罚。但是执行官、行政人员或将军对他所下达命令的人、所解职的人、或所处罚的人，都拒绝承担任何心理治疗或私人的责任。

几乎所有的人都常常会碰到这种必须同时既要做个"心理医生"又要做个"警察"的人易遭受这种难题的困扰。一般人通常连是否有难题存在，都感觉不到！

也许正是这个缘故，或其他缘故，我们至今所研究的能自我实现者，一般说来，都是能将此二种功能配合得很好的人。他们时常充满悲悯与谅解，同时也比一般人更能发出义愤。有一些可运用的资料指出，能自我实现者和心理比较健康的大学生，能比一般人更诚恳地，且较不含糊地表达出他们正义的愤怒与不满。

除非此种经由了解而发出同情的能力，能够获得会发怒、会反对、会仇怒等的能力的补充，否则，势必冷却一切情感，对别人报以冷淡以及无法发出义愤，无法鉴定和体察出真正的才能、技巧、优秀与卓越。对在职业上需作存有认知的人而言，这种情形便可能引发职业性的危机。我们只要想一下，在一般印象中，许多心理治疗医生似乎都过于中立和缺乏反应、过于冷漠、过于平淡,在他们的社会关系中过于不愠不火。

7. 认知别人之存有,就等于视其在某种意义下为"完美",但此"完美"一词却很容易被别人误解。无条件地被接受,完全地被爱,全部地被赞同,就我们所知,确实具有奇妙的鼓舞力和成长的推动力,具有高度心理治疗与心理分析功效。不过,我们也必须觉察,这种态度也可能被误解为,是为了达到不真实的和完美主义的预期,而提出令人无法忍受的要求。他愈感到自己缺乏价值和不完美,愈误解"完美"与"包容"二词,他便愈感到这种态度是一种负荷。

实际上,"完美"一词当然具有两种意义,其一是就存有领域而言的完美,另一意义则是就缺陷、竞争、变化之领域而言的完美。在存有之知中,"完美"意指完全实在地去觉察、去接受一个人原本所是的一切。而在缺陷之知中,"完美"则隐含着必遭误解的觉察与幻觉。就第一层意义而言,每一个活生生的人都是完美;而就第二层意义而言,则没有一个人是完美的,也永远不可能是完美的。这也就是说,我们可以视其为存有之完美,然而他却以为我们视其为有缺陷之完美,因此会感到不安、不值得,甚至感到罪恶,就好像他欺骗了我们一样。

我们可以合理地推论出,一个人愈能做存有的认知者,他便愈能接受,并乐于以存有的方式被认知。我们也可以预见,这种误解的可能性,常会替存有的认知者——亦即能完全了解并接受他人的人——带来有关策略上的微妙难题。

8. 这里我要用一些篇幅,来说明存有之知所留下的最后一个策略上的难题,就是存有之知可能已超乎美感主义的范围之外了。对生命作美感反应与对生命作实用反应或道德反应,其间常有着内在的冲突(亦即风格与内容之间的古老冲突)。我们所以用美的方式去描述丑陋的东西——这就是其中一个可能的冲突。另一种可能的冲突,则是真、善甚至美,都是无法以美的方式来予以表现的(我们且把毫无瑕疵之真善美本身所表现出之既真,且善、且美的面貌搁置一旁不谈)。由于这一两难困局在历史上颇具争论,这里我只想指出一点:较不成熟的人常会把接受存有与赞同缺陷混淆不清,因此较成熟的人对较不成熟的人应负有社会的责任。比如,基于深刻的谅解,而对同性恋者、罪犯或不负责的人作一番美丽的、且令人感动的介绍，则很可能会被误解为鼓励他人去仿效他们。由于存有的认知者所生活的世界充满了饱受惊吓以及易于走入歧途的人，此一难题对存有的认知者而言，的确是一项额外必须负荷的责任。

在我所研究的能自我实现者的身上，存有之知与缺陷之知究竟有何关联？他们如何将观赏付诸行动？虽然我还没有真正遇到过这些问题，不过回想一下，我可以提出以下的印象：首先，就像本章开头所说的一样，我的研究对象比一般人更能作存有的认知，更能拥有纯粹的观赏与谅解。不过这似乎是程度上的问题，因为每一个人都偶尔会拥有存有之知、纯粹的观赏、高峰体验等。其次，他们也都比一般人更能发挥实效行为，并拥有缺陷之知。我们必须承认，也许这是在美国所挑选出研究对象所附带的现象，甚或是因为选择研究对象的挑选者是个美国人而有的副产品。在我的研究中我也从来没有遇到过像佛教徒、和尚之类的人物。第三，回想起来，在我的印象中，人性最完满的人，大部分时间所过的生活，也是像我们所谓之普通人所过的生活一样——上街购物、吃饭，注意举止礼仪，去看牙医，想钱的问题，为了选一双黑鞋或黄鞋而思量老半天，去看傻瓜笑片，读些通俗的文学。他们照样也会被无聊所困、被罪行所惊吓等，虽然这些反应可能不是很强烈，或比较带有同情的意味。高峰体验、存有之知、纯粹默观，无论其相关频率如何，即使对自我实现的人而言，也是一种例外的经验。这是实情。不过，比较成熟的人在大部分的时间里，在许多方面都活在较高的层次里，这也是实情。例如，他们较能清楚地区别工具与目的差异、划分深刻与肤浅的不同。一般来说，他们比较懂事，比较发乎自然，比较具有表达力，较能与他们所爱的人维系深刻的关系……

因此，此处所提出的问题是终极性的问题，而不是直接表面的问题；是理论性的问题，而不是实践性的问题。不过这些两难困局，其重要性不光在用以界定人性之可能性与限度的理论功用上。由于它们也是真正的罪恶感、真正的冲突，以及我们所谓"真正的心理疾病"的来源，因此我们也应该把它们当成个人问题，同它们抗争周旋到底。

十三、对强加的抗拒

"抗拒"一词在弗洛伊德的概念系统中意指各种压抑的持续状态。但是夏克特已经指出,使观念的意识难以浮现的原因,除了压抑外,可能还有其他的理由。孩提时可能有过的某些知觉意识,可以说纯粹是在成长的过程中"被遗忘了"。而我也曾尝试将对潜意识与前意识的原始历程认知作用的微弱抗拒,和对被禁止之冲动、欲求和驱力的强烈抗拒,二者之间的差异加以区别。以上这些研究发展和其他的一些研究发展都显示出,我们可以把"抗拒"的概念扩充为近乎"无论在任何理由下,为了获取洞察而遭致的困难"的意思。(当然这些困难并不包括结构性的无能为力,如低能、具象匠着、性别差异,甚至像谢氏症之类的结构性决定因素。)

本文的主题是要指出,在治疗的情况中,出现"抗拒"的另一个理由,也可能是病人在被强加标题,或被任意归类,亦即被剥除其个别性、独一无二性、与众不同处和其独特之自我的情况下,所产生的健康的厌恶情绪。

我曾把强加描述为一种廉价的认知形式,它其实是"不认知"的一种形式,是一种更捷、简易的编纂目录方式,其功用在于无需费力进一步作更仔细、更表意的感知或思维活动。把一个人纳入系统之中,比认清其本性要省力多了,因为在前者的情况中,只要觉察一个抽象化了的特征便可看出其所归属的类别,例如他是婴儿、侍者、瑞典人、精神分裂的病患、男性、将军、护士……在标题化的编类中,所强调的是这个人所属的范畴。而在此范畴中,他是一份样品,而不是其个人本身;强调的是其相似性,而非其差别性。

我所看重的最重要的事实是,被强加标题并被归类,对被强加标题归类的人而言，通常是一种侮辱。因为它否定了个人的独特性，忽略了其特有的个性、与众不同处，以及独一无二的自我。威廉·詹姆斯在1920年所发表的著名言论中明白地指出：

知识分子在处理某一对象时，第一件事便是用另一样东西来予以分门别类。但是任何一项对我们极为重要且能唤起我们热爱的东西，都会令我们觉得它应该是自成一格的，是独一无二的。如果一只螃蟹在听到人们大言不惭地将之归于甲壳类动物，而且就这样把它给打发掉，说不定它会像人一样大发雷霆，它会说："我不是这种东西，我是我，就是我自己。"

有一篇文章专门研究墨西哥与美国两地有关男性与女性之概念的差别。在这篇文章中，作者曾描述一个由于被强加标题予以归类而引起愤怒的情形，我们可援引为例。大多数的美国妇女初抵墨西哥之时，都会对自己身为女性所受到的重视而深感愉悦，因为无论走到何处，女士都会引起一阵口哨声或歌声的骚动，她们到处受到各层年龄男士的热烈追求，她们被看成是既美丽又珍贵的。由于许多美国妇女常会因为自己身为女性而产生矛盾冲突的情绪，因此这种较能享受身为女性的愉悦，常使她们反而更充满女人味。

但是久而久之，这些来自美国地区的妇女（至少其中某些妇女）便会渐渐觉得兴趣索然了。因为她们发现，原来在墨西哥男子在受到女性的拒绝时，都显得太平静、太没反应了（正如一名女子描述美国男子的情形，她说："如果你拒绝跟他一起出去，他就会深受打击，难过得快要疯了"）。而墨西哥男子则似乎毫不在意，他很快就转过去找别的女人了。这就表示，对墨西哥男子来说，一个独特的女子，就其本身作为人而言，并没有什么特别重要之处；他之所以费力追求的，乃是一个"女人"，而不是"她"。其中隐含的意思是，任何一个女人和其他女人都差不多。她可以替代别人，别人也可以替代她。她发现"她"并没有什么价值，有价值的是"女人"的类别。最后她深感受辱，再也不觉得受宠了。因为她希望自己之所以被看重，是由于她是一个人、是她自己，而不是由于她的性别。当然，女性身份是比个人身份较占优势的，换言之，最先要求满足的是女性身份，但是女性身份获得满足之后，便会将个人身份之满足需求在动机结构中带至显著且重要的地位。持久的浪漫爱情、一夫一妻制和女性的自我实现，这一切之所以可能，单赖于独特的个人，而不是有赖于"女人"的类别。

还有一个被强加标题予以归类而引起愤怒的常见例子是在青少年之中所发生的。如果有人告诉他们："噢，这就是你要经过的阶段，等你长大就会过去的。"通常都会引起他们的暴怒。对孩子而言，这是悲壮、真实、且独一无二的事情，是不能一笑置之的，即使成千上万的人曾经历过，而且也将有无数的人将要经历。

最后还有一个足以说明这种情形的例子。有一位心理治疗医生，在与一名充满期待的病人作过第一次匆促且简短的谈话之后，下结论说："你的烦恼大致说来，是你的年龄应有的特征。"这名潜伏着病情的病人闻言大感愤怒。后来她描述说自己感到"被轻视"和受到侮辱。她觉得自己好像被当成小孩子一样。她说："我并不是一个标本，我是我，我不是别人。"

在这方面所作的思考，可以帮助我们将古典心理分析中的抗拒概念予以扩充。因为习惯上总是把抗拒只当作是精神病患的一种防卫，一种对治疗的抗拒，或是对觉察不愉悦的真相的抗拒，因此它常被视为一种不良之物，必须予以克服，并将之化解。但是正如前面的例子所指出：被视为疾病的情形有时也可能就是健康的，或至少不是疾病。病人带给治疗医生的难题，像拒绝接受解释、生气与顽强抵抗、固执，几乎可以很肯定地说，在某些情况中，常常是由于为了拒绝被强加分类标题所引起的。因此可以把这种抗拒看作是病人对个人特性、自我身份、个人人格的一种积极肯定和保护的作用，以避免受伤害、或被忽视。这种反应不仅可以维持个人的尊严，同时也可以保护自己以免受到不良的治疗、教科书式的解释、"粗糙的分析"、过分知性或不成熟的诠释或解说，毫无意义的抽象作用或概念化作用……所有这些都隐含了对病人缺乏一种尊重。类似以上的讨论亦可参考欧康耐尔所著的《被心理治疗医生洗脑》一书。

实习中的心理治疗医生满怀热望一心想要迅速治愈病人。这些"教科书教出的小伙子"满脑子的概念系统，所知道的治疗乃是通过概念而得的，他们是毫无临床经验的理论家。心理学系的大学生或研究生亦然,他们才刚记住了 Fenichel,就急着想告诉宿舍里的每一个人,他们应属于那一类的人。这些都是专门从事强加标题以便将别人分门别类的人,也是病人为了保护自己而反抗的对象。这些人常轻率而迅速地出口断言,即便是第一次接触,他们也会说出像:"你有一个驴子脾气","你一心想要独揽大权","你想跟我上床","实际上你盼望的是父亲能给你一个婴儿"等诸如此类的断语。如果把这种为了保护自我而对强加归类所产生的合法抵制行为,用古典意义下的"抗拒"一词来称呼之,则刚好是误用概念的另一个典型的例子。

幸好,那些专门负责治疗病患的人,已提出了一些抵制强加标题以归类的一些行为指标。许多前进派治疗医生已普遍放弃分类法的、克普兰式的、"医院制式"的疗法,由此便可窥见其端倪。以往医生主要的费心之处,有时是其唯一费心之处,常常是下诊断,亦即把某个病人纳入类别之中。但是经验告诉我们,诊断书常常是由于法律和行政上的必要性,而不是由于治疗上的必要性。如今即使是在心理治疗的医院中,也逐渐认清,没有一个人是教科书中所记载的病,因此会诊的诊断书篇幅也变得较长、内容较丰富、较复杂,而不只是写上一个简单的标题而已。

如今我们已经了解,对待病人必须将之视为一个单一的个体、独一无二的个人,而不是某一类别中的一份子——也就是说,假如主要的目标是心理治疗的话。了解一个人并不等同于把他归类,或为他加上一个标题。而了解一个人对治疗而言乃是必要的条件。

人常会由于自己被归类或被强加标题而愤怒,因为在他看来,这就等于是否定他的个体性(自我、真正的我)。也许别人期待于他行为的反应,是按照加诸其身上的各种方式来重新肯定其自我身份。在心理治疗中,应该以同情的态度将这种行为反应理解为对个人尊严的肯定,而这种对个人尊严的肯定,已经在某些治疗形式中遭到了严重的破坏。这种自我保护的反应行为不应该被称为"抗拒"(尤其意指病态的保护措施),否则,就应该将"抗拒"的概念加以扩充,使之也包括为了获取感知而遭受的各种困难在内。此外还要指出一点,此种抗拒对于抵制不良心理治疗而言,是极有价值的保护措施。

十四、非结构团体

  在我心中有很多未成形的想法，必须花些时间重新整理。但是有些想法必须在它们消失前就先定案。在我看了柏格森在《加州管理评论》上所发表的文章后，某些想法就变得更明确了。当我开始比较这些具有罗式测验、投射测验和非结构性测验特征的团体时，我发现非结构式的心理分析和这些有某种关连，此外也与道家的消极主义和无为思想有关——放任万物依照自己的方式自由发展。

  这也让我想起罗嘉斯所提出的非指导性咨商，我现在可以了解它所造成的结果了，以上的相关性使我更了解学习团体。我可以把他们与我所知的理论性和知识结合在一起，我想建议在这个领域的人，他们也应该做同样的事。他们似乎都忽略了一项事实，那就是非结构性的力量已经展现在许多不同的领域中。

  现在我有另一个想法：我重新回想魏泰迈强调非结构性思考的主张，在恭里夫实验和艾殊实验中也支持这种主张。这就产生了另一个相关。

  我比较了心理分析所采用的自由联想与罗氏测验中非结构性墨点所产生的影响。我发现，当世界变得有结构性、有组织、有秩序时，人们就会倾向于调整自己去适应这个结构。布兰迪斯心理研究所采用道教思想与消极主义式教学，我在其中学习到，缺乏结构和消极主义会激发人类深藏的心灵力量，使人们朝向自我实现的目标迈进；但是我也发现，缺乏结构的组织曾暴露出个人的弱点，例如缺少才华。简而言之，非结构性环境对人有好处也有坏处。

  我开始了解到，在我们这种教学环境下失败的人，也许在传统的研究所会有很好的表现。他们不停地上课，不断地考试、累积分数，生活在一个有组织、强调权威的环境中。他们等着别人告诉他们要做什么，不必主动去争取。之后我才恍然明白，其实我们研究所的环境对那些失败者而言，也是有益的，因为他们在二十五岁——而非等到四十五岁时——就清楚知道自己对心理学没有那么大的兴趣，也不适合成为一名怀抱热忱的知识分子。

这类的事似乎也会发生在无组织性的团体之中。如果一直有人告诉你做什么，生活对你来说也许会变得容易许多，但是你会因此无法发觉自己的弱点，更无法看出自己的优点。在我关于心理治疗的文章中，我得出一个结论：如果我们抽离塑造行为的外部因素后，人们的行为将会受到内部心理因素的影响；如果要观察是哪些内部心理因素，就必须消除外部因素，例如外部结构。这就是罗氏测验的目的，这也是我在爱罗湖所观察到的实况（注：马斯洛曾受天尼堡之邀，前往南加州大学爱罗湖会议中心，拜访当地的学习团体）。我自己曾写道：

这是通往心灵世界和心灵知识的大门。通过对内心的体验而达到（而不是只靠演说或阅读），经过他人的回馈，让我们意识到自己的心灵，协助我们以一种较为有序的方式，体验内心变化。这种转向内心探索、意识内部经验的过程，只有在非结构环境中才可能实现。

我们举一个较普通的例子，这种情形经常发生在某些妇女的身上，例如说嫁给非常大男人的丈夫。过去四十年，她是一个"好太太"，非常尽责地做每一件要她去做的事，每天为家事奔波，抚育小孩，照顾丈夫。有一天突然发生不幸的意外，她丈夫死了，或者她和她丈夫离婚，或者她主动离开丈夫。不论如何，对她自己以及周围的人来讲，这些事情发生得太突然，完全出乎预料，而她也完全变成另一个人，展现出意料之外的才华。例如我认识一个妇女在她接近五十岁时成为一个优秀的画家，而之前她并不知道自己拥有这方面的才能，也没有任何想提笔画画的冲动。这就好比一旦你点燃打火机或是灵感被触动，原来躲在暗处的潜能就会蹦出来。对许多寡妇以及离婚妇女来说，在经历过震惊以及恐惧之后，反而会觉得有一种解脱束缚的轻松感觉。她们发现自己被绑住了多年，不断地自我放弃、自我牺牲，总是以丈夫、小孩、家庭为优先，完全忽略自己。这是一个非常典型的例子，可以清楚地想象非结构性组织是如何地运作。组织就像个盖子、抑制器。如果你让一个人一直不停地工作，他就不会有时间坐下来静静思考，隐藏在他内心深处的灵魂和潜能也没有机会激发出来。

我现在想要讲的是，我对这个团体的第一印象，真的是充满惊讶和震撼。这些人凭着内心的直觉，自由自在地高谈阔论。通常在经过一到两年的治疗后，我才能与病患者有如此随意的交谈。这对我的冲击很大，我开始重新思考自己的方法。我必须重新调整自己对团体互动的态度，以及过去认为不断地交谈是无效率的想法。过去我们从心理治疗的角度分析，认为性格的改变必须花费两到三年的时间。但是事实证明，根本不需要这么长的时间。这是我在想法上的重要转变。

另一项转变在于，人际关系与社会团体关系是影响心灵、社会和人际行为的重要因素。一个人必须经过对当下情境的认知而意识到自己的神经质倾向或是原始历程倾向，而非通过对个人基因或成长历程的探究而得知。过去心理分析师认为，个人内心的意念是影响行为的重要因素，但是这些团体的表现让我们明白，社会上人与人的互动才是影响人际行为以及自我觉醒的重要因素。

即使已经找到自己的认同感，不过如果能从其他人身上得到一些肯定和回馈，更可以了解自己对他们的影响有多深，以及他们如何看待自己。这有助于我明白自己是一位被动者或支配者、温柔的或有敌意的人。

这就是我所说的发现真正的自我。总结来说，现行的社会情况对行为的影响较大，个人的心灵相形之下就变得不太重要；至于个人的成长历程，已在不知不觉中存在于个人的心灵深处，因此也不是重要的影响因素。因为这些团队学员并没有探察个人的成长历程和心灵态度，一样能有好的结果。

至于心理治疗与自我改进和追求自我认同之间的关系，必须重新解释。最好的方式是，开始几个星期以学习团体的形式治疗，再进行个人的治疗，一段时间后再回到学习团体。不论采用何种方式，传统的弗洛伊德式心理分析都会受到冲击。我怀疑，学习团体的某些成效无法经由个人心理治疗完成。我们从其他人身上得到的，比我们单从一个人身上所得到的要多,不论这个人是否具有主动性格。

关于自我的认知,有大部分是来自他人的,这些人能够敏锐地觉察我们的特质,并流畅地表述他们的观察所得,他们知道如何避免引发他人的敌意,因此在批评与指责的同时并不会激起对方的防卫心态。我们认为所有关于追求自我认同的探讨——威尔斯、弗洛姆和何妮等人——都未曾注意到,周围的人会将他们对我们的印象回馈给我们,使我们更了解自我。

这使我想起了自己曾经建议在爱罗湖的一些人,若要达到最快速的自我治疗目的,可以试着用一种古老的业余治疗方式,拍下我们工作时的影像,然后讨论这些照片,可以让我们了解自己真正的面貌。不只是知道我们看起来像什么、我们的人格或是外在的表象,而是了解真正的自我以及自我的认同。这种做法当然存在着危险,就像苏利文一样错误地认为自我只是一堆可怕的镜中倒影而已。不过我认为这种错误很容易避免,因为拥有稳固自我认同的人,不会对自己产生错误的认知或投射。

也许这可以用来测试自我的强度,就像艾殊的实验,众人都同意一项与事实不符合的陈述,在这种情况下,三个人通常有两个人不相信自己的眼睛。也许我们可以利用其他的方法,教导个人何时该相信自己的眼睛,何时又该信任他人的判断。

另一种方式就是所谓的诚实训练或是自发训练,也就是天真的认知以及行为的训练。我还想到另一种说法,就是亲密训练。我经常发现,当一个人比较不害怕受到伤害时,就会试图解除防备,卸下伪装的面具,这样的行为其实是一种友善与亲近的信号,希望对方也能如此回应;对方也会说出以下的话,表示一种友善:"你的秘密并没有想象中的可怕。"或是说:"你觉得自己是一个很愚笨、很没趣的人,不过你却给人一种印象,觉得你很有意思,让人不禁想要认识你。"

莱温提到,美国人比世界上其他任何一个国家的人民更需要心理治疗师,因为他们不知道如何与人亲近。和欧洲人相比,美国人更没有亲密的朋友关系。因此可以说,他们没有深交的好朋友能帮忙分担自己的喜怒哀乐。基本上我同意这个观点。人们没有密友可以吐露心事,表达内心的感受,分担自己的烦恼,心理治疗师、学习团体或心理分析的目的，即是要改善这样的情况。莱温在很早以前就进行美国人与欧洲人性格比较的研究，我相信还有其他人也注意到这一点。

例如说，就我所知道其他两个的文化，墨西哥人和印第安黑脚族人，我很羡慕存在他们彼此之间的亲密友谊。我必须承认，无论什么时候任何人问我，我的答案都是我没有真正知心的朋友，虽然这是我一直渴望拥有的。当然，有很多方式和渠道可以建立这样的友谊，我自己本身也有很多好朋友，也能和他们聊起我的生活情况。但是没有一个朋友，可以像我和我的心理治疗师那般的亲近。这就是为什么我们必须要花费 20～25 美元的钟点费，为的只是希望有人能静静地倾听我们说话，做出适当的回应，让我们放胆宣泄自己的情绪，随意地与我们所信任的人交谈。这个人不会令我们害怕，不会伤害我们，更不会利用

我们的弱点。

如果从整体文化的角度而言，这种自我揭露的原则，试图诚实、与人亲近、表露自我努力，其实是有正面意义的。没有了恐惧，心中的恐慌就会自动消失，当我们不必再隐瞒自己有义肢的事实后，在我们表露肢体残障或未婚的恐惧后，感觉就自由多了。关于心理健全的概念，还包括表达爱的能力以及表达意见的自由，不论是好的或坏的都必须说出来。真正开明的人，会自由而诚实地对待他人，尤其是小孩，并坦白地说出

内心的想法，例如"这是值得做的好事"或者"这不是你该做的事"，又或者"你的行为让我感到伤心、失望"等。

这又让我想起鲁德夫所主张的基督教对爱的定义，其中之一就是诚实地对待每一个人。他认为不应该对社会有任何的怀疑之心。这也是我从一个牧师——卡玛那里所学到的。很明显，他觉得作为一个牧师，就有一种责任和义务，必须完全坦诚地对待每一个人，即使对方有可能因此受到伤害。所以如果觉得有人不是一个好老师，因为他总是喃喃自语，你就有责任说出对他的看法。如果任他继续犯错，就不是真正爱他。如果你真正爱一个人，就必须指正对方，并有足够的勇气承担伤害对方的可能。

当然在美国我们通常都不会这样做。我们只有在生气的时候，才

会批评人家。一般人对爱的定义，并不包括批评人家或给予对方正确的回应。不过，我想最好要改变这样的想法。有趣的是，如果人们能够善意地批评别人、指正别人，爱的感受会在双方的心中滋长。也就是说，被你坦诚批判的人，心里可能会一时觉得受伤害，但是最后他却因此而受益，对你感激万分。例如，如果你觉得我够坚强、有足够的能力、够客观，因此可以坦言无讳的纠正我，这对我而言是一种尊敬。只有那些觉得我很敏感、脆弱、不堪一击，害怕伤害我的人，才不敢说出事情的真相。我还记得，当我在研究所授课时，曾经因为学生从来不反驳我的意见而觉得很生气，因为我觉得那是一种侮辱。我最后的结论是很想问上帝，天啊，这些人是怎么看待我的呢？他们觉得我没有能力和度量接受辩论或反对意见吗？后来我告诉他们心中的想法，情况果然改善了许多，他们变得勇于提出意见和我辩论，我觉得心里好过多了，当然也很感谢他们。

以上关于亲密训练的讨论，主要是希望能从另一种角度观察，使整个理论更如完整。若以诚实、多样的体验和自由表达的角度去思考问题，得到的结果又会有所不同。每种角度都有它的优点，因此我们必须从各个不同的角度看待事情，再将其整合。

关于开明管理的学习团体，我必须说明1938年到1939年在布鲁克林大学所进行的团体治疗实验。若以社会、哲学、开明原则和改善世界的角度而言，自我揭露和亲密关系有助于个人与团队的成长，更有助于发展良好的两人关系。我从个人治疗的案例中也发现许多例证，足以证明这种自由、义务或责任对全球同胞表露自己，并诚实而温和地告诉对方他所给予我们的印象。这样的行为可以将全球人民紧密地连结在一起，使个人的心理更为健康，团队更为健全，规模更为庞大，世界更为美好。

不过，这里也出现了一些问题，一些我无法解答的问题，可能也没有任何人可以解答。例如说，这些学习团体的学生都是自愿付一大笔钱，来到一个很舒适的环境，一起上课进行改造，企图创造出一个最好的结果。在我的印象中，这些负责训练的专家和企业领导人都是高级精英分子，他们的能力都很强，都是具备非凡气质的优秀人士。如果我们进行的是一个小规模的飞机机长训练，这是一个非常好的组合。

我还记得当时布鲁克林大学有一小群热心人士，共同开了一堂社会科学概论的课程，内容包括心理学、社会学、人类学等等，上课的学生觉得这是他们上过的最有趣的课程。每个学生都很喜欢这个课程，也觉得很快乐，他们就把这堂课变为大一的必修课。很快，适任的指导老师严重缺乏，而这堂课最后也变得毫无价值。理由很简单，第一班是由四到五个经过挑选的训练员来授课，他们都是担任这项工作的最佳人选，但之后当学生愈来愈多时，所需要的训练员也大幅扩增到五十个至六十个，只不过并不是每一个人都适合这个工作。当然布鲁克林大学也没有那么多的人可以胜任指导老师。所以因为这些不适任、没有能力的人加入训练员行列，不但影响教学品质，还摧毁了原来很精彩的一项课程。

在这类团体中，我们需要的领导者必须受过训练，而且具有某种人格特质。他们必须像慈母、慈父般愿意帮助人，因为做好事而感到快乐。但并非世上每个人都是如此。对于那些具有强迫性格的人，我们应该怎么做？对于有精神分裂症的人，我们应该怎么做？对于这些心理病患，只想要加入该团体却把事情搞砸的人，我们又应该怎么做？这个团体和学生本身，属于社会的高级知识分子。所以对于那些只能接受督促检查思考的大众而言，我们该如何做？他们无法接受这样的课程内容，如果再继续下去，只是在浪费时间，没有任何好处。但是如果是顾及全美国和美好的未来，而不是为了训练一群社会精英中的精英，也许可以尝试这样的实验。

同样的，个别心理治疗，对改善整个世界是毫无帮助的，因为没有足够数量的心理分析师，而少数的学习团体对于整体社会的影响而言，就像是汪洋中的小水滴，产生不了任何作用。但是不管怎样，我们还是可以把这种技术延伸到其他方面，把其中的原则运用在更多的情境中，例如学校里的年轻人，若以五岁、六岁、七岁或十八岁的年纪而言，我从未遇到有年轻人差劲到无法接受这样的教导。

就我所读过的一些关于管理以及企业组织方面的书籍，缺点是不够深入、不够广泛、不具整体性，大部分都只是针对特定的工厂、特定的场所或特定的团体所做的研究，这些作者和研究者必须学习以两亿人口和二十个世代的规模去思考。他们必须扩大研究的规模，更具哲学原理，更能接受时间的考验。他们必须将人们视为单一的物种、种族或是手足结合体，每个人只有些微的差距。

说到这里又令我想起以前曾经做过的团体治疗实验（每年一个团体共两年），每个团体有二十五人参加。我要求每一个人都去尝试着扮演病人的角色，向另一个扮演治疗师或倾听者说出自己的想法。所以每个人都必须同时练习扮演两种不同的角色。也就是说，你是某人的病人同时是另一人的治疗师。我训练两个团体共五十个人，以最有效率、最快速的方法，教导他们利用罗嘉斯的非指导性咨商方法成为一名好的听众，我也告诉他们心理分析师应扮演的基本角色，就是随意地说出心里话，无须加以批判或组织。黑脚族印第安人是最好的例证。他们每个人自然而然会与另一人成为"极为相爱的朋友"，他们的关系非常亲密，彼此都愿意为对方牺牲生命。

在这里我想要说的是，这些人与人的相互治疗关系，主要是基于亲密、诚实、自我揭露、觉察自我的原则，并负责任地回应我们对他人的印象。这是极具革命性的概念，将社会全体带往一个更有利的方向，到时候整个世界的文化将会在十年之内产生巨大改变。

我一直试着将这些治疗团体或是个人发展团体的技巧和目标压缩成几个重点。

第一，我想最明显的是，在非结构性团体中，一个人可以表现最真实的性格，别人看到的是我们内心真正的特质，而非外加的社会角色或刻板印象，如此通过别人的回馈，我们可以认知自己的社会刺激值。真正的重点在于，假设我现在处于一个可以完全展现自我的环境，那么对他人而言，我看起来如何？我如何对他人产生影响？他在我身上看到了什么？他们共同看出了什么特征？我如何对不同的人产生不同的影响？

第二，要强调的是罗嘉斯所称的体验或是开放体验，或是我所谓的天真的觉察。也就是说，我们必须体验最深处的心灵，同时学习去体验他人真实的自我，例如仔细地聆听、观察对方，了解他所弹奏的音乐、所说的话和话中的意义。这是永不间断的过程。

第三，诚实而流畅地表达自己。我们不仅要有觉察的能力，还必须毫无顾忌地、没有阻碍地说出我们所感觉到的、所觉察到的。当然，这样的文化论述偏重行为方面的探讨，也就是表露诚实的话语与行为。当我与卢本谈到这点时，他非常同意我的说法，但他认为团体历程也是一个重要的因素。不过我认为，就个人发展和个人成长而言，比较不是那么重要。也许我会在稍后处理团体的问题。但目前我没有这样的打算。

另外，还有一个未成形的想法，我不太确定它是什么。不过我应该知道它的大意，但是不清楚其中的细节。其中一件我们必须做的是让沟通更不具结构性。在我们的社会定义下，好的思考与好的写作必须是逻辑的、有组织的、可分析的、可说明的、符合现实的。但事实上，以荣格的理论而言，我们必须更有诗意、更有想象力、更形而上、更原始。在我谈论存在的书中的附录里就已经提到，现今的人们太过强调理性与可述性，尤其是科学界情况更为严重。

近十年以前，那时我们参加某个高科技研讨会。当时上台演讲的来宾是一位管理顾问也是一个作家——汤姆·彼得斯。他发表的一些言论令在场的观众相当地震惊，不过现在来看，却比十年前更适用于今天的社会。

彼得斯的言论一向与正统思想相背离，是留给我们这辈子都不会忘记的思想。他说："你们这些人有个问题，几年前当我看着观众席时，我看见了另外一群彼此都不相同的人。现在你们每一个人看起来都差不多一样，并没有多大的分别，说着同样的语言，穿着打扮也很类似，因为你们现在都变成了'专业人士'，获得了某种程度的'成功'。"

他所讲的重点和马斯洛的有些类似。人一旦达到某些成就时，就觉得必须遵照社会原有的架构来组织以及规范我们的想法。如此才能显得出自己的专业，使自己更容易控制一切，更像是社会的一分子。在整个过程当中，我们将自己同质化。至于能产生创作力、有趣、幽默、学习以及创新能量的心灵，则就此关上。因为害怕被排斥，我们默默地掩藏起自己的才能。我们并不是要倡导企业抛弃秩序、专业性、架构，或者像是游牧民族一样丝毫没有定性。我们想要倡导的是我们在这个过程之中，能忍受失去哪些东西。我们认同马斯洛在他的日记里所讲的主张，这一位伟大的心理学家、开路先锋，以及最杰出的思想家，他已感觉到了顺应潮流的压力。1960年，马斯洛在一些著名大学发表了好几场专业的演说。他曾经为了要探索一个问题，花了好几个星期的时间。他说，整个探索的体验就是典型的高峰体验。因为他习惯把心里所想的写在纸上，因此就把所有的体验都写了出来。他本来想用演讲的方式把自己的理论说出来，以代替用纸记录思想，不过他还是有些犹豫。他说：这是一种真正的高峰体验，就像附着在会飞的翅膀一样，非常完美地印证出我一直期望的多元化论点。不过，因为它是如此的私密性，如此的非传统，我发觉自己很难在大庭广众之下念出这些东西，这样很不恰当。这种著作不但不"适合"公开出版，也不适合在会议中发表，但是这样的想法同时让我觉得很疑惑，那些创造不合时宜的个人事实与发现，又如何？在这个"合适"的过程中，我们又失去了什么？我们永远都无法知道。如果有人像马斯洛一样，那么有文学修养、老练，那么有知识，却一样在这个过程中保持沉默，我们如何才能让组织拥有创新的能力？

先前我对某一件事有一个模糊的印象，讲到这里我又开始想起来了，那就是这些学习团体容许非结构性的沟通。每个人都可以试着表达自己的想法，其他人也都能很了解其中的困难，因此你可以使用比较隐喻式的字眼，断断续续地说出你的感觉，这种沟通方式结合了我在《两种认知》论文中提到的次级历程和原始历程活动。也许我应该把这个想法加入那篇论文中。在治疗的情境中，一个人学习对另一个人表达内心对所有事物的感觉和情感，这时很难用理性而有次序的词句表达；所以这类团体治疗的成员，在表达心中情感的亲密关系时，都必须借由非结构性的沟通来完成，也必须容许采用非结构性的沟通。也许观察真实存在的非结构性沟通，会是一个很好的研究计划。例如，我常常会结结巴巴、犹豫不决，不知道要用什么字眼，然后又推翻先前的话，重新再来一次。就这样一次又一次，希望能提出最清楚的论述，但是之后又会说："不，这不是我要说的，让我再试一次。"

我会建议团体中的学生进行这项研究，因为我怀疑自己还有多少时间和机会。我会把非结构性沟通纳入学习团体的目标清单中。正式一点地说,学习团体的目标之一是接受较不具结构性的沟通或是非结构性的沟通,尊重它、珍视它,并教导人们使用它。我还会更仔细地思考这个问题。如果《存在》论文中的附录值得单独成为一篇论文出版,而且对大多数人有益的话,我会把这个目标加上,或是请别人代劳把这个想法做出一个更深入的分析。也许我应该把它视为另一个认知心灵现实的方法。

事实上,学习团体的作用即在于让人学习面对心灵的现实,长久以来我们的文化一直否定、压抑或抑制这样的行为。我们强调具体的事物,重视物理学家、化学家和工程师,我们只认同由人们的手指和双手实验所得的知识和科学,我们完全放弃内心生活的微妙。我现在所要探讨的正是关于心灵方面的知识。我们的现实世界强调实质的结果,这使得人们倾向于压抑和完全控制心灵生活。

这也难怪,在许多个人或团体治疗的过程中,常常会引发不可思议的情绪力量和学习效果。因为这是我们完全不熟悉的领域。我们仿佛在学习一门新的科学知识,看到全新的事实和自然界的另一面。我们开始意识到自己的内心行动、原始历程、形而上的思考、行为的自发性,并觉察到梦、幻想与希望的运作逻辑完全不同于一般的事物。之所以会造成这样的情形,是因为学习团体中的学员大多数是最没有心灵生活的人,如工程师、经理人、生意人、总裁等,他们都是一些"事物人",所以会发生让人意想不到的事情。就好比一个滴酒不沾的人,第一次闻到酒精就醉了。

这些团体的另一个目标,就是柏格森主张的概念化。对许多学习而言,都经历了一次全新概念化的过程,首先,就是关于人类生活的事实,例如重新认知个人的差异。但更重要的是,许多概念在经由瓦解而再建的过程之后,不仅含纳了真实世界的事实,还包括心灵世界的感性、恐惧、希望和期望。因此全新的理论与态度即将形成。我之所以会强调这一点,是因为每个人对自我、重要的他人、社会群集、自然及物质现实,以及对某些人而言属超自然的力量等所表现出的态度,也就是我所谓的"基本性格态度",它反映了个人内部的性格结构。任何一种态度的转变,代表性格的转变,也就是个人内心最深处的改变。在我看来,某些学员的某些基本性格态度是以一种极为激烈的方式改变的。当然这种改变相当重要,因此我认为将它纳入训练者的意识目标比较恰当。

现在我又回想起某些事。在这些团体中没有任何的价值判断。他们认识到感觉是确实存在的,他们也开始学习,将感觉提升至意识层面并勇敢地表达出来,不做任何的价值判断。例如,有一个人谈到自己反犹太主义的感觉,当然他很诚实地表露自己的内心感觉,也希望大家能帮助他。他的团体对这件事的处理方式非常成熟,他们不去争论对与错,而是接受这项事实,完全没有任何的道德批判。如果他们以道德的观点来处理,彼此就会陷入攻击与防御的对立关系,那么这位学员的反犹太主义的态度将变得更为强化。

在同样的团体里,当领导者要求学员说出更多关于个人偏见的例证时,并没有任何赞同或判断的意味。某个人可以说出某种心态确实存在,而他也引以为耻。然后他们围成一圈,有一部分人可能犹豫不决、吞吞吐吐,因为这是他们第一次表达个人对女性、黑人、犹太人、宗教人士或非宗教人士的偏见,而每个学习也都不带任何价值判断地接受事实。就好比心理分析师会接受治疗者的话,了解他所说的事确实存在。我想起一位教授,他是我一个心理分析师朋友的病人,长久以来他一直苦苦压抑对女童性侵犯的冲动。虽然他从未真正行动过,以后也不会,而他正逐渐克服这种冲动,但是这股冲动确实存在着,就像其他令人不悦的事物——蚊子和癌症。如果我们认为癌症患者是邪恶的,因此将他们拒于门外,与他们划清界线,就真的对癌症束手无策。一个好的态度,或是每个人对于任何正在改变心灵现实的人应有的态度是,不论喜欢与否,赞同与否,即使这件事是不好的,你都必须接受它存在的事实。

现在我必须说明一点,以扩大我对爱的定义。先前我已说明爱是没有价值判断的。爱与正义、判断、评价、报酬、惩罚不同,而团体中的学员会在不知不觉中学习到,不对任何事采取价值判断,其实就是一种爱的表现;学员通过这样的训练,学习去爱,去感受爱。在我自己的治疗经验中,我也发现当我了解一个人,而且此人愈愿意放下身段告诉我他的罪孽和劣行时,我反而因此更喜欢他。这些学习团体的情形也是一样。他们无意间将自己的恶行全盘托出,却让我更加喜欢他们。因为这个团体没有任何的价值批判和惩罚,因而只有接受没有拒绝。喜欢吹毛求疵、有强烈道德主义、不认同他人、希望改变对方、重新塑造对方,这都不是爱的表现。这也是造成婚姻不幸和离婚的主要原因。你可以说,只有当两人互相接受对方本有的自己并因此感到快乐,不会觉得受到干扰或激怒时,才能成为一对真正相爱的情侣。

其实,以上所说的,与我接下来要讨论的特定学员有关,这群人包括老板与领导人。在此我们必须区分两种职能角色:一是判断、惩罚、训练、担任纠察或稽核员的角色;一是治疗、协助和关爱的角色。我曾说过,我们校园中的治疗师最好不要兼任老师的角色。因为后者必须给分,表示认可或不认可,例如在芝加哥大学,是由一个主考官委员会做评分的工作。这样一来,学生与老师的关系会更为亲密,都是只单纯地担任支持者的角色,不必同时兼任支持者与反对者的角色。所以同样的道理,学习团体的训练员也是只担任支持者的角色。他们不给予成绩、奖赏或惩罚。他们完全不作任何的价值判断。

同样的情形也发生在印第安黑脚族身上。如果小孩或晚辈犯错的话,通常决定惩罚规则的人是部落里的长者,而不是自己家里的父母。当负责惩罚的人出现时,父母亲就变成了维护者,他们站在小孩这一边,他们是小孩的拥护者和最要好的朋友,而不是要对他们执行惩罚的刽子手或惩罚者。因此黑脚族家庭父母亲与小孩之间的关系,往往比一般美国家庭亲密许多。一般美国家庭的父亲,通常都扮演爱的给予者以及惩罚者双重角色。我想这点可以加入治疗团体的目标清单中。

现在我想起来,当初在天尼堡拜访非线性系统公司时,也曾经和他讨论过这个议题。我们都同意这是一个非常好的论点。我想会把这个观点运用到企业老板的身上,他们有权力雇请员工或解雇员工,给予员工升职或加薪等。我想说的是,担任裁判者和死刑执行者角色的人,不可能对于非裁判者或是没有支配权力的人,给予同等的关爱与信任。

针对这一点,我想我会再做进一步的说明,因为这是很重要的理念,也是我对现代管理政策过于乐观的倾向所提出的重要批评。许多学者认为好的管理政策和参与式管理,可以使得老板与员工结合成为一个快乐的大家庭,或是成为称兄道弟的好朋友。我怀疑这是有必要的。我确定在这种环境下,友谊与信任有一定的限度。事实上,身为老板、裁判或是负责人事雇用的人,不应该与他所要惩罚的人太过亲近或友善。如果惩罚是重要的、必要的而且是经常性的,那么彼此间的友谊会使惩罚的工作更加困难,不论是裁判的一方或是接受处罚的一方均是如此。受到处罚的人如果被他认为是朋友的人降级,就觉得自己被出卖。而如果一个与某个朋友的感情很好,难保不会力荐他的朋友角逐总裁的位置。

另一方面,如果老板开除他的朋友,这对他来说也很不好过。事情会变得非常复杂,心理的罪恶感不断加深,这也是造成胃溃疡的主因。我认为,执法者最好保持超然立场,与被执法者保持一定的距离,就好比军队里的长官和士兵,不能建立太亲密的关系。就我了解,世界上有太多人努力促使军队走向民主化,不过却从来没有成功过,因为总是要有人指定某一个士兵牺牲生命。这不能以民主方式来决定,因为没有人想死。指挥官必须不带个人感情地选择必须牺牲生命的人。所以作为一个将军,最好保持孤立以及超然的立场,不要和部属太亲近,不要和任何一个士兵变成朋友,因为你可能随时要他们去送死或是接受处罚。同样的情形也可以运用在医生身上,尤其是外科医生常会拒绝替自己的朋友进行手术,或是心理医生也会拒绝诊治自己的朋友或亲戚。

这是一种很微妙的感觉,人们无法爱一个人同时又能公正无私地审判他。对同一人拥有爱与正义是很困难的事,却是存在我们周围一项无法避免的事实。我们总是很难以超然的立场,同时处理对同一个人的爱以及惩罚。我知道这观点与我所看过的管理政策完全相反。权力就是权力,它有可能支配我的生死,对于一个操控我生死大权的人,我无法像对待一个与我没有权力关系的人那样采取同等态度。

当我们讨论这个问题的时候,凯依提出了一个很好的观点。他认为坦诚的概念其实被混淆了,他认为开放心胸有两种意义。我想完全同意他的看法,认为那是一个非常有效的区分方式。从老板和参与式管理的角度来看,开放心胸表示愿意接受任何建议、事实、反应或资讯，不论令人愉快与否。毫无疑问地，在此方面他必须开放心胸，他必须知道发生了什么事。

不过，若是指坦诚以对、毫无顾忌地表露自己的想法，对于法官、警察、老板、船长和将军来说，就完全没有必要。在特定情况下，领导者有责任隐藏自己内心的恐惧。如果现在坐一艘正在汪洋中航行的船只，船长不断地公开说出他的恐惧、焦虑和不确定，可以肯定的是我下次再也不会搭这艘船。我希望船长能承担所有的责任，宁愿相信他有能力胜任这份工作。我不愿接受他是一位容易犯错、看错指南针的船长，这会让我感到惶惶不安。对医生的态度也是一样，我不希望他在为我做健康检查时，大声说出他的想法，当他在检查我是否患有结核病、癌症或心脏病时，我宁愿他将自己的怀疑藏在心中。

对于军队里的将军或是家里的父母亲也是一样。作为一个父亲及丈夫，如果他总是告诉他的太太和小孩自己的害怕、怀疑、不安和缺点，就会失去稳定全家的功能。事实上，丈夫或父亲的另一项角色功能就是自信来源者，他是家中的领导者，必须承担一切的责任让家人依靠。对于那些认为必须对妻子、小孩和朋友坦诚的人，我的建议是他必须负起领导的责任，不要说出自己的困扰，他必须有足够的承受力自行承担一切。

同样的，作为一家企业的老板或管理者，一定也会遇到一些紧急状况，这时候他应该尽量在员工面前保持镇定，自行承受所有的恐惧、怀疑或沮丧，不要在公司里、在整体员工的面前让情绪决堤。

在我早期的教学生涯中，我非常喜爱我的学生，和他们非常亲近，也希望成为他们真正的朋友。后来我渐渐了解到，只有在不牵涉成绩的情况下，我才能对他们永远保持微笑与友谊，我可以爱一位心理学成绩不佳的学生，但是他们不了解这一点，也无法接受。当我与学生成了好朋友，如果我给的成绩不好，他们就觉得是我背叛了他们，认为我是个伪君子。当然不是所有的学生都这样认为。心理较健全的人就不会如此想。渐渐地，我放弃了这样的做法，尤其是面对学生数目众多的大班级，我都会保持距离，与学生维持一种英国式的关系，不再像以前一般地推心置腹。唯一亲近的时候，就是当我特地为某些学生准备资料，向他们解说，并事先警告他们会有不及格的危险时。

　　我对心理分析团体和个别治疗之间的关系有一个想法。很多人认为：有关团体治疗与个别治疗之间的争论是毫无意义的。原因之一，两者的目的不同，治疗的对象也不同。因此重点在于，我们必须先理清是什么样的问题、在什么样的情况下、有什么样的人、有什么样的目标，再决定要采取团体治疗或个别治疗，或是二者兼用。

　　另外一种比较普遍性的结论就是，这些学习团体可以促进成长和人格发展，这是一种心理内化的过程（心理治疗是让有心理疾病的人变得正常，心理内化是让正常人变得更好）。这和耕田是一样的道理，一个好的农夫把种子撒出去，培育一个良好的成长环境，然后就放任这些种子自由成长，只有它们真正需要帮忙的时候才提供协助。他不会常常拔出刚刚发芽的种子，检视它是否正常成长，也不会去扭转它原来的形状，不去推挤它或拔出来后再把它放回土壤里。他只是把这些种子留在土壤里任其自由成长，只提供最少的帮助（只有在必要的时候才会出手帮助）。毫无疑问地，爱罗湖的团体具备良好的成长环境。他们拥有好的训练员、好的领导者，不会强行训练、塑造学员，只是单纯的提供一个良好的学习环境，给他们一些成长的种子或激发原来隐藏在内心的种子，任其自由地成长，而不给予太多干扰。

　　我差一点忘记的另一个问题现在又浮现在我脑海里，这是非常私人的问题。这是从我最近阅读的书籍里以及从爱罗湖的训练团体得到的启示，并由此产生了疑问，我发觉许多专家学者都忽略了隐私的需求。当然，这些训练团体的目的就是要学员抛开隐私。他们采取的自发式训练，就是教导学员依照自己的意愿选择自我隐瞒或自我揭露。他们大多认为隐私权是一种恐惧、强制、无能和限制等等。事实上，在我针对自我实现的人们所进行的研究显示，当人的心理愈健康，就愈需要非强制性的隐私，他们比较没有神经质的隐私问题，也不会保有不必要的秘密，刻意隐瞒自己的创伤，戴着一副面具生活。

　　我的这些想法是受到我太太贝塔的刺激，她是一个特别注重隐私的人。要她在二十个人的团体面前说出自己的隐私，她就会感到不寒而栗。这并非是神经质的隐私，她只对自己的知心好友说出心中的想法。许多人需要正常的隐私，他们会自我选择倾吐对象，因此像爱罗湖的团体就不适合他们。这对他们而言非常不自然，就算强迫他们参加，也不会有多大用处。在这种集体公开表白的过程中，这些人仍保持着防卫的心态。

重点是，我们必须区分健康的、有必要的隐私和神经质的、强制的、无可控制的隐私。我们必须努力解除神经质隐私——这些都是无用的顾忌，相当愚蠢、非理性、没必要而且不切实际的。有些人忘记了健康隐私的必要。我们也忘了个人之间的差异。依据我个人的经验，可以将人分成不同的等级，从易于自我揭露到需要健康隐私。

我甚至可以大胆地说，瓦解神经质隐私是达到健康隐私的先决条件，也才能真正享受隐私以及独处的乐趣（一些神经质的人，甚至大部分的平凡人就办不到这一点）。神经质隐私的瓦解是迈向健康的一个必经过程，这里所谓的健康包括对隐私的需求、享受隐私以及保有隐私的能力。

这种情形和我们前面所讲的，企业领导者不能在员工面前尽情表达情绪有一些关连，在某些情况下他最好保有隐私。当将军决定要执行一项特殊任务时，最好不要到处宣扬心中的不确定和怀疑、不停地扭动手指显示他的恐惧，因为这样的行为会击溃全队的士气。我想所谓的健康隐私也包括这样的情形，当客观环境需要时，就必须保有某些隐私。

这与另一个问题有关，我曾在某个团体讨论的课程中谈到防卫态度的必要性。当初我要说的是神经质防卫与健康防卫的不同。我们必须记住，神经质防卫是不健康的，因为它是不可控制的、强迫性的、非理性的、愚蠢的、不被接受的。我们有许多控制冲动的力量，防卫就是其中之一。当然我们现在已意识到，在现今的文化中许多的失序状况是因为缺乏控制，但是弗洛伊德当年却未曾意识到这一点。常常有人开玩笑说某人必须克制，但是我并不认为这是玩笑话。我认为人们不可以、不应该、也不愿意在任何时候、任何地点表达心中的冲动。我们必须有所节制，不仅是现实环境需要，也是个人发展、存续和价值的需要。事实上，在人类的生活中也有许多存在性冲突：许多问题无法获得解决，许多时候为了某些事物，必须放弃其他事物。这就是冲突所在，当我们朝向某一目标前进时，往往必须放弃某件事物,甚至对此感到哀伤,努力抑制自己的情绪。

通常一个决定就代表对一件事物的承诺,对另一件事物的排斥。我们不可能在两件事物间来回做选择。例如,一夫一妻制就意味着最后的决定以及永远的承诺,因此必要的、健康的控制和防卫是不可或缺的。"防卫"一词已被人们过度丑化。在这里,"防卫"意指"因应机制"。社会哲学家一再地强调,弗洛伊德所处的1910年代与我们是非常不同的。我们也可以这么说,他们承受过多的压抑,部分是因为弗洛伊德,使得这些不必要的压抑遭到瓦解。现在我们需要的是控制冲动和必要的压抑。我想到了一个例子:曾有一位妇女,当她想到什么时,不管别人还在说话,就开始说了起来,因此遭受团体学员的猛烈攻击。他们说:"请自我控制一下,闭上你的嘴,我们也要发表自己的看法,当没有人说话的时候再说,别打断他人的话。"这就是必要防卫或因应机制的例证。

以前我常常在想,所谓的学习团体或是其他感受训练、人际关系、领导团体等,都只是假借团体治疗的名义。但现在我改变了想法,除了上述的原因外,还有其他的原因。第一,"治疗"一词过于屈就,代表人在心理上的疾病。但就我的观察,大多数的学员就心理治疗的层面而言不算有病,只是就正常的情况而言有些许的偏差,但他们都是普通而正常的公民。因此他们需要的并非是个人式心理治疗,而是个人发展、自我实现的训练。

另外,我也逐渐明白一件事。那就是如果你使用心理治疗这个字眼,可能会引起很多人的厌恶,即使他们确实需要接受心理治疗。例如,这些假名与同义词对于那些执迷型、倔强型、事物思考型的人,以及不信任心理学的人来说,比较容易接受。虽然我认为有比"训练"更适合的名词,但是我还是保留一些名词(不指涉治疗疾病)。"训练员"这名词也有一点屈就的意味,好像我是一位健康完美的神明,屈尊纡贵地帮助你这位不健康、不幸的可怜虫。类似这样的说法都应该避免。如果我们强调存在型心理治疗师可能会好一点,他们与学员有着同胞之情,身处于同一条船上相互帮忙,就像哥哥帮助弟弟,一切都源于爱。所有的团体都应该放弃旧有的医疗行为模式——以一种权威的心态,将健康的人视为病人一般的对待。

治疗团体的另一个目标是"学习信任",去除一切的防护和防卫心态(尤其是反向攻击和反向敌意,更要放弃以自己为目标的偏执狂心态——请参考罗拉·赫思雷的《你不是目标》)。这与学习表达和自发是不同的。这也是关于现实主义和客观性的训练,因为它是植基于当今现实,而非儿童时期的现实。儿童现实在现今来说已经不切实际而且是错误的。这与弗洛伊德强调脱离过去的意义是相同的。因此更好的说法是"学习信任"——当此信任符合现实情况时,或是"学习不信任"——当此信任不符合现实情况时。

另外一个实用的目标是学习隐忍感情。团体的领导者(我拒绝称他作训练员,因为那听起来好像是在训练熊、狗等动物一样的刺耳)必须保持镇定,他必须忍受他人的敌意,或是当有人伤心落泪时,他也必须无动无衷。学习团体的学员了解到,其他人并非如一般人所想的那样容易受到伤害。许多学习团体的报告指出,如果一个人受到批评(客观地批评),或是有人在哭,或是有人激怒了别人,就会有另一个人出来解救他。但是长期而言,大家必须借由简单的经验,知道人不会因为受到批评而崩溃,他们所能忍受的批评比一般人所想的要多得多,只要这批评是真实的、友善的。

也许另一个目标就是学习辨识个人客观而友善的批评与攻击之间的差异。我在少数的团体训练中,也看到这样的差别。

我们也应该学习容忍缺乏组织、模棱两可、无计划、没有未来的情况,这些都是重要的心理建设和发展过程。对于个人发展而言是必要的,这也是培养创造力的先决条件。

我想有必要强调学习团体的选择性,尤其是在位于山顶的爱罗湖或是其他孤立的文化。在这样的团体里面,没有真正的混蛋,没有真正的毒蛇猛兽,没有真正恶名昭彰的坏人。普遍来讲,他们都是高尚的人,或是至少他们都在努力成为高尚的人。当然,有人会因为这些特定团体的成效,以为在所有的情况下均能实行,其实不然。比较好的说法是,这些位于山顶的学习团体之所以有成效,是因为环境的允许。如果现在面对的是独裁性格的人、偏执狂或是不成熟的人,学习团体的成效就令人质疑。这是很实际的情况,因为这些训练员或领导者都是特别经过筛选的。我的印象是,团体里的每个人都是高尚的人，当然这里的人平均的水平也比一般大众要高。这又牵涉到挑选的问题，我们世上没有足够优秀的，组成上百个或上千个学习团体。因此这些团体只能是在良好的环境条件下，进行有限的实验，试图找出共通的原则和教条。

这种情形我问山顶上其中一位学员某些问题时，显得更加的真实。我问："魔鬼在哪里？""精神病理学在哪里？""现实证明存在的弗洛伊德式的消极和悲观在哪里？"我感觉他们太倾向于罗嘉斯式的乐观主义，认为在任何情况下所有人都是好的，所有好的治疗对所有人都是有效的，但情况并非如此。在良好的环境下，许多人都能自我成长，但不是全部。我对于领导者也有同样的质疑；长期而言，我们不能自我选择领导者或治疗师，但是在许多著作中却没提到针对潜在领导者所设计的个人治疗。

我觉得接受感受训练的人，应该以更开放的态度讨论心中的敌意——必须更明确、更仔细。例如，在我与他们共处的短短几天里，看到他们不断地练习公开表达自己的敌意，这是我们社会的一大问题。相较于1890年到1990年弗洛伊德时代对性的压抑，现今心理分析师面对的是对敌意的压抑，压抑的程度不下于当年的性压抑。社会愈来愈害怕冲突、不同意、敌意、反抗和对立的发生。我们不断强调要与他人和平共处，即使你很不喜欢这个人。然而在这些学习团体中，他们不但要学习接受他人的敌意，也要学会成为他人攻击的目标，而且不会因此而崩溃。我看到某些美国人超越一般礼教的束缚，愿意接受好友负面而善意的批评，也不觉得自己遭受攻击，反而将对方的行为视为情感的表达、协助的意愿。我们社会上大多数人做不到这一点，认为批评是对人的攻击。但是在爱罗湖团体里，他们努力教导学员分辨何者是出于关爱、友谊和助人的冲动而提出的批评，何者是出于敌意或攻击的批评。

团体中的学员经过学习后，变得更为坚强、更有适应力，能承受更多的痛苦。不容置疑的是，这些人比较有勇气向别人说不，批评别人，否定别人的意见，不会假想会有不良的后果。

现在所有的这些问题，对男人特别重要。如果男子气概是我们社会的焦点议题，如果美国男人不够强硬、不够积极、不够果断的话，那么这些团体的训练对建立男子气概亦有所帮助。在我们的社会，有许多男人喜欢安抚、讨好别人，极力避免任何的冲突、反抗，试着平息争端、手腕灵活、不断妥协、不制造争端、不捣乱，当大多数人反对时就轻易地投降，绝不坚持自己的意见。这种性格的男性被弗洛伊德称为遭阉割的男人，他们像一只宠物狗，努力地摇尾乞怜，讨好主人，必要时也不会做出反击。

如果能仔细研究弗洛伊德关于攻击、毁灭和死之愿望的论述，就能对这个问题有更清楚的理解。我并不是说要完全接受弗洛伊德的主张，而是借此说明对人的心灵要有更深入的体验。

还有另外一个观点也和此点有关，也是我常常想到的，那就是支配与从属关系。我曾经在猴子和猩猩的身上观察到依据支配层级所制定的觅食次序。但是团体动力学者对这方面所知不多。我建议他们应该多参考猴子的行为模式。我感觉他们都过于强调民主教条，以为人人生而平等，对于实质占有优势的人、天生的领导者、具支配力的人、特别聪明或特别果断的人，他们觉得很难接受，因为这违反民主原则（事实上并不相互冲突）。在我读过的著作里，并没有任何关于这个问题的参考资料。而在整个弗洛伊德心理学说里也找不到任何的参考资料。

大部分知道摩非的人，不只是因为他是依斯林研究机构的创办人，也因为他是好几本畅销书的作者，包括《王国中的高尔夫》、《湿婆王国》、《躯体的未来》，以及《我们被赐予的生活》。就像马斯洛一样，麦克·摩非花了大半辈子的时间在探索自我，以及检验人们如何发展自我的能力。在冥想一词还没开始流行以前，摩非早已钻研多年，他还研究身心健康的关连。他的多数著作已成为学界的主流。而我们和这位美国偶像的访谈内容，则非常贴近他的想法。马斯洛形容摩非是"我不曾真正拥有过的儿子。"

马斯洛和摩非的相遇，可以用荣格所谓"同步性"（意义相关但没有联系关系的巧合之事）概念来解释。有一天，马斯洛和他的太太贝塔从美国南加州的会议返家，在往北加州行驶的路上，他们想要寻找一家可以夜宿的旅馆。就在一个小城大楼外，他们发现了一处可以落脚的地方，于是就决定把车停下来。在办理入房登记手续的时候，旅馆人员要求马斯洛在表格上签名。柜台职员在看过马斯洛的签名之后问："你是马斯洛？"该职员觉得非常的兴奋，就去呼叫麦克·摩非的合伙人布来斯，他就是依斯林研究机构的创办人。

在他们寻找过夜旅馆的过程中，马斯洛和贝塔都没料想到，他们正走进一个孕育作家、演说家、哲学家，以及治疗师的温床，这些人都对人本心理学有极大的兴趣。在1960年代，依斯林出资主办了几场由史基纳、马斯洛、罗嘉斯，以及其他几位专家学者所主持的会议。当时参与的观众从升斗小民到众所皆知的大名人，包括哈里森、贝艾迪伦以及金斯堡。当时的媒体记者汤姆森只有二十二岁，负责场地的布置，其他参与这些盛会的人就如他们所说的，都是名留青史的知名人士。

马斯洛和摩非认识以后，就一直维持很亲密的朋友关系，一直到马斯洛过世。我们在摩非位于加州的家中采访他。谈他对马斯洛博士的印象以及他的著作。虽然我们讨论的话题范围很广，充满了矛盾及讽刺，但这也是马斯洛所喜欢的，我们觉得摩非拥有很宝贵的东西，可以对美国企业人士有所启发。

之所以说讽刺及自相矛盾，那是因为摩非并不是很了解美国企业世界，但是他却是一位非常灵敏而成功的美国企业家。就像马斯洛一样，摩非拒绝扮演大师的角色，不过他还是成了人性潜能改革的大师。在充满混乱的60年代，马斯洛成为文化偶像，但是许多知道他的人仍认为他过于保守。摩非当时则是主掌依斯林的领导者，这里也是许多反文化思想的发源地。不过，在所谓的"夏日之家"改革运动期间，摩非一直是一个非常率直的家伙。就像他描述自己："第一，我很早就对迷幻药非常过敏。第二，我实在太喜欢纯羊毛衫了。第三，我对这些所谓的先进科技并不是很有兴趣，我对一些尝试过的东西总是抱持怀疑的态度。我是那种足不出户的评论家。"这些话对任何一位企业家来说，都是值得记取的金玉良言。

我们知道大家对马斯洛笔记有浓厚的兴趣，你是怎么看待这样的情形？

其实，每个人都在摸索一些东西。我们有因瑞格兰、贝瑞斯实验，有不同的领导模式，因为大家都需要一个架构、一个指引以及领导。人们对马斯洛的东西感到非常有兴趣，那是因为他具备了非常深层的思想。他不仅是一个研究者、心理学家、理论家，也是一位哲学家。他讨厌所谓的万能丹。马斯洛关于自我实现的理论，有一部分即在说明自我实现的人反恶被人贴上标签；他讨厌这一类的事情。在他写这些东西的时候，从未特意去想什么样的领导模式或写作题材会在市场大卖。他只是单纯的想做好学习以及研究的角色。他几乎研究了关于人类行为以及人与人之间互动关系的所有相关题材。他在1940年代针对人性性别所提出的主张以及他和哈罗的共同研究，一直到他自我实现以及动机论的研究，都值得我们学习。

问题是人性自然面是如此的人性。我们拥有自我超越的能力，如果把某人限定在某一类型中，就是限制他的能力。限定自己、同事或团队成员的角色扮演，就是低估了人类的创造力。当我们还是小孩时，往往受限于原有的家庭角色。其实，我们有很大的潜力能够完成自我实现的目标，只是人们常常不自觉地漠视这种能力。

就你所知道的马斯洛，你想他会怎么看待今天的组织趋势？他可能会厌恶一些现在企业盛行的管理万能丹和工具，或者所谓的改革运动。当一个企业管理大师来到一家公司时，他可能会受到很多人所崇拜。我们这样说好了，假设你是一个普通的员工，你希望有所进步，所以你就必须接受各式各样的训练，被要求做这个做那个。你必须全心投入。《赞美每一天》这本书，以实例证明了其中的破坏力量。

不过无论如何，还是有其创意的一面。例如，如果公司充满景仰的氛围，并成为企业文化的一部分，就可以激发员工的创造力，可以借此形成一个共享的目的。这点相当重要。

十五、自我实现的特质

我们从自我实现的人身上学到，最理想的工作态度来自于适宜的工作环境。这些高度进化的个人将工作融入自我的定义中，工作已成了自我的一部分，而这个自我是个人对自己定义下的自我。工作则具有心理治疗以及心理内化的功能（使人们成功地迈向自我实现）。就某种程度而言，这是一种循环关系。比如：有一群优秀的人在良好的组织中工作，而工作可以进一步改善人们。改善了人们就能改善整个产业，并进一步改善产业内的个人，如此循环不已。所以简单地说，正确管理人类的工作生活以及谋生方式，可以真正地改善人类以及这个世界，并进而达到乌托邦式的理想境界，不断创新技术。

很久以前，我就放弃通过个别的心理治疗来改善世界或改善人类的想法。事实上，这在人数上是无法办到的（尤其有很多人并不适合做个别治疗）。于是我寄望以教育的方式，将乌托邦式的理想目标扩及全人类。后来我想到将个人心理治疗视为最基本的研究资料，可为教育机构用以真正地改善人类全体。最近我才恍然大悟，教育虽然非常重要，但更重要的是个人的工作生活，因为每个人都必须工作。如果能把心理学、心理治疗、社会心理等等课程应用到我们的经济生活中，就能运用开明管理原则，改善人类全体。

这是很有可能发生的。在我第一次接触管理文献以及开明管理策略时，就已经看出管理本身有非常先进的论述形式，并朝向开明、综效的方向发展。单纯就改善品管、改善劳资关系、改善对于具备创造力员工的管理等方面来说，很多人即发现第三势力确实发挥了作用。

举例来说，我们直觉地认为彼得·杜拉克对人性的论述与第三势力的内容非常相近。他是借由对工业和管理现况的观察而作出结论，事实上他对专业的社会科学或心理学一无所知。但彼得·杜拉克对人性的了解绝不输给罗嘉斯或弗洛姆的杰出贡献。因此可预见的是，工业实况未来将会成为研究人类心理学、高度人性发展以及理想生态学的实验室。但之前我犯了一项错误，以为工业心理学是草率地运用社会心理学说所得出的知识。但事实却完全相反，那里才是知识的源泉，它取代了实验室，甚至比真正的实验室还有用。

心理学第三势力

在马斯洛逝世四分之一个世纪以后，他的声誉依旧屹立不摇，这是一项空前的伟大成就。相反的，像弗洛伊德以及荣格等心理学大师的理论，却遭受强烈的攻击。我想那是因为马斯洛所发表的理论，仍未获得广泛地认同，他的重要性在于未来，也就是已经到来的二十一世纪。

马斯洛经常被奉为"心理学第三势力之父"。第三势力（指人本心理学）的理论有别于行为学派与弗洛伊德学派。马斯洛穷极一生发展全新的人性哲学，重新认知并发展人性特质，也就是同情、创造力、道德、爱和其他人类特有的本质。马斯洛博士同时也是一位走在时代前端的科学家。发表任何新论述以前，都经过反复的思考，严格地测试各种假设以及正反两面的论调，所以他的主张无论是在管理、组织发展、教育、健康、科学以及心理方面的探讨，都有很大的影响力。

马斯洛对于某些关于人性那种玩世不恭以及黑暗的形象描述感到不能苟同。他认为所谓古典的弗洛伊德学说或新弗洛伊德学说，对人类本性的描述都不够成熟。

以下是他最著名的引言，完整地说明第三势力的概念：音乐家必须创作音乐，画家必须绘画，诗人必须写诗，虽然最后终将归于沉寂。一个人能成为什么，就必须成为什么。我们可以把这种需要称为自我实现……那是一种想要充实自己的欲望，把自己变成有潜力的人：变成自己想要的样子……

当然，另一面也是真实无误的，远超过彼得·杜拉克的理解。里面隐藏许多有如金矿般的珍贵研究资料，可以提供给这位工业心理学家以及管理理论学者应用于经济市场中。我想彼得·杜拉克和同事可能是看到科学心理学就马上放弃。其实可以明显看出，有些骗人的玩意儿以及没有意义的回声，对复杂的人性来说是毫无用处的，但丢掉这些无意义的心理学理论，等于是把里头价值不菲的金矿也一起丢弃了。

我一直还存有很高的道德理想，试着将科学和人性、道德目标结合在一起，努力的改善人类及整个社会。对我来说，工业心理学开启了新的视窗，一方面，它提供了新的资料来源，内容丰富，同时也为我先前以临床研究所得出的假设和理论提供了实证的基础；另一方面，它就像一间全新的生活实验室，让我可以不断进行研究，了解古典心理学所隐含的一些问题，例如学习、动机、情绪、思想以及行动，等等。

下面是我回答迪克法尔森提问时的部分内容，他曾问道："为什么你要跳过这些东西？你要寻找什么？你想要拿掉什么东西？你想加进些什么东西？"经由这些问题，我发现了达到开明思考的另一条路径。

工业情境比个人心理治疗更适于自我成长的完成，因为它能提供同化与自发性满足。心理治疗过于注重个人发展、自我与认同等议题。我认为无论是创造性教育或创造性管理，都不应该局限在个人的发展上，而是通过所属的社区、团体以及组织，这些才是完成自我成长的有效管理。当然，对于无法进行象征心理治疗、心理分析与顿悟治疗的人尤其重要。至于对那些智能不足、只能具体思考的人，都无法采用弗洛伊德方法使治疗成功。所以当个人治疗师束手无策时，一个好的社区、好的组织、好的团体往往能提供更有用的帮助。

最近我陆续和学生与教授们谈过。他们都想和我一起进行"自我实现"的研究工作。不过对于他们的态度我感到质疑，甚至可以说非常沮丧和失望，对他们完全不抱任何期望。这是我长期与这些满脑子幻想的半调子实际接触后所产生的结论——这些人总爱讲大话、画大饼、具备无穷的热诚——但是当你要求他认真研究时，却拿不出任何成绩来。所以，我以不鼓励、不客气的口吻直接说明我的态度。对于半调子的人（和工作者、实行家相反），我也直接表明对他们的轻视态度。

对于那些空怀大志的人，我常常分派一些看起来好像很愚蠢，其实相当重要而且值得去做的事。结果，二十人之中有十九个没有通过这项测验。后来我发现，这不只是个测验而已，如果没通过这个测验，就必须完全放弃他们。我劝他们不如加入"负责任市民联盟"，远离虚有其表和光说不练的人，以及上了一辈子的课却没学到任何东西的学生。这项测验对任何人而言它的意义是：你可以借此知道他是否是一棵苹果树——他会长出苹果来吗？他会结出果实吗？从这个过程当中，我们可以分辨多产与贫脊、空口说话与真正做事的人之间的差异，并找出谁能改变世界，而谁又对此毫无帮助。

另外一点就是关于个人拯救的话题。举例来说，在圣罗莎所举办的存在主义会谈中，谈论了很多这方面的议题，我曾经毫不客气地提出反驳，表明我对寻求拯救者的不尊重。他们极度自私，对社会和世界毫无贡献。在心理层面上，他们也是愚蠢而错误的，因为寻求个人拯救并不能真正达到个人拯救目的。唯一的方法应该是我曾经在书里面谈到的，就是日本电影《生之欲》中所透露的，只有辛勤工作并全心投入上天和个人命运召唤你去做的事，或任何值得去做的重要工作，才能达到个人拯救。

我也表扬过一些英雄人物。这些人不只获得个人救助，也受到所有认识他们的人诚心的尊敬与关爱。他们都是优秀尽责的工作者，而且在所处的环境里也没有任何不快的情绪。这也就是说，借由对重要工作的全心投入而达到自我实现的行为，是抵达人类幸福的唯一道路（与直接寻求幸福不同，幸福是一种附带现象、一种副产品，不需要刻意去追寻，而是德行的间接奖赏）。而另一种方式——刻意寻求个人救助——就我的观点来看，这种在洞穴中进行内省的方式，对任何人而言都是行不通的。我不否认，对印度人和日本也许行得通，但是在我过去的经验中，对美国人而言却没什么用处。就我所知，快乐的人就是完成了他认为重要的工作。另外，在我的著作和之前的文章中也提过，所有关于自我实现的主题都强调这一点：这些人的超越动机来自于超越需求，而这些需求则源自于对重要工作的投入、奉献和认同。每一个案例均是如此。

也许我可以大胆地说：救助是自我实现工作和自我实现职责的副产品。（现代年轻人的问题是，自我实现的观点对他们而言，就像是一道闪电，突然击中他们的脑部，而他们什么事也没做。他们似乎都想被动地等待它自动发生，而不想靠自己的努力来实现。另一方面，他们在不知不觉中认为自我实现就是：摆脱禁令以及控制，支持任性和行动。我对他们已失去耐性，这些人不执着、不坚持、不能忍受失败。很明显的，他们所认定的特质刚好和自我实现相反，也许我应该多谈一谈有关这方面的议题。）

其实，不需要像东方人如中国人或日本那般努力消除自我觉察或自我意识，就可完成自我实现、超越自我。自我实现是自我的追求与完满，并完成自我性，也就是最终的真实自我。它解决了自私和不自私、内在和外在之间的分歧，因为完成自我和实现的目已被内化，成为自我的一部分，因此世界与自我已不再有分别。内在和外在世界融为一体，也没有主观与客观的差异。

我们曾经和一名住在大梭温泉的艺术家聊过，他是一位真正的艺术家、真正的工作者和真正的成功者，在自我实现这方面的思想非常先进。他一直催促贝塔（我太太）"亲自"动手雕塑，不理会她的任何解释与借口，认为这些论调听起来都太花哨、太高调了。"成为艺术家的唯一方法就是工作、工作、再工作。"他特别强调自我约束、劳力和流汗，他不断重复一句话："聚沙成塔。"用木头、石头或黏土做出一些东西，如果觉得作品很糟糕，就把它扔掉，总比什么事都不做来得好。他说，绝对不会收一个连续几年都不自己动手做的学徒，和贝塔道别时也不忘提醒她说"聚沙成塔"。他要求她应该在吃完早餐后就立刻工作，就像为生活奔波的水电工一样，每天都必须按时工作，如果没有做好，就会被工头开除。"你应该以讨生活的认真态度去做这份工作。"很明显的，这个家伙是个怪人，讲话豪放不羁。不过，你必须重视他，因为他拥有一样宝贵的东西——他并不是一个光说不练的人。

当我们在谈话时，贝塔提出了一个相当不错的研究构想：假设有创造力的人喜欢自己的工具和材料，而且这是可以测试出来的。

有个好问题：为何人们不创作或工作。反过来说，为何要创作？

每个人都有创作和工作的动机，包括小孩和大人，这点已被假设。现在必须解释其中的禁令和阻碍人们的创造动机。

另一个思考方向：关于缺乏动机的创作者，我一直以为他们拥有特殊才能和天赋，与健康和个性无关。但现在我觉得还有努力工作和意志力这两项因素，有些人就以大胆而自傲的态度，认为自己是艺术家，于是他就真的成了艺术家，因为他像对待艺术家般地对待自己，所以自然而然的，每一个人就都跟他有了同样的想法。

我们每一个人都有与生俱来的需求，渴望体验更高的价值。就像我们一出生，每天都需要吃一些含锌含镁的食物一样。其实，我们追求更高层次价值以及动机的需求，是天生的。每个人对美、真相、公正等价值都有本能的需求。如果我们可以接受这样的观念，那么关键问题就不会是："什么力量引发创造？"而是："为什么不是每个人都有创造力？"

根据马斯洛理论，有关于学习、创造力、光明正大、责任以及判断力等特质，都是与生俱来的。但是为什么进行组织设计时，都假定人习惯于逃避责任，只执行被要求的事，拒绝学习、无法做正确的事？

很多人也许相信每个人都具有无穷的潜力，人是企业最大的资产。如果是这样的话，为什么我们还得不断的改造企业，达到我们可以控制、满意的状况，或者为什么我们没有办法促使员工贡献最大的能力。

好几个世纪以来，人们的潜能一直都被低估了。

假如你觉得自己在这个世界上很重要，你自然就会变得很重要。你让自己变得很重要，与你心中所内化的重要性等同，那么如果你死了、生病了、不能工作，就都会有很大的影响。所以你必须好好照顾自己、尊敬自己、多多休息，不要抽太多的烟或喝太多的酒，自然就不会想要自杀——这是非常自私的做法，对世界而言更是一项损失。你是被需要的，是有用的。这是让你觉得自己被需要最简单的方法。有小孩的母亲通常不会像没小孩的人那么想要自杀。在企业中管理的人，通常都肩负了重要的任务，为这份责任或是其他人，他们必须存活下来。另外一些人却因自我放弃而陷入麻木的状态，最后毫无意义地死去。

建立自尊的一剂简单的药方就是让自己成为重要的人物。你可以大声说:"我们联合国……"或"我们治疗师……"当你能说出"我们心理学家可以证明……"自然就会享受到荣耀、快乐,并以身为心理学家为荣。

这种对重要目标、重要工作的认同以及内化,可以扩大自我,使自我变得重要,也可以弥补真实存在的人类缺点,包括智商、才能以及技术。例如,科学是一种社会制度,强调劳力分工,开发性格的差异——使无创作力的人变得有创作力,使不聪明的人变聪明,使微不足道的人变伟大,使能力有限的人变得神通广大。任何科学家都需要获得基本的尊重,无论他的贡献是如何的渺小,因为他是大型事业的一分子,因参与其中,所以必须获得尊重。换句话说,他代表这一事业,就像是一位大使(这里也有一个很好的例子:来自一个重要国家的大使所受到的待遇,往往好过那些来自愚笨、没效率又腐败国家的大使,虽然他们一样是人类,也都拥有相同的缺点)。

同样的,一位来自战绩彪炳的军队的士兵所受到的待遇,一定也和另一位来自常打败仗军队的士兵相反。其他像科学家、知识分子以及哲学家,也都是一样的情形。虽然他们的单一力量微弱,但集合起来也能凝聚出一股非常强大的力量。他们代表一支胜利的军队,代表改革的社会,准备创造一个新社会,他们因为参与英雄事业而成为英雄。他们找到了使渺小人物变成伟人的方法。因为世上只存在渺小的人(在各种阶层上),或许对重要目标的参与和认同,才能使人觉得健康、拥有稳固的自尊。

问题的重点不是"什么因素引发创造力",而是为什么不是每个人都有创造力。人的潜力遗失在哪?它是如何瘫痪的?所以,我想一个好的问题应该不是"为何人要创造?"而是"为何人不创造或创新?"其实,当有人创造某样东西时,我是不该像看到奇迹般的感到不可思议。

——马斯洛

全世界的董事成员、领导团队和企管顾问都强调创造和创新管理。如果我们相信马斯洛的说法，创造及创新都是人与生俱来的潜能，那么我们所找寻的答案就会完全不同。

也许我们应该开始寻找扼杀创造力和创新能力的杀手，而不是尝试改变员工。在跨出正确的第一步时，应该问："为何员工无法在现有的工作环境中发挥创造或创新的本能？"这个问题让我们想到一个关于彼得·杜拉克的故事，他是一个传奇作家及谆谆不悔的教授。有一次，他向一群非常老练的管理阶层演讲时说，如果有人发觉自己公司里有"枯木"存在的话就请举手。当时很多人都举了手，杜拉克接着问他们："这些人是在面试之前就已经是枯木，或是进入你公司才使他们变成枯木的？"

山姆史德是奥瑞冈大学教育系的教授，也是创造力议题的专家。他认为企业最重要的工作不是压抑员工的创造力。美国林务局的建议系统是个很好的例子。原本员工若要提出一项新的服务或流程改善方案，就必须填写长达四页的建议表格。以一家拥有2500名员工的公司来计算，过去四年来只收到252件提案，也就是说，一个员工平均四十年才提出一项建议。

因此林务局改变做法。一有建议案要提出，员工只需写个简单的摘要，通过电子邮件传给负责的主管。如果在三十天以内，员工得不到任何回应，只要提案合法就可直接付诸实行，不需经过公司高层的核可。开始实施新构想后的第一年，就收到六千件提案！所以，在你提出"为何员工不创造或创新"的疑问以前，其实应该先检讨，是否公司的制度或作业流程，压抑了他们创造及创新的潜能。

这和我所认为的"责任就是对客观情境的客观要求所做的回应"有关。"要求"代表渴求适当的回应，这就是人们所具备的"需求性格"，是觉察者所具备的自我觉察个性或气质，使人感觉有一股巨大的推动力要把事情做好做对，觉得肩膀上有一股重大的责任。具备这种性格的人，觉得有必要修正墙上歪曲的图画。就某种程度来说，这是对自我存在的认知。在理想状况下，会产生心物同构的现象，这是一种个人与自我实现（目标、责任、命令、职业和任务等）之间的相互选择状态。每一项任务都需要一位最能胜任这项任务的个人，就像钥匙与门锁一对一的关系，而此人对此项要求也最有感觉，对此召

十五、自我实现的特质

165

唤能有所回应，能感应其波长。这是一种相互影响、相互适应的作用，就像一段美好的婚姻、良好的友谊，彼此为对方而存在。

如果一个人否定这项独特的责任会如何？如果他不接受这种召唤呢？或是他听不进去任何事呢？我们在这里当然可以说，这是天生的罪恶或是不适应性。但是就像狗想只用后腿走路，诗人想变为成功的生意人，或生意人想成为诗人一样，就是不对劲、不适合，根本不属于该领域的。你的行为必须和你的命运相配合，否则就会付出沉重代价。你必须让步，必须投降，你必须承认自我是早被选择的。

这些都非常符合道教思想，但我觉得它是对的。在麦格利克的X理论中，责任和工作被视为勉强承受的负担，人因为某种外在的道德，或被认为"应该"、"必须"而被迫去做，而非出于自然的意愿、自由意志，因此没有任何喜悦或舒服的感觉。但在理想状况下——达成健康的自私、最深沉、最初始的动物性自发和自由意志、可以倾听内心行动的声音，一个人就会积极地掌控自己的命运，就像挑选妻子一样。

这种对自己命运的顺从（信任自己对另一半的回应所产生的感受），就像相属的两人在拥抱一般。在爱的拥抱和交合中，主动与被动的对立被转化与消融，这是最理想的状态。意志与信任的分歧也获得解决，西方与东方的差异不复存在，自由意志与命运也不相互冲突。（一个人愿意接纳个人的命运，更好的说法是：自己能认清被命定的自我就是真实的自我，但是与不完整认知和整合下的自我并不相同。这是一种自爱、接纳自身本质的表现。所有相属的事物融合在一起，享受融合更甚于分离。）

所以，放任（而非自我控制）与自发相同，都是一种主动，但与被动并不相互对立和分离。

麦格利克在1960年出了一本《企业的人性面》，他很快就被誉为X理论和Y理论之父，这两项理论是关于管理者领导性格的分析，X理论认为管理者必须采取独裁式领导，Y理论则认为管理者需采取合作、互信的领导原则。很明显的，我们可以从Y理论的内容看出，麦格利克同意马斯洛的人性观点，事实上，他引用了许多马斯洛的动机层次理论，发展出Y理论的相关假设。

安德鲁·凯依1960年时介绍麦格利克和马斯洛认识。凯依说当他去马斯洛位于波士顿的家时，才知道马斯洛从来没有和麦格利克见过面。他觉得难以置信，因为将近有一年的时间，他们两个还共同合作研究开明管理。凯依说，当时他立刻就请马斯洛穿上外套，一起坐车直奔麦格利克的办公室。

就在这一天，一场精彩的辩论开始了。他们两个不约而同地，都恳请每一位领导者照镜子，并对他们提出一些假设性的问题。经过了半个世纪，当时的这些问题，至今看起来仍发人省思：

一、你相信人值得依赖吗？
二、你相信人愿意承担责任吗？
三、你相信人会追寻工作的意义吗？
四、你相信人天生就希望学习吗？
五、你相信人不拒绝改变，但却拒绝被改变吗？
六、你相信人比较喜欢工作，不愿游手好闲吗？

我们的答案将会影响所做的每一件事。我曾经向很多管理者提出这些问题。不过，令人惊讶的是，很少人愿意花时间分析我们对人类的某些假设。

我们经常建议经理人以及领导阶层分组讲座以上这些问题，并且鼓励他们就各种情况互相辩论或进行对话。也许每个企业都应该提出一些假设性的问题，让员工互相讨论，我觉得员工和企业的价值同等重要。

认清自己的责任或工作就像在爱情中的交合和拥抱，超越所有矛盾、对立与转化，合为一体。这也让我想起了达利金及他所主张的"命运的设计"，也就是因为认命而认同事物的适切性、相属性和正确性。

将此观念应用于个人与其工作目标间的关系，非常困难且模糊，但若将此原则用来比较适合结婚的两人关系与不适合结婚的两人关系，又更加困难。不过确定的是，在相同的命运设计中，一个人的个性与另一人的个性是相合的。

如果工作内化成自我的一部分（我想多多少少都会发生，即使一方尝试去阻止），自尊与工作之间的关系就会更紧密。特别是健全而稳固的自尊（价值、荣耀、影响力、重要性的感觉）必须借由重要工作的内化而完成。也许现代人的抑郁有大部分原因是内化的工作都是不光耀、机械化、琐碎断裂的工作。愈是想到自己的工作，就愈难有自傲、自爱和自尊的感觉。如果我是在一家口香糖厂而不是在广告代理商或是制造劣质家具的工厂工作的话，就会发生以上的情形。我已清楚说明"真正的成就"是稳固自尊的基础，但这种说法仍过于简化，有必要再详加说明。真正的成就代表一项有价值而高尚的任务。把一件无意义的事做好并非真正的成就。我喜欢自己所说的一句话："没有价值的工作就不值得去把它做好。"

安妮·罗宾森以少量的资金，用车库作办公室，和人共同创办云汉峰唱片公司。她凭着对音乐、设计和图像的无比热爱制作音乐，引起音乐市场很大的震撼。音乐市场的成功是以星期计算，但云汉峰的第一张唱片在二十三年后的今天，依然畅销。

下面是我访问安妮·罗宾森时的交谈。

问：你在音乐界的经验，多少印证了马斯洛的观点："一个新手往往能看到专家所忽略掉的事。所以，千万不要害怕犯错和天真。"

就是因为我们不懂唱片业，所以不按规矩做事。

马斯洛说："自我实现是一项艰巨的工作，因为那还包括外在日常世界的召唤，而不只是来自内心的呼喊。"

没错，他说的是实话。一个人永远处在变化的过程中。如果你是真正地在生活，就不会有结束的时候。你不断地吸收新的资讯，培养新的经验，并且将它们融入自己的工作以及思想中。

安妮·罗宾森说：我从经营云汉峰所获得的经验是，一开始我们默默无闻。然而公司持续经营了六七年。其中有几年的时间，我们并没有任何竞争对手。业者认为我们是艾尔法、欧米佳。同时我们知道以后一定有人会超越我们、模仿和复制我们的想法。

我们也知道，消费者有一天会对我们感到厌倦，将注意力转移到其他的事物上。我们所制作的音乐，激发人们深层的私人性和哲学性情绪，有人听了感到无比的幸福和景仰，有人则厌恶到极点。我必须知道为何会有如此的情况。当你制造一项产品时，你是在表现某种非常个人的东西，可以引发人们的个人情绪，这就是你存在的目的。我必须做我擅长的工作，对这份事业我必须投入全部的情感，否则这就不是我的真理。我会因此而觉得自己只是操控消费者，但音乐不是控制。

问：你曾经提到，有人以你从来没有想过的方式诠释你的音乐，你当时怎么处理这个情况呢？

答：有时你会把事情处理得很好，有时却不然。你按照自己的想法去创作，但别人的回应却是你从没有想象过的，他们把你的作品变成另一种面貌，是你从未想通的，甚至是无法接受的。这时候，就必须努力的去调和两者之间的落差。

我们的作品试图产生知性和感性的回应。至于那些讨厌我们音乐的消费者，我会认为他们真正听过我们的音乐，并觉得足以下评论说不喜欢。相反的，我们也接触过一些人，他们的反应就让人觉得惊讶。举例说，我曾经收到一位在地狱天使工作的听众来信。我记得，他一开头就写："我是地狱天使的员工，不应该喜欢你们的音乐，但是我真的很喜欢。"

在云汉峰，我很高兴能协助人们打开心门、唤醒内在。我想很多人都是浑浑噩噩地过日子，老实讲，我并不在乎他们会去哪里寻找刺激，将自己从睡梦中摇醒，但我的目标是唤醒他们。我想这就是马斯洛的目标，透露他的理念可以为人们打开一扇门。如果某个人的思考、目标或目的与你极为不同，就很难说服他，改变他的想法。但同时你必须说："我的老天，你终于醒了，你开始思考了。"这使我的工作变得更有价值。

马斯洛说，在洞穴里进行自省，迈向自我实现，不会对任何人产生作用。他所探讨的自我实现，均是借由重要的工作而完成。

你可以说你是一位科学家，是一位生意人，不过一旦你全心投入正在做的事物，就会满怀工作的热情，和工作之间没有任何距离。你必须不断地自问："我的研究正确吗？当我在听音乐时，我是在用心听吗？我是否用诚实的心去做每一件事？"我想马斯洛博士最大的优点是：他总是以内心的信仰系统测试科学理论。这不只是 A 加 B 等于 C，而是：我看见，所以我相信。

问：在云汉峰，令人印象深刻的是，里面的员工都是满怀热情和承诺全心投入工作。你所创造出来的这种工作文化，已经成为哈佛大学的教学教材，也被很多的财经书籍以及媒体公开报导，你是如何创造出这种令人不可思议、生产力惊人的工作环境的？

答：我想这是我把内心的坚定信念和工作相互结合所得出的结果。如果我创造一个充分授权的工作环境，员工就会全心全意地做好工作。当一个企业成长到云汉峰这样大的规模时，领导者都会希望员工具有远见和诚实的态度。

回顾过去，我想云汉峰的员工也都了解，我们所做的音乐和其他业者不太一样。员工知道自己做的音乐对人们有意义。我强烈地感觉到，自己做的任何一件事都有长远的价值。我相信这里的员工将以此信念为荣。产品反映出我们的价值。不只是员工，我想所有我们的创作者、供应商，也都拥有相同的经营理念。

和博德曼集团合并以后，我面临到很大的挣扎。我有多套计划，并且设定了最后的财务底线，我明白自己必须努力在这个新的企业架构下，维持云汉峰原来的价值，否则会很痛苦。

自我实现的工作若同化于自我认同之中，或经由投入作用同化于自我之中，就具有治疗或自我治疗的功用。当自我实现的工作成为内心自我的一部分时，你不必与内心自我直接交涉，仍能达到自我实现的目标。也就是说，人们会将内在的问题投射于外在世界，使其成为外部问题，如此才比较容易处理，也不会产生焦虑；比起内省方式，较不会有压抑感。事实上，我们常常不知不觉地把心里的问题投射于外在环境。举一两个最简单、最被接受的例子：第一，艺术家（大家一定都同意，通常他们会把内心里的问题投射于画布上）；第二，许多知识工作者也有同样的情形，他们很多时候都不自觉地把一些内在的问题，投射到所做的每一件事上，只是他们没有意识到罢了。

十六、创造力的认识

我们可以从学习团体的经验中学到,具有创造力的人可以从容地面对缺乏组织、预测和控制的局面,并能接受模糊和无计划的状态。

现时的创意主要在于忘记未来、专注于当下的能力,也就是将全部心力放在当下的环境和事物上。

这种放弃未来、组织,放弃控制与预测,是一种悠闲和享受的生活态度。另一种说法是,这是一种没有动机、没有目的、没有目标、没有未来的生活态度。为了能专心倾听,使自己完全沉浸于现在、在当下,就必须抛却对未来的想象,随意地游走和享受生活,放松心情游玩。

同时,自我实现也可以是神秘、毫无结果、模糊和缺乏组织的状态。这与格斯丁所谓的"脑部受损"或是"强迫性精神官能症"不同,这些人对于控制、预测、组织、法律和秩序、议程、分类、排练和计划等,有极为强烈的要求。我们也可以说,这些人其实对未来有着莫名的恐惧感,不相信自己对于紧急状况或意外事件的应变能力。换句话说,他们对自己缺乏信心,害怕自己无力处理意料之外、计划之外、不可控制或预测的事件。我想在我所写的《创作力的情感阻碍》一文中,有提到相关的例子。

这些都是由安全机制、恐惧和焦虑机制所形成的结果。他们所表现出来的就是缺乏勇气,对未来缺乏信心,也对自己缺乏信心。除非他有一定程度的勇气,对自我、理想环境和未来有合理的信心,才能够泰然地面对无法预期、不知和无组织的情况,并有绝对的信心相信自己有应变的能力。为了能与读者有效地沟通,最好举些例子说明。譬如,通常在聊天时,听者无法专心聆听他人的话,心里一直在担心接下来要说些什么。这就显示出,他们不相信在毫无准备和计划的情形下，自己能随机应变，发表适当的谈话。

另外，还有一个真实的例子。如果你观察小婴儿以及幼童所表现出来的行为，就会发现他们对自己的父亲或母亲的态度是一种完全的信任。我们会看到小孩跳到父亲手臂上的画面，在他脸上看不到一点点害怕的表情，因为他完全信任自己的父亲。同样的，小孩子在跳进游泳池的时候，也总是面无惧色。

这种安全科学与自我实现科学或成长科学形成一种对比。我们可以与格斯丁的脑部受损病患以及强迫性精神官能症相互比较。与格斯丁类似的则是史基纳的主张，他一再强调预测、控制、法规和组织的重要性。我们可以在他的著作中计算创意、随机应变、自发、感情表露等字眼的出现频率；接着在罗嘉斯的著作中，同样计算以上名词出现的频率。这个简单的实验对任何研究生来说，都非常的容易。经过两相比较之后，就更能凸显出我所强调的重点，也就是以上的字眼其实具有某种程度的心理治疗意义（当然，他们也可能是健康的；因此我们有必要区别对预测的强迫性需求，以及对预测、控制、法规和秩序等的正常需求）。

对于一位不熟悉心理学的人来说，解释强迫性需求与健康需求的不同是有必要的。不可否认，强迫性需求是不可控制、不可改变、强制性、非理性的，与环境的好坏无关；他们的满足只能带来短暂的安心，并不能带来真正的快乐；但是稍有挫折，就会立刻引起紧张、不安、敌意和愤怒的情绪。此外，他们是处于自我相斥（本我的欲念或行动不被自我接纳）的心理状态，与自我相容的心理状态相反；也就是说，他们感觉与自我疏离，有某种东西控制了他们的自我，他们不具有自发的内在行动。精神官能症的人常有这样的感觉："某种东西控制了我"，或是"我不知道什么东西控制了我"，又或是"我无法控制自己"。

我们可以将上述的讨论内容应用在企业管理的情况中。当然，对于较需要组织的人来说，一定会引发对无秩序和混乱的质疑。除了理性的解释外，我们更需要了解这些人可能的强迫性格、非理性和深层的情绪。有时候有效的方式不在于提出逻辑性的论述，而在于必须从心理分析的角度看待整件事情。你可以直接说明，他们的质疑是源于对白纸黑字的法规和原则的强烈需求，也是一种控制未来的需求。然而后者在现实中不可能实现的，因为就某种程度而言，未来是不可测的，我们不可能制定一套法规规定所有未来可能发生的事情。

也许有人会接着问："为什么我们不能信任自己的应变能力？为什么我们要事先准备？我们真的无法应付意外事件吗？为何我们不相信自己在意外情况下的判断能力？为什么不等到我们累积足够的经验后，再依据真实情况中的真实经验，制定必要的规则？"只有这样才能制定最少量的规则，而非大量无用的规则。不过，有时你必须做一些让步，就像我以前一样，如果你所待的企业，像一支军队以及海军那么庞大，就真的有必要制定一套规则。

创造力的成因是什么？我们所能做的最重要的一件事是什么？我们必须为创造力开一门三学分的课程吗？我很希望有人马上问："创造力到底隐身何处，还是我们必须安装电极，可以随时开启创意。"我有一个很强烈的印象就是，现在有很多企业总是费尽千辛万苦的想寻找一道快速开启的秘密按钮，只想要简单的把它打开或关上就好了。我的感觉是，创作力的观念愈来愈接近健康的、自我实现的以及完全人性的个人概念，最后可能会合并为同一件事。

——马斯洛

在上个世纪年代早期，马斯洛因为在创作力方面的研究成果，开始获得世人的认同以及赏识。在他的《动机和个性》一书中，马斯洛指出了心理学对创造力的运作过程连表面的解释都远不及。今天，创作力以及创新力，已是企业最重要的竞争优势。我们找到了其中一位在创作力议题有相当研究并为人所景仰的学者，请他谈谈他对马斯洛学说的看法。

麦可·瑞依是美国斯坦福大学商学研究所的教授，也是一家管理顾问公司合作关系的创办人。瑞依是一位社会心理学家，在广告以及行销管理领域有丰富的经验，他同时也是全球企业学院的成员。

过去二十年来，瑞依在斯坦福大学商业研究所的课程，一直广受学生的热烈欢迎。课程名称为"企业内的个人创作力"。他曾经指导过数千名的学生，通过长期的实际演练，使他们在职场中完全发挥自己的创造力。而这个课程也邀请许多著名的客座教授演讲，他们都是美国顶尖企业的领导人，包括史伟伯（史伟伯投资公司）、耐特（耐吉公司）、麦肯纳（麦肯纳公司）、史托德，还有其他优秀的领导者。

在几年以前，麦可·瑞依决定运用长期累积的教学内容和方法，自行创办一家企业。他和几位合伙人创立了透视合作关系顾问公司，协助企业和员工重新攫取人们与生俱来的创造力。瑞依和合伙人同声表示,当创作力的泉源干涸,个人的工作表现就会大打折扣,公司将无法正常地运作。如果能达到发挥创作力潜能的目的(它潜藏在每个人的心里),企业的营运就可以获得大幅的改善。

我们在他们位于加州曼罗公园的总公司,访谈了麦可以及他的合伙人杰克,谈谈有关马斯洛的学说,以及麦可自己在创作力这方面的研究。

问:瑞依博士,你在商学院的课程一直都受到热烈的欢迎,这二十年的时间应该可以说是创造了空前的历史记录!为什么学生会对你的课产生这么大的兴趣及回响?

麦可:这个课程所谈的内容,也就是马斯洛在他日记里所写的。我们称它为创作力,这是生活里最重要的东西,来这里上课的学生也都理解这一点。我们邀请了二百多位演讲者,上台说出自己在创作力方面的故事和亲身体验。大约有十五到二十位的演讲者之前也曾经上过这堂课,现在他们在商场上都有非凡的成就。他们回到学校向学生演讲,介绍自己的经验。其中有一位演讲者还特别说,这不是一堂和商业有关的课程,也和创作力无关,他说,这是和你自己生活有关的课程。我们尝试帮助学生以及企业管理者,回答两个非常重要的问题:我是谁,以及我一生的工作是什么。我们本着马斯洛的精神,帮助人们找到自己的"高峰体验",也就是发现真正适合他们的工作。这份工作让你完全沉浸其中。即使大地震来袭,天花板掉下来也不自知。

问:不过,马斯洛曾经说过,创作力并非由外形成或置入的,人们唯一能做的,就是去释放自己内心深处的创作力潜能,你同意他的说法吗?

麦可:绝对同意。我们的创作力以及创新能力,都是与生俱来的,它潜藏在每个人的心里底层。当我们观察小孩时,就会看出自己在成长过程中所失去的东西。小孩是天真无邪、完全诚实的,他们想象力丰富,非常的有创造力。如果我们能将所有的因为社会压力而失去的创作力重拾回来的话,就可以对社会做出很大的贡献。

几年前,在哈佛大学有一项研究课程,测试幼童以及年幼的小孩的智商、空间性、视觉性、社会性以及情感智商的发展。最后研究者发现,大部分的小孩到四岁的时候,就已经到达天才的标准了。而在四岁以后，经过各式各样的发展过程以及外在环境的影响，在这方面的分数反而变得愈来愈低。

我之所以会谈到这个案例，主要是想说明小孩在四岁以后，就逐渐会受到父母亲以及社会的影响，努力表现出别人喜欢的样子，在不知不觉中就掩盖了原本拥有的创造力。我们总是不断接收来自父母亲或外界的讯息，告诫我们不可以做这个，不可以做那个。即使是大家公认最好最开明的父母亲，也都会传达出这样的讯息。最后，当我们到达三十五岁或四十岁时，原来的创作力已完全丧失殆尽。其实，很多时候你所听到的，并非你内心真正的声音，但是它却告诉你该怎么做，因此对你的创造力造成直接的杀伤力。我们必须想办法改变这种情况，试着观察这个阻止你做某些事的声音一天出现几次。我们希望能帮助人们扩展自己的生活，去发掘隐藏在强调组织以及秩序之外的世界。

杰克：在我们目前的社会中到处充满着压力、快速的工作步调、人与人的不信任。过着创造力的生活确实是一大挑战。马斯洛说，创作力源自于模糊、不确定、一闪即过、不可预测。他认为正是这些特质使得创造力具流动性，这些特质正是我们必须面对的，他的真正意思是什么？

麦可：马斯洛说的是一种真正的自我信任。相信自己拥有创作力就是一种自我信任。虽然看不见，但确实存在。它是质化的。在我们目前的科学领域中，我们只相信肉眼能看得见、可测量的东西。不过，我们现在所讲的东西，却是看不见也无法测量的。创造力不只是提出想法、解决问题、或是制造另一个创新的产品。发挥创造力的过程包括了乐趣、智慧、信念、同情心以及直观。你必须相信自己拥有源源不绝的创作能力。

杰克：我们必须帮助每个人轻松面对模糊与无组织的环境，这些特性正是激励我们拥有高成效表现并维持生活的原动力。我们一直在探讨组织内的组织急流。事实上，我们每个人都身在急流中，我们还一直活在完全掌控的假象里，事实上我们掌控不了任何事。

麦可：这是对秩序以及预测需求最直接的攻击。我们必须脱离秩序以及组织的桎梏，以释放出隐藏在内心的创造潜能。

问：你如何协助学生以及企业领导人，重新获得他们的创作能力以及创新能力？

麦可：这里没有所谓的七大步骤或九大步骤等速成方法。我们首先引进一个概念：放任生活。我们要求所有的主管人员给自己一星期的时间，不要有任何的期望、抛弃任何的控制机制、不设定任何计划。我们也建议他们自然地说出："我不知道。"这种作法可以协助他们学习信任自己的创造天赋。创造力是个人特有的天赋，所以我们必须利用多种不同的方法激发创造力，包括沉思、武术、绘画、音乐、歌唱和写作。我们努力让他们与自身具创造力的部分重新产生连结。我们所教导的"不予评断"的概念，对企业主管产生了极大的影响。当他们察觉过去一直存在的判断声音时，感到相当沮丧。当我们消除内在评断的声音后，不论是个人或团队就有无限的成就可能。不评断让你更能接收创新的想法。你应该从平常不会想到的地方开始收集资讯。

问：你可以给我们一些例子，证明人们采取这些步骤时产生什么变化吗？

麦可：曾经有一个大型的消费产品企业，选出一百八十位员工来这里上课。该公司一位副总裁跟我们说，其中有一个员工非常文静，工作上也没有什么突出的表现，自尊感到非常低落。上完这个课程以后，这位员工决定要加入该公司的某个部分，他负责开发一项特殊的产品，最后这项产品的开发获得空前的成就，并且在同类市场中独占鳌头。这是一项不容否认的事实。我们能帮助他释放出内心的创造潜能。

另外有一位管理者正等待有关当局核准一项特殊商品的生产。但是政府单位却回复说，这项申请将比一般的正常程序还需要延迟两年才会被核准。他说，如果在以前他可能会无奈地接受政府的决定。不过，这一次他决定运用在这里学到的东西，尝试释放自己的创作能力，结果政府在半年就核准了该产品的制造。

另外，有一个企业领导者遭遇到一件标签问题，他和工作伙伴也在这里学到必须相信自己的创作能力。后来，不但解决了标签问题，还在此项解决过程中申请了专利。还有，一群从事研究及开发的团体，在开始工作以前，总是要花一个小时的时间去做事前准备，后来他们运用学来的创作力技巧，结果把准备的时间从原来的一小时缩短为一分钟，每一年帮公司节省将近三十万美元的费用。

杰克：这种创作力的过程，也改变人与人之间的互动关系。他们会自然地形成自主性的团体，有如一个小型社区。团体欢迎不同的想法，每个人都可以进行有力地争辩，彼此相互信任。借着重拾内在创作力的过程，我们找到全新的合作模式，使团体有着前所未有的惊人表现。

麦可：我们在工作中，看到了马斯洛所主张的一项理论。当人们展现创作力时，可以敏锐地觉察出任何的可能性。但是当创作力的泉源消失时，就会回到控制机制的运作模式，无法看出多种的可能性。

杰克：阅读马斯洛的著作，对我来讲是一件很有趣的事，他告诉我们如何生活。我们所使用的方法，均是在协助人们专注于现在。为何我们总是在虚度光阴，完全不在意周遭正在发生的事情？我们必须教导人们学习如何专注于当时。

麦可：马斯洛同时也提到恐惧的感觉。我们针对这个话题设计了很多课题。我们提出了一个"客观智慧的声音"的概念。我们通过这个声音观察世界，理解世界。我们探讨人们心里深层的恐惧，希望每个人都有机会以匿名的方式与其他主管讨论自己的恐惧。之后发生的事令人觉得不可思议。人们开始看出个人恐惧的相似性，他们的恐惧让彼此更为亲近。当主管了解自己的恐惧是如此的深时，就会开始怀疑组织内的恐惧会有多深，这份恐惧会如何阻碍我们的创造力。

另一项假设是，任何一种强烈的情绪（恐惧、气愤、伤害和悲伤）都有其共同的源头。这个源头也是喜悦、快乐等情绪的来源。如同马斯洛所说，我们相信任何的性格弱点都有美好的一面。当我们揭露其中的源头之后，就能找出那美好的一面。在创造的过程中，最具突破性的时刻就是活在当下。当你看到一件很美丽的事物，而且深深为其吸引时，仿佛全世界都停止运转，而你内心的某样东西受到触动，像是一道微弱的闪光，让你认清自己和本有的创造力。

杰克：我们非常鼓励人们养成写日记的习惯，把在这里学到的、发生的一切都记录下来。这是练习集中注意力的一种方式，非常重要，尤其对于像我这种A型人格的主管来说，因为我们不习惯思考，高科技产业的情形更为严重。我们必须随着市场的变动快速前进。你有一群优秀的人才，能快速地适应市场的变化，但是却没有时间静下心来思考。他们从未停下来，仔细思考自己在做什么。他们知道游戏的内容、游戏的规则，也参与其中。但他们却不愿花时间思考："有另一种不同的玩法吗？"或是："我还想继续玩吗？"

麦可：我们必须下定决心协助人们开始有创造力的生活，一切从个人做起。因为个人更能够贡献特殊的才能，促使企业制造创新的产品，减少生产时间，做出更有效率的计划，进一步改善决策过程。

机械式以及独裁管理存在许多的问题，传统认为员工是可替换的、对于计划未来和相同性有强迫性需求，这些想法也引发许多问题。因此在民主式管理的领域中，有必要对创造力的心理动力有更深入的研究。

在此有必要强调接受不精准的能力。有创造力的人很有弹性，他可以随着环境的改变而改变，他可以放弃计划，持续而有弹性地顺应变动的环境，了解不同问题的不同需求。

就理论的观点来看，他可以面对变动的未来；也就是说，他不需要一个固定或不可改变的未来。他不会受到突发事件所威胁（与强迫性格和个性严肃的人形成对比）。对于有创造力、有应变能力的人，计划不再是一个有启示性的辅助工具，即使完全把它搁在一边，也不会因此而感到后悔或不安。当计划有所变化时，他也不会感到恼怒。相反，他反而对这种改变的情况产生更大的兴趣，付出更多的心力。自我实现的人为神秘、新奇、浮动等状态所吸引，并能处之泰然；事实上正是这些状态，使生活变得多姿多彩。这些自我实现的人，有着丰富的创造力、有灵活的应变能力，他们对于一致、计划、固定等状态，反而会感到厌倦。

当然，我们也可以从另外一个角度来看，个性成熟或坚强的人，能全心专注于当下，让自己完全沉浸于现在的情境中，仔细地聆听与观察。我们也可以这么说，他们抛却过去与未来，不使自己远离当下的情境。当他们遇到问题时，不会从过去的解决方法中，找出适合当下情况的解决方法。他也不会利用这次的问题情境，为未来做准备、排练即将要说的话、规划可能的攻击或反攻击行动。相反，他完全着眼于当下，有足够的勇气与自信，当新问题来临时亦能平静地面对，相信自己有能力应付。这就是健康的自尊与自信，免于不安与恐惧的情绪。换句话说，他们对世界、现实或环境的评价，使他们信任这世界，不认为它是危险而强势的。他知道自己有能力应付，他并不会感到害怕。他看起来一点也不恐怖，拥有自尊，代表个人视自己为初始的行动者，对自己的命运负有责任，是自我命运的决定者。

十七、自我及其超越

　　在这一章里，我计划讨论的思想还处于雏形之中，还不能作为一种定论。我发现，对于我的学生，对于其他和我持同样看法的人，自我实现的观念几乎已变成类似罗夏墨迹那样的东西了。它常常能使我对利用它的人比对现实有更多的了解。现在我想做的是探索自我实现的某些性质，不作为一种广泛的抽象概念，而是就自我实现过程的操作意义来看。自我实现就某时某刻的情况看意味着什么？例如，它在星期二下午四时意味着什么？

　　自我实现研究的发端。我对自我实现的调查不是作为研究工作设计的，也不是作为研究工作开始的。这些调查起初只是一个青年知识分子的努力，他试图理解他所敬爱和崇拜的两位老师，他认为他们是非常优秀的人物。这是一种高智商的活动。我不能满足于他简单的崇拜，而是力求理解这两个人物为什么如此的与众不同。他们是本尼迪克特和韦特海默。在我取得哲学博士学位从西方来到纽约市以后，他们是我的老师，是最卓越的人。我的心理学训练完全不足以理解他们。似乎他们不仅仅是人，而且是某种超越人的存在。我自己的调查研究是作为一种前科学或非科学的活动开始的。我做了有关韦特海默的描述和杂记，也做了有关本尼迪克特的杂记。当我试着理解他们，思考有关他们的事，并在我的日记和记事中写下我的看法时，我忽然在一个奇妙的时刻认识到，从他们这两个典型能够归纳出某些共同的特征。我是在谈论一种类型的人，而不是两个不可比较的个体。这件事使我极为兴奋。我试着观察这一典型能否在他处发现，后来我确实又在他处，在他人身上一一发现了。

　　就实验室研究——严格的、有控制研究的常规标准来看，这简直不能算是什么研究。我的归纳是从我对一定类型的人的选择中做出的。很明显，需要有其他的裁判。尽管如此，一个人已选出也许是二三十位他非常喜爱或崇拜、认为是十分卓越的人物，试着描绘他们，并发现，他已能做出一种综合性说明——对于他们每一位都适合的典型说明。他们仅仅是来自西方文化的人，选出的人带有各种嵌入的倾向性。虽然这样的归纳并不可靠，它仍然是唯一适用的关于自我实现者的界说，如我在最初讨论这一主题的期刊文章中说明过的。

我发表了我的研究结果以后，又出现了八条或十条印证路线支持我的发现，不是复制印证，而是从不同角度做出的研究。罗杰斯和他的学生的研究成果加起来成为对全部综合性的确证。布根塔提供了心理治疗方面的印证。某些使用LSD（一种麻醉药）的研究，某些对治疗效果（即有效治疗）的研究，某些测验结果——的确，我所知道的每一事实都构成印证的支持，虽然还不是复杂的支持。我个人对于这项研究的主要结论非常自信。我不能设想有任何研究能在这一典型中做出主要的改变，虽然我相信会有小的改变，我自己也做过某些小的改变，但我的自信不是一个科学的论据。假如你对我从猴子或狗的研究中得出的论据提出疑问，你就是在怀疑我的资格或把我看成说谎者，我也就有权利反对你这样做。假如你怀疑我关于自我实现者的研究发现，你可能是有理由的，因为你对于研究这个问题的人并没有很深的了解，是他选出了一些人据以得出全部结论的。这些结论是处于前科学的范围中的，但结论陈述是以一种能够经受检验的形式提出的。在这样的意义上，这些结论是科学的。

我选择研究的对象是一些比较年长的人，他们已经度过了他们生命的一大段历程，并可以看得出是成功的。我们还不知道这些发现是否也适用于青年人。我们不知道自我实现在其他文化中的意义如何，虽然在中国和印度自我实现研究现在也在进行中。我们不知道这些新的研究将有什么发现，但有一件事情我确信无疑：如果你选择作为研究对象的是非常优秀而健康的人、坚强的人、有创造力的人、高尚的人、明智的人——实际上正是我选出的那种类型的人——那么你就会得出对人类的一种不同的看法。你是在问，人能长得多么高大？人能变成什么样子？

还有一些别的事情我也确信无疑——那可以说是"我的嗅觉告诉我的"。但对于这些问题，我甚至比对以上讨论的问题更少反对的论据。自我实现很难界说。更困难的是回答这样的问题：什么是超越自我实现？或者，假如你愿意，超越真实是什么？在所有这一类问题中，仅仅有诚实的态度是不够的。关于自我实现者我们还能有别的什么说法没有？

存在价值。自我实现者无一例外都是献身于一项身外的事业，某种他们自身以外的东西。他们专心致志地从事某项工作，某项他们非常珍视的事业——按旧的说法或宗教的说法即天命或天职。他们从事于命运以某种方式安排他们去做的事，他们做这件事也喜爱这件事，因此，工作与欢乐的分歧在他们身上已消失不见了。一个人献身于法律，另一个人献身于正义，又一个人献身于美或真理。所有这些人都以某种方式献身于寻求我称之为"存在"价值的东西，那种固定的终极的价值，不能再还原到任何更终极的东西。这些价值大约有十四种，包括古人的真、善、美，还有圆满、单纯、全面，等等。它们是存在本身的价值。

超越性需要和超越性病症。这些价值的存在给自我实现的结论增添了一整套的复杂性。这些价值像需要一样起作用。我称之为超越性需要。这一类需要的剥夺会酿成某些类型的病症，它们还没有得到适当的说明而我称之为超越性病症——即灵魂病。例如，总是生活在说谎者中间而不信赖任何人所形成的病态。正如我们需要咨询专家帮助人解决因为某些需要未能满足而产生的简单问题一样，我们也需要超咨询家帮助治疗因为某些超越性需要未能满足而使灵魂产生的病。就某种可以说明和实证的方式说，人需要在美中而不是在丑中生活，正如他肚子饿了需要食物或疲乏了需要休息一样。的确，我还要进一步说，这些价值就是绝大多数人的生活意义，但许多人甚至不能认识到他们有这些超越性需要。咨询家的部分任务可能就在于使他们意识到他们自身的这些需要，正如传统的心理分析家使患者意识到他们那些类似本能的基本需要一样。最终，某些专家或许会认为自己是哲学的或宗教的咨询家。

我们有些人试着帮助来咨询的人向自我实现的方向运动和成长。这些人往往都有许多价值问题。许多是年轻人，他们本质上是非常好的人，尽管实际上他们往往像是调皮鬼。我认为（纵然有时有各种行为证据），他们就第一流的意义说也是理想的。我认为，他们是在寻求价值，他们很想有什么东西作为献身的目标，作为热诚的追求，作为崇拜、景慕和热爱的对象。这些年轻人时刻都在进行选择，是前进还是后退，是离开还是趋向自我实现。咨询家或超咨询家能告诉他们如何才能更充分地成为他们自己吗？

当一个人趋向自我实现时，他在做些什么呢？他在咬牙切齿地压榨他人吗？就实际的行为、步骤看，自我实现意味着什么呢？下面我谈谈一个人趋向自我实现的八条途径。

第一，自我实现意味着充分地、活跃地、无我地体验生活，全神贯注，忘怀一切。它意味着不带有青春期自我实现的那种体验。在这一体验的时刻，个人完完全全成为一个人。这就是自我实现的时刻。这就是自我在实现自身时的一霎那。作为个人，我们都偶尔体验过这样的时刻。作为咨询家，我们能帮助求诊者较经常地得到这样的体验。我们能鼓励他们全身心地专注于某一件事而忘记他们的伪装，拘谨和畏缩——彻底献身于这件事。从局外我们能看出这是一种非常美妙的时刻。在那些正在试图变成非常固执、世故和老练的青年人身上，我们能看到某些童年天真的恢复；当他们完全献身于某一时刻并充分体验着这一时刻时，他们的脸上能再现出纯洁无邪而又甜蜜的表情。代表这种体验的关键词是"无我"，而我们的青年人的毛病正出在太少无我而太多自我意愿和自我觉知。

第二，让我们把生活设想为一系列选择过程，一次接着一次的选择。每次选择都有前进与倒退之分。可能有趋向防卫、趋向安全、趋向畏缩的运动；但在另一面，也有成长的选择。做出成长的选择而不是畏缩的选择就是趋向自我实现的运动，一天做出多少次这样的选择也就有多少次趋向自我实现的运动。自我实现是一个连续进行的过程。它意味着每一次都要在说谎或诚实之间、在偷窃或不偷窃之间进行选择，意味着使每一次选择都成为成长选择。这就是趋向自我实现的运动。

第三，谈论自我实现的意思是说有一个自我要被实现出来，人不是一块白板，也不是一堆泥或代用黏土。人是某种已经存在的东西，至少是一种软骨的结构。人至少是他的素质，他的生物化学平衡，等等。这里有一个自我，我过去曾说过"要倾听内在冲动的呼唤"，意思就是要让自我显现出来。我们大多数人大多数时候（这特别适用于儿童和青年）不是倾听我们自己的呼声，而是倾听妈妈的、爸爸的教训，或教会的、长老的、权威的或传统的声音。

作为迈向自我实现的简单的第一步，我有时建议我的学生，有人递给他们一杯酒并问他们味道如何时,他们应该试着以一种不同的方式作答。首先,我建议他们不要看酒瓶上的商标,不要想从商标上得到任何暗示再考虑应该说好或不好。然后,我要他们闭上眼睛,"定一定神"。这时,他们就可以面向自身内部,避开外界的嘈杂干扰,用自己的舌头品一品酒味,并诉诸自己身内的"最高法庭"。这时,只有这时,他们才可以开始说"我喜欢它"或"我不喜欢它"。这和我们惯常得出的结论是不同的。最近在一次宴会上,我偶尔看到一瓶酒上的商标,并向女主人说她确实选到了一瓶非常好的苏格兰酒。接着我赶紧闭上了口。我说了些什么啊?我并不知道苏格兰酒如何,我所知道的都是广告上说的,我根本不知道这瓶酒是好还是不好,可往往我们都会做出这种愚蠢的事。拒绝做这种蠢事,是实现一个人的自我的连续过程的一部分。

第四,当有怀疑时,要诚实地说出来而不要隐瞒。"有怀疑"这一短语在各种场合都能碰到,因此,我们在此没有必要过多讨论有关交际手腕的问题。往往,当我们有怀疑时,我们是不诚实的。来咨询的人往往是不诚实的。他们在作戏,装模作样。他们并不是很容易就听从"要诚实"的劝告。在许多问题上反躬自问都意味着承担责任。这本身就是迈向自我实现的一大步。这种责任问题很少有人研究过。在我们的教科书中没有这一问题的地位,谁能研究白鼠的责任呢?可是,在心理治疗中,这几乎是可以触摸到的一部分。在心理治疗中,你能看到它,感觉到它,能知道责任的分量。于是,对于责任是怎么一回事便有了清楚的理解,这是重要的步骤之一。每次承担责任就是一次自我的实现。

第五,我们迄今所说的都是不带自我意识的体验,是做出成长选择而不是畏惧选择,是倾听冲动的声音,是成为诚实的和承担责任的。所有这些都是迈向自我实现的步骤,都确保着美好生活的选择。当每次选择时刻到来时能一一做到这些小事的人,将会发现这些经验合起来就能达到更好的选择,在素质上对他是正确的选择。他开始懂得他的命运是什么,谁将是他的妻子或她的丈夫,他一生的使命是什么。除非一个人敢于倾听他自己,他自己的自我,时时刻刻都能如此,并镇静自若地说,"不,我不喜欢如此这般",他就不能为一生做出聪明的抉择。

艺术世界在我看来已被一小群舆论操纵者和风尚制造者所把持,

对于这些人我是有疑虑的。这是我个人的判断，但它对于这样的一些人似乎是十分公平的，因为他们自认为有资格说，"你们喜欢我所喜欢的，不然你们就是傻瓜。"我们应该告诉人要倾听自己的志趣爱好。多数人不是这样的。当站在画廊里看一幅费解的彩画时，你很少会听见有人说，"这幅画很费解。"不久前在布兰代斯大学举行过一次舞会——一次怪诞的舞会，放电子音乐、录音带，人们做一些"超现实的"和"颓废派"的事情。灯亮了，人人目瞪口呆，不知说什么好。在这种场合，大多数人会说几句俏皮话而不说"我要想想这种事"。说老实话，这意味着敢于与众不同，宁愿不受欢迎，成为不随和的人。假如不能告诉来咨询的不论年长或年轻的人，要准备不受人欢迎，这样的咨询家最好马上关门。要有勇气而不要怕这怕那，这是同一件事的另一种说法。

第六，自我实现不只是一种结局状态，而且是在任何时刻、在任何程度上实现个人潜能的过程。例如，倘若你是一个聪明的人，自我实现就是通过学习变得更聪明。自我实现就是运用你的聪明才智。这并不是说要做一些遥远而不可企及的事，而是说要实现一个人的可能性往往需要经历勤奋的、付出精力的准备阶段。自我实现可以是钢琴键盘上的手指锻炼。自我实现可以是努力做好你想要做的事。只想成为一个二流的医生，那还不是一条通向自我实现的正确途径。你应该要求自己成为第一流的，或要求你尽你自己的所能。

第七，高峰体验是自我实现的短暂时刻。这是一些心醉神迷的时刻。你只能像刘易斯所说的那样，"喜出望外"。但你能设置条件，使高峰体验更有可能出现，或者逆设条件以致会弄得它较少可能出现。破除一个错觉，摆脱一个虚假的想法，知道自己不善于做什么，知道自己的潜能不是什么——这些也是构成你实际上是什么的发现的一部分。

几乎每一个人都确实有过高峰体验，但并不是人人都能够认识到这一点。有些人把这些小的神秘体验丢弃了。帮助人在这些微小入迷时刻到来时认识它们，是咨询家或超咨询家的任务之一。然而，一个人的心灵怎么可能在外部没有任何东西可以指证——那里没有黑板——的情况下，看到另一个人的隐秘心灵，然后还要试着进行交流呢？我们不得不找出一种新的交流方式。我曾经试验过一种，在《宗教、价值和高峰体验》那本书的另一附录中以"狂喜的交流"为题做过说明。我认为这种类型的交流对于教育、咨询,对于帮助成年人竭尽所能地充分发展,也许要比我们看到教师利用黑板书写所进行的那种惯常的交流更为适合。假如我喜爱贝多芬并在倾听他的一曲四重奏中受到感动,而你却什么也听不出来,我如何能使你去倾听呢?乐声是存在的,这很明显,但我听到非常美的旋律,而你却无动于衷。你听到的仅仅是声音而已。我怎么能使你听出美来呢?这是教育中更重要的问题,比教你学 ABC 或在黑板上证明数学题或指点一只蛙的解剖更重要。后面提到的这一类事情对于两个人都是外部的;你有教鞭,两个人能同时看一个目的物。这种类型的教学比较容易;另一种教育要困难得多,但那是咨询家工作的一部分。这就是起咨询。

第八,弄清一个人的底细,他是哪种人,他喜欢什么,不喜欢什么,什么对于他是好的,什么是不好的,他正走向何处,以及他的使命是什么——向一个人自身展示他自己——这意味着心理病理的揭露。这意味着对防卫心理的识别,和识别后找到勇气放弃这种防卫。这样做是痛苦的,因为防卫是针对某些不愉快的事竖立的。但放弃防卫是值得的。如果说心理分析文献没有教给我们任何别的东西,至少已使我们懂得压抑并非解决问题的上策。

去圣化。让我说一说心理学科书中没有提到过的一种防卫机制,虽然这对于今天的某些青年人说是一种非常重要的防卫机制。这就是"去圣化"的防卫机制。这些青年人怀疑价值观念和美德的可能性。他们觉得自己在生活中是受骗了或受挫了。他们大多数人的父母就很糊涂,他们并不怎么尊敬他们的父母。这些父母自己的价值观念就是混乱的,他们看到自己孩子的行为仅仅限于吃惊而已,从来不惩罚或阻止他们做坏事。于是,你便看到一种情况,这些年轻人简直是鄙视他们的长辈——往往确有充分的理由。这样的年轻人已经由此得出一个泛化的结论:他们不愿意听从任何大人的劝告,假如这位长辈说的话和他们从伪善者的口中听到的一样就更不愿听从。他们曾听到他们的父辈谈论要诚实或勇敢或大胆,而他们又看到他们父辈的行为恰恰相反。

这些年轻人已经学会把人还原为具体的物,不看人可能成为什么,或不从人的象征价值看人,或不从恒久的意义看他或她。例如,我们的青少年已经使性"去圣化"。性无所谓;它是一件自然的事情。他们已把它弄得那么自然,使它已经在很多场合失去了它的诗意，这意味着它实际上已经失去了一切。自我实现意味着放弃这一防卫机制并学会"再圣化"。它的意思是，愿意再次从"永恒的方面"看一个人，像斯宾诺莎所说的那样，或在中世纪基督教的统一理解中看一个人，那就是说，能看到神圣的、永恒的、象征的意义。那就是以尊敬的态度看女性和以尊敬所包含的一切意义看待她，即使是看某一个别的妇女也一样。另一个例子：一个人到医科学校去解剖脑。如果这位医科学生没有敬畏之心而是缺乏统一理解，把脑仅仅看成一个具体的东西，那么肯定会有某些损失。对再圣化开放，一个人就会把脑也看作一个神圣的东西，看到它的象征价值，把它看作一种修辞的用法，从它的诗意一面看它。

再圣化往往意味着一大套过时的谈论——"非常古板"，年轻的孩子们会这样说。然而，对于咨询家，特别是对老年人提供劝告的咨询家，由于人到老年这些关于宗教和生活意义的哲学问题开始出现，这就成为帮助人趋向自我实现的最重要途径。年轻人可能说这是古板，逻辑实论证者可能说这是无意义的，但对于在这样的过程中来寻求我们帮助的人，这显然是非常有意义而且非常重要的，我们最好是回应他，不然我们就不是在尽我们的责任。

综上所述，我们看到，自我实现不是某一伟大时刻的问题。并不是说，在星期四下午四时，当号角吹响的时刻，你就永远地、完完全全地步入万神殿了。自我实现是一个程序问题，是由许多次微小进展一点一点积累起来的。极常见的是，来咨询者倾向于等待某种灵感来临，使他们能够说："在本星期四3时23分我成为自我实现的了！"能选为自我实现榜样的人，能符合自我实现标准的人，不过是从这些小路上走过来的：他们倾听自己的声音，他们承担责任，他们是忠诚的，而且他们工作勤奋。他们深知他们是何许人，他们是什么，这不仅是依据他们一生的使命说的，而且也是依据他们日常的经验说的。例如，当他们穿一双如此这般的鞋子时，他们的脚就会受伤，以及他们是否喜欢吃茄子，或喝了太多的啤酒是否整夜不露面，等等。所有这一切都是真正的自我所含的意思。他们发现了他们自己的生物学本性，他们的先天的本性，那是不可逆转的或很难改变的。

以上说的是人在趋向自我实现时的所作所为。那么，咨询家是何许人呢？他如何能帮助来求助的人朝着成长的方向运动呢？

探求一个合适的模型。我曾用过"疗法"、"心理疗法"和"患者"等词。实际上，我厌恶这些词，我厌恶这些词所表达的医学模式，因为医学模型的意思是说，来找咨询家的人是一个有病的人，受不适和疾患的烦扰，是来寻求治疗的。实际上，我们是希望咨询家是一位帮助促进人的自我实现的人，而不是一位帮助治好一种疾患的人。

帮助的模型也必须放弃。它也不那么合适。它使我们把咨询家设想为那样的人或专家，他懂得一切并从他高高在上的特权地位走到下界可怜的蠢人群中，这些蠢人什么也不懂而不得不以某种方式接受帮助。咨询家也不可能是一位教师，一位通常意义上的教师，因为教师的训练和擅长是"外在的学习"。而进入一个人可能达到的最佳境界的成长过程却是"内在的学习"。

存在主义治疗家曾力求解决这一模型问题，我愿推荐布根塔的著作——《对真实的探求》，作为对这一问题的一种讨论。布根塔建议我们把咨询或治疗称为"ontogogy"，意思是试着帮助人成长到竭尽他们所能达到的高度。或许这比我曾建议的词更好些，我建议的词来自一位德国作者，它是"psychogogy"，意思是心灵教育。不论我们用哪一个词，我认为我们最终必然达到的概念都将是阿德勒很久很久以前就提出过的一个概念，即他所说的"哥哥"。哥哥是亲爱的承担责任的人，正如一位哥哥对他年轻幼小的弟弟所做的那样。自然，哥哥懂得的多些，他多活了几岁，但他没有什么质的不同，也不是属于另一种推理的范畴。聪明而亲爱的哥哥试着促使弟弟进步，并试着使弟弟胜过自己，在弟弟自己的生活方式中得到更好的发展。看这和"教导无知者"的那种模型多么不同！

咨询关心的不是训练，也不是塑造或普通意义上的教导，不是告诉人应该做什么和如何做。它不从事宣传，它是一种"道的"启示和启示后的帮助。"道"意味着不干预，"任其自然"。道学不是一种放任哲学或疏忽哲学，不是拒绝给予帮助或关怀的哲学。作为这一过程的一种模型，我们可以设想这样一位医师，如果他是一位不错的医师并且也是一个不错的人，他绝不会梦想把自己的想法强加于患者或以任何方式进行宣传，或试图使一位患者模仿医师自己。

好的临床医师所做的是帮助求助者弄清并破除那些针对他自己的自我认识的防卫机制，恢复他自己，理解他自己。理想的情况是，医师的那一相当抽象的参照系统，他曾读过的教科书，他曾上过的学校，他对世界的信念——这些都绝不要让患者觉察到。尊重这个"小弟弟"的内在本性、本质和精华所在，他会认识到，让他达到美好生活的最佳途径就是更充分地成为他自己。我们称为"有病"的人是那些尚未成为他们自己的人，是针对人性树立起各式各样神经质的防卫机制的人。正如对于玫瑰丛来说不论园丁是意大利人还是法国人或瑞典人都一样，对于那个小弟弟来说，帮助他的人是如何学会帮助人的也无关紧要。帮助他的人必须给予的是某些和他的身份无关的服务，不论他是瑞典人，还是天主教徒，或伊斯兰教徒，或弗洛伊德的信徒，不论何许人都一样。

　　这些基本概念包容着、蕴含着，而且完全符合弗洛伊德的和其他心理动力论体系的基本概念，是弗洛伊德的一项原理说明，自我的无意识方面受到压抑，而真实自我的发现就在于揭露这些无意识的方面。隐含的意思，是相信真理能治病。学会破除自身的压抑，理解自己，倾听冲动的声音，揭示胜利的本性，达到真知、灼见和真理——这些就是所需要的一切。

　　劳伦斯·库比不久前在"教育中被遗忘的人"这篇文章里提出一个观点，认为教育的一个根本目标就是帮助人成为一个人，尽他的可能成为一个完全符合人性的人。

　　特别是对于成年人，我们并不是无能为力。我们已经有了一个开始；我们已经有了一些能力和才能，有了方向、使命和职业。现在的任务，假如我们认真看待这一模型，就在于帮助他们使他们已经具有的更完善，使他们处在潜势的东西成为在事实上更充分的、更真实的、更现实的。

十八、自我实现与创造力

　　只要我开始研究真正健康、已高度发展、人格成熟、能自我实现的人，我就必须先改变自己对创造力的各种看法。首先，我必须放弃把健康、才能、天才、丰饶都当作同义词的陈腐观念。在我研究的对象中，有一大部分根据一般看法，都不是属于多产的人。他们并没有伟大的天才或奇异的才能，他们不是诗人，不是作曲家，也不是发明家、艺术家、或创造性的知识分子。但是，就我下面所要描述的某一特殊方面而言，他们却健康，且颇具创造力。很明显的是，某些天赋奇才的人，反而在心理上是个不健康的人，比如华格纳、梵谷、拜伦。当然，有的人如此，有的人却不同。我很快就不得不下定这样的一个结论：伟大的才能其实并不一定关乎人格的好坏或健康。显而易见，像伟大的音乐才能或数学才能，多半是天生，而不是后天习得的。显然，健康与才能乃是不同的两个变数。两者之间也许有一点关系，也许一点关系也没有。我们大可一开头就承认，心理学对天才型的奇才异能，所知并不多。我自己也不愿多谈。我宁可把自己的研究集中于一种更广泛的创造力，这是普天下每一个人与生俱来，且与心理健康成正比的创造力。

　　此外，我很快又发现，我跟大多数人一样，常以成果来思考创造的问题。其次，我还下意识地把创造限定于人类努力以赴的某些特定范围内，而且下意识地认为，任何一个画家、诗人、作曲家都能过一种深具创意的生活。只有理论家、艺术家、科学家、发明家、作家，才能创造，别人都不行。潜意识里，我已认定创造乃是某些行业的特权。

　　但是，这种成见却被我所研究的形形色色的人打破了。例如，有一位贫穷的妇女，不曾受过什么教育，整天操劳家务，是个忙碌的母亲。她每天繁忙的，并不是一般所认为的创造性的事业，但是她却是一位出色的厨师，是贤妻，是良母，是优秀的管家。只花上一点点金钱，她就能经常保持家中的美丽与温馨。她也是个周到的女主人，她的菜肴不逊于筵席。而她对麻料、银器、玻璃器皿、陶瓷、家具的鉴赏力更是无懈可击。在这些范围内，她真是独具慧眼、心思灵巧。她常有新颖、别具一格、出人意料的创意。我不得不称赞她的创造力。通过她和像她一样的许多人，我终于明白，一盆上好的汤，比起一幅次等的画，更具有创造性。广而言之，烹饪、亲子关系、操作家事，都可能别具创意，而一首诗却不一定有创意，它也可能毫无创造性可言。

我所研究的另外一位妇女，则献身于所谓广义的社会工作，替受创的人裹伤，帮助受迫害的人。她不仅凭个人的力量去帮助别人，还参加团体组织，以便帮助更多仅凭己力无法帮助的人。

还有一位是心理医生，他纯粹只是个临床医师，不曾写过什么文章，也不曾创发任何理论，或做任何研究调查。但是，他却衷心喜爱他每天的工作，去帮助别人创造自己。他把每一名病人都看成是世上独一无二的个体，不使用任何术语，没有任何成见或假设，却天真、纯朴，且充满道家的伟大智慧。由于每一名病人都是独特的个体，因此每名病人都是全新的难题，等着他以独特的方法去了解、去解决。他在每一件个案（包括棘手的）上的成就，证实了他是以"创造性的"（而不是以陈腐的、或正统的）方式来处理一切。我也从另一个人身上获悉，建立一个商业机构也可以是一种创造性的活动。还有一位年轻的体育选手，使我知道，完美的橄榄球技也是一种美的创造。球技所展现的成果，就像一首诗，同样也可以用创造的精神来处理。

过去，我直觉地认为，一个拉得相当不错的大提琴手，就是一种"创作"（不知道是不是因为我把他和音乐创作，或是作曲的音乐家联想在一起的缘故）。后来，我渐渐明白，他只不过是把别人写下的曲子演奏得很好而已，他只是一个代言人，就像一般的演员，或滑稽小丑。而一名家具匠、一名园丁、一名裁缝师，都可能比他更具有创造性。因此，在每一次的个案里，我都必须作个别独特的判断，因为，各行各业，任何一个角色都可能具有创造性，但也可能毫无创造性。

换言之，我已经学会把"创造力"一词，不仅用于各种成品，同时也用于人的个性，并且用于活动、历程和态度。"美感"一词的用法亦是如此，我更把这个名词，用于除一般既定的标准和习俗所认定的诗、理论、小说、实验或绘画以外的许多成品上。

结果，我发现必须把"特殊才能的创造力"和"能自我实现者（以下简称之为"自现者"）的创造力"加以区分。后者的创造力是直接发自人格本身，常展现于日常生活的事件上，幽默感即是一例。它似乎是一种倾向，做任何事，即使像理家、教学等工作，都独具创意。通常，独具慧眼的洞识力似乎是自现者的创造力所具有的一项基本特性。在童话故事中，那个能看到国王并没有穿新衣的小男孩，便是最佳的例子（这点也与把创意视同成品的观念相悖）。这种人不仅能看到抽象、普遍，已经标题化，且已分门别类、规划好了的事物，更能看到事物生气蓬勃、原始、具体的面貌，且懂得使用表意的文字。因此，他们所生活的世界，更是一个自然真实的世界，而不是一个落于言论充满观念、抽象概念、成见、信念与陈腔滥调的世界——这样一个世界，大部分人却将之与真实的世界相混淆。罗杰斯所谓的"向经验开放"，把这点表达得十分恰当。

我所研究的对象，比起一般人，都较为发乎自然天性，较为善于表达。他们比较"率性"，在行为中比较不受控制、不受压抑，较能轻易而自由地流露，而较少困难和自我批判。这种能够毫无压抑、不怕嘲笑，而能表达观念、表达冲动的能力，也被认为是自现者创造力的一项重要的基本特性。罗杰斯使用了一句很好的话"完全发挥功能的人"来描写这种健康的情境。

另外，我观察到，自现者的创造力，在许多方面，跟一切快乐、且具安全感的孩子所具有的创造力十分相像。这是发乎本性、毫不勉强、轻而易举的创造力，是一种不带任何矫揉造作、或任何陈腔滥调的自由。再者，它似乎主要是由"天真无邪"的、自由的感知力所构成的，所谓"天真无邪"乃是指毫无压抑地流露天性与发乎至情的表达。几乎任何一个小孩子都比较能够无拘无束、毫无戒见地去感知周遭原本应该在那里、必须在那里，且本来就常在那里的一切。而且，几乎任何一个小孩子都可以随兴而编唱一曲、随口便能吟出诗句，随手便画一画、舞一舞，或演上一段戏，什么东西都可以拿来玩一玩，但凭兴之所至，无需任何计划，或任何事先的安排。

我所研究的对象，他们所具有的创造力，便是这种似孩子般意义之下的创造力。然而，他们毕竟都已不再是小孩（他们大部分都已经五十多岁或六十多岁了），因此，为了避免误解，我们可以指出，他们至少保有、或取得两种像似孩子般的主要特征，那就是他们不受标题化的影响、或者他们"向经验开放"，同时他们很容易便流露天性，并且善于表达。如果说小孩子是一派天真，那么我所研究的对象所达到的境界，便是"二度天真"，一如桑塔耶那的看法。他们在知觉上、表达上所达到的天真无邪，已与久经世故的心智结合无间。

我们目前所处理的，似乎是天生潜在于人类本性之中的一种最基本的特征，是普天下每一个人与生俱有的潜力。然而就在人们接受文化教养之时，大部分已丧失，或被埋葬、被压抑了。

我所研究的对象之所以不同于一般人，还有另外一个能使创造力更具可能性的特征。能自我实现的人，大都比较无惧于陌生、神秘、怪异的事物，反而常会深受它吸引。也就是说，他们能选择性地加以检视，以便推断、推想，并且全神投入。我引一段我自己在《动机与人格》一书中所做的描述："他们并不忽略未知者，不予拒绝，不逃避，也不会想法使自己相信这其实是已知者，在时机未成熟之前，他们也不会予以组织、区分，或是加上标题。他们不墨守成规，他们寻求真理也不是由于对确实性、安全感、稳定性、秩序的迫切需求——就像我们在高斯坦所研究的脑受伤者身上所见到的夸张情形，或是在强迫性妄想型的精神官能病患身上所见的一般。如果整个客观情势需要，自现者虽然面临缺乏秩序、懒散、混乱、无主、模糊、怀疑、不明确、不肯定、差不多、不精确、潦潦草草的局面，依然能处之泰然（而这些情形，在科学中、在艺术中、或是在一般日常生活中，有时还颇为需要）。

因此，便会发生这样的情形：像怀疑、企图、不明确，以及由于犹豫不决而导致的必然后果，这些情况对大部分的人而言，都是一种苦恼,但是就某些人而言,却很可能是一种痛快的、富有刺激性的挑战,是生命中高潮的顶点。

我曾经做过一项观察,这项观察曾经困惑了我数年之久,但是现在已经开始逐渐获得定位。这就是我对能自我实现者二分法的解析所做的描述。简言之,就是,许多正反的对立以及对立的两极点,对所有的心理学家而言,都理所当然地是一条连续直线的两端。但是,我却发现,我必须以不同的态度来理解这些正反的对立。就拿一直困扰我的第一种两分法来说,以前我一直无法制定我所研究的对象究竟是自私的还是无私的(你看,在此,我很自然地就掉进了"非此即彼"的二分法里。如果是前者,就一定不是后者,这便是此和二分法的隐意)。但是,千真万确的事实却逼迫我放弃这种亚里士多德式的逻辑推论。我所研究的对象在某种意义下相当无私,但在另一种意义下,却又相当自私。自私与无私二者相互纠结,并不是彼此对立、互不相容,而是以一种显著的、律动的方式结合成一体,或是综合体,很像弗洛姆在其论健康的自私那篇经典论著中所撰述的一般。我所研究的对象便是以此种方式把相对立的正反面予以融合,因此令我了解到,把自私与无私视为矛盾、且相互排斥的看法本身,就是人格发展较低层次的表征。在我所研究的对象身上,还有许多其他二分的两面已被融合成为一体了。比如认识与意念的对立(心对头、希望对事实),成为以意念来"组构"认识。本能与理性的对立也有相同的结论。责任变成快乐,而快乐深入责任之中。工作与游戏之间的差异形同虚构。如果利他主义已经变成自我衷心所愉悦的事,那么,这种自私的快乐主义岂能与利他主义相对立呢?最成熟的人,也是最像小孩子的人。一如前述,他们具有最强烈的自我、最肯定的独立个性,同时他们也正是那些最能轻而易举便可以达到无我、超我,以问题为中心的人。

但是,这也正是一个伟大的艺术家所从事的工作,他可以把毫不协调的色彩配置在一起,把彼此冲突的形状互相匹配,把任何一种彼此不协和的东西调和成统一的整体。同样,这也是伟大的理论家所欲意建构的,他把各种扑朔迷离、不相一致的事实放在一起,而令我们明白它们原来是彼此相属的事实。还有伟大的政治家、伟大的发明家和天下伟大的父母亲，他们统统都是整合者，能够把个别独立、甚至彼此相对立的各物整合为统一的整体。

在这里，我们谈到的是整合的能力，以及能够在个人内在的整合和自己处世之整合能力之间悠游自如的能力。就某种程度而言，创造力乃是建构的、综合的、统一的、整合的能力；而创造力若要达到此一程度，则有一部分尚有赖于个人内在的整合力。

若要了解这一切之所以如此的理由，我觉得似乎可以追溯一下在我所研究的对象身上所表现的无忧无虑。当然，他们比较不受文化习俗的型塑。也正因为如此，他们似乎也就比较不怕别人会说些什么、不怕别人会问些什么、也不怕别人会笑什么。他们比较不需要别人，对别人的依赖也较少，因此，他们比较能够不害怕别人，对别人的敌意也比较少。然而，更重要的也许是，他们对于自己的内在世界、自己内在的冲动、情绪、思想无所畏惧。他们比一般人更能接受自我。这种对内在自我的认可与接受，使他比较能够更勇敢地去觉察世界的真实本质，而其行为也比较能够纯然地发乎本性（且比较不受控制、不受压抑、不是计划好的、预想的，或事先设计好的）。他们比较不害怕自己的想法，即使自己有点"疯癫"、或傻气、或疯狂，他们比较不怕别人笑话，也不怕别人非难。他们能够任情绪浮沉而无烦恼。与之形成对比的是，一般人或是精神有毛病的人，却把自己关在恐惧的樊笼里，大部分都隐匿在自己的世界里。他们控制、忍耐、压抑、隐藏。他们不愿承认他们深处的自我，却期望别人也是这样。

我所谈的这一切，事实上是要指出，我所研究的对象其创造力似乎是附属于更大整体及其整合力的附带现象，这也正是自我接受所隐含的意义。在一般人的内心里，内在深处的力量常不断与控制及自卫的力量相互交战着，但我所研究的对象却似乎化解了此一内在的争战。他们的人格比较不分裂，因此，他们内在的力量随时可以取用，他们的内心常乐，心灵随时朝向创造的目标。他们比较不会浪费时间和精力去保护自己、去反对自己。

正如同我们在前面几章里所看到的，我们对高峰体验所了解的一切，都能够支持并且强化这些论点。这些也都是被整合的以及能整合的经验，而这些经验，就某种程度而言，则与认知世界中的整合是同形质的。在这些经验之中，我们发现自己逐渐朝向经验而开放，并发现自己逐渐增加了自发性与表达力。同时，由于个人内在整合的面貌之一，乃在于接纳内在深处的自我，并使之具有更大的可用效益，因此，创造力的深厚的根源便成为随时可用的泉源了。

　　古典弗洛伊德的理论，对我的宗旨并无大用，而且甚至有一部分与我的资料相悖逆。但基本上它是（或曾经是）一种有关欲望的心理学，探讨的是本能的冲动及其兴衰沉浮。弗洛伊德基本的辩证论点介行动与抑制冲动之间。但是，为了解创造的根源（以及游戏、爱情、狂热、幽默、想象、幻像的根源），有一个比被压抑的冲动更重要的问题，那便是所谓的原始历程的问题，这原始历程基本上是属于认知性质的，而不是意念的浮动。如果我们把注意力转向合乎人性的深度心理学这一面，我们便会发现，有关心理分析的自我心理学——像克利斯、米纳、艾仁瑞格等人所作的研究，有关容格学派的心理学，以及美国学派的自我与成长心理学，他们彼此之间确有许多意见相合之处。

　　一般所谓的"常识"、适应良好、与适应力正常都意味着要不断扬弃人类心灵深处的认知与意念的本性。所谓顺应现实世界，乃暗含着个人的不断分裂；意指个人必须背弃自己内在的许多东西，因为这些是危险的。但他们这么做，反而会失去更多。因为这些心灵的内在深处也正是他一切欢乐的源泉，是他能够游戏、能够欢笑、能够爱的能力来源，而对我们尤其重要的是，它是使我们能够具有创造力的根源。如果他努力保护自己免得坠入内在的深渊，那么他也就把自己隔绝于内心的天堂之外。最极端的例子要数有强迫性倾向的人了，他呆滞、僵硬、苛酷、自我控制，而又戒慎恐惧，他不会笑、不会游戏、不会爱、更不会傻里傻气、不会信任他人，也不会天真似孩子，他的想象力、直觉观察力、柔性、情绪都已受压抑，或是被曲解了。

　　心理分析式的治疗法，其目标是为了整合。其所努力以赴的，是要通过内在的省视为治疗此种基本的分裂，使被压抑的部分成为可觉察的意识，或使之呈现于意识之前。这种方法，我们可在此略作修正，以作为研究创造力深处根源的成果。我们与原始历程的关系，并非在各方面都与我们和各种无法被接受的愿望之间的关系完全相同。

就我了解，其间最大的差异乃是，我们的原始历程并不像被压抑的冲动一般具有危险性。它有相当大的程度不是被压抑、或是被审查的，而是"被遗忘了"或被误导他方；就在我们向一个艰困的现实妥协，向一个要求我们做有目的性的、有实用性的奋斗（而不是充满梦想、诗情画意与游戏）的现实妥协。这时候，原始历程就被我们抹煞了（而不是被我们压抑了）。或者换个方式来说，在一个丰富多元的社会里，我们对原始思想历程的抵制也一定比较少。众所周知，我们的教育历程对于"本能"所受的压抑，几乎不曾设法予以解除。我期望我们的教育历程能帮助我们接纳原始历程，并将之整合于我们的意识及前意识的生活中。原则上，艺术的教育及诗和舞蹈的教育在这方面实在大有可为。而动态心理学的教育亦是如此。比如德意曲与穆尔菲所著"临床会晤"，用的就是原始历程的语言，就可以看成是一种诗。玛莉安·末纳所作的绝妙佳著《论无力作画》，便完全合乎我的观点。

我所尝试勾画出的这种创造力，最佳的例证乃是表现在像爵士乐、或儿童画这种艺术的即兴创作之中，而不是表现于那些被指称为"伟大的"艺术作品之中。

首先，伟大的艺术作品需要伟大的才能，而这伟大的才能，正如我们所见，并不是我们所关心的论点。其次，伟大的作品不仅需要灵光一现的灵感、巧思、高峰体验，它还需要繁重的工作、长期的训练、冷静的批判和完美无瑕的标准尺度。换句话说，继自然放任之后的必是深思熟虑的计划；全盘接受之后继之而来必是批判思想；直观之后继之而来的是严格的思考；大胆之后继之而来的是谨慎；而幻想与想象之后继之而来则是对现实的考察。因此就会有如下的问题出现："这是真的吗？""别人也能了解吗？""其结构恰当吗？""它经得起逻辑的考验吗？""在现实世界它会怎样呢？""我能证明吗？"现在便产生了各种比较、判断、评估、冷静地运作思想、选择，并作舍弃。

次要的历程此时便取代了原始历程，阿波罗式的理性力取代了酒神戴奥尼修斯的原始动力，"男性的"象征了"女性的"象征。在自我深处的任性沉溺从此结束。灵感巧思，或是高峰体验所必要的被动力与容受力从此让位给活动，控制于繁重的工作。如果说一个人的高峰体验乃是悄然莅临其身的，那么一个人的伟大成就则有待他努力去制造。

严格说来，我所探讨的只是其中的第一阶段，也就是一个自我整全的人，或在一个人内心偶有的整合之中，他那率性的表现，无需费力，轻易便至。只有当一个人的内心深处悠游自如，随时可以取用，只有当他不再惧怕自己原始的思考历程时，此一阶段才翩然来临。

我将它称为"原始的创造力"，此一原始的创造力所出之处，是其所运用者，乃是原始历程，而不是次要历程。主要建基于次要思想历程的创造，我将它称为"次要的创造力"。此一类型的创造力包括了世间一切产品的绝大部分，诸如桥梁、屋宇、新汽车，甚至许多科学实验，许多文学作品都包括在内。所有的这一切，基本上都是别人观念的发展与合并。其间的差异，就好像突击队与后方宪兵之间、前锋与后卫之间的差异一样。而能够把以上两种典型的历程作恰当的融合，把前后发展作适当的接续，并且能够驾轻就熟地将两种历程运用自如的创造力，我便称之为"整合的创造力"。伟大的艺术作品、伟大的哲学、伟大的科学，便是发自这种整合的创造力。

简而言之，我认为这一切发展的结果，是逐渐强调整合（自我一致、统一性、全体性）在创造理论中所扮演的角色。把二分法的对立两面化解到较高的层次，成为涵盖更广的统一体，也就等于治疗个人内在的分裂，使其内在更趋于合一。因为我所谈论的分裂，是指个人内在的分裂，也可以说是个人心里的一种内战，是个人为在某一部分与另一部分彼此之间的对立。总之，就自我实现者的创造力而言，它似乎更是直接发自原始历程与次要历程的融合，而不是努力压抑控制被禁止之冲动与愿望的结果。当然，由于恐惧这些被禁止的冲动所引起的自卫，也很可能以一种全面性的、不分青红皂白的、惊慌的争战，摧毁原始历程。但原则上，这种识别力的缺乏似乎并不是必然的。

择要言之，自我实现者的创造力首要强调的是人格，而不是成果。成果乃是发自人格的附属现象，因此次要于人格。它所强调的是像胆识、勇气、自由、率性、整合、自我接受这些人品性格的特质。

正是这些特质，使得一般性的自我实现之创造力有存在的可能；而这种创造力，则表现在创造的生命、创造的态度以及创造的个体之中。

我也强调自我实现者之创造力的表现性或其存有性，而不强调其解决问题或制造产品的性质。自我实现者的创造力是自然流露的，是散发出来的，它充盈了整个的生命，而无视难题的存在。就好像一个快乐的人，自然就会流露出快乐的神情，没有任何目的，无需计划，甚至也不会意识到。它的散发就像太阳光，散播于普天之下，滋养万物，使万物得以生长（只要它是可生长的东西）。至于播到石头上，或其他没有生长力的东西上，它便被浪费了。

最后，我很明白我一直试图打破已经广泛被人接受的有关创造的各种概念，但是我却未能提出一个适当的、清晰肯定的、明确的、可以取而代之的概念来替换。自我实现者的创造力实在很难予以定义，因为有时候，它好像就是健康本身的同义词，正如穆斯塔卡士所建议的一样。同时，由于自我实现，或健康的终极定义可以说是人性圆满的达致，或是个人"存有"的实现。这似乎是说，自我实现者的创造力几乎就是基本人性的同义词，或基本人性必备的一面，或构成其定义的一项特征。

十九、人性的价值

几千年来,许多人文之士一直在尝试建立一种既合乎自然,又合乎心理学的价值体系。这种价值体系无需诉诸人性存有以外的无上权威,而是发乎人类本性的要求。历史上曾提出过许多这一类的理论,但多半由于实用目的而遭致失败,正如所有其他理论失败的情形一样。今天,这世界依然像过去一样,存在着许多无赖和精神病人。

这些残败不足的理论,大多数立基于某种心理学预设。但是根据目前最新研获的知识来看,所有这些理论和预设显然都是错误、不足,且又不完全的,或换言之,是有所欠缺的。近二十年来,心理学在技术与学术两方面均有某种发展成就,这些成就第一次让我们感到信心十足,使我们相信只要继续努力,这一古老的希望最终可以实现。我们知道如何批判古老的理论,我们知道(虽是模模糊糊地知道)未来的理论形态,但最重要的是,我们知道要到何处去查看,也知道该做些什么才能填满知识上的空隙,以便回答以下这些古老的问题:"什么是幸福的生活?""什么是好人?""如何教导人们向往并追求幸福的生活?" "应该如何教育儿童以使他成为稳健的成年人?"……这也就是说,我们认为一套科学伦理学是可能成立的,并且也自认为知道应该如何去建立它。

以下段落将要简短地讨论一些在论证及研究探索上均颇望有成的线索,这些线索与过去和未来的种种价值理论密切相关。此外,我们亦将讨论在不久的将来,必定会获致的一些理论与实际的进展。不过,与其视之为理所当然,不如视之为甚有希望。

无数次的实验已经证明,一切种类的动物普遍都拥有一种与生俱来的能力:只要有足够的选择机会任其自由选择,便能够选取对自己有益的食物。这种身体的智慧,常会在异常的情况下表现出来。例如，一只患有肾上腺疾病的动物会自行调整食物的选择，以便维持生命。而许多怀孕的动物也能针对胎儿成长之需，对自己的食物作恰当的调整。

不过，目前我们也已知道，这绝不是一种完美无缺的智慧。例如这种食欲的倾向不能有效地反映出身体对维生素的需求。低等动物比高等动物和人类更能有效地保护自己免受毒药的侵害，而先前养成的各种偏好习惯也的确会遮蔽当下新陈代谢的各种需求。尤其是人类，特别是患有精神疾病的人，各种形形色色的力量均可能污染此种身体的智慧。然而，此一智慧似乎也并不会突然消失。

此一有效选取的普遍原理是很确实的，不仅就选取食物而言如此，即使对身体在其他方面的需求而言亦然，就像著名的均衡作用实验所显示的结果一样。

一切有机体似乎很明显地比二十五年前我们所认为的，更具有自我控制、自我规律化和自律的能力。有机体是相当值得信赖的。而对于食物的选取、断乳的时间、睡眠量、训练幼儿便溺的时间、运动的需要量，以及其他诸如此类的各方面，我们正逐步学会去信赖我们身体中的内在智慧。

不过，最近我们亦已悉知，特别是从患有生理与心理疾病的病人身上悉知，选择者亦有良莠之别，有善于选择的人，亦有不善于选择的人。此外，我们也特别从心理分析学派悉知，这类选择的行为常有许多隐伏的原因，而我们也正学会去尊重这些原因。

这里有一项令人惊讶的实验，充满了价值理论的意味，可以衔接以上论点。一群能够自由选择食物的鸡，由于其各自选择有益食物的能力不同，因此这群鸡便呈现出极大的差别变化。擅长选取良好食物的鸡慢慢就会变得比不擅于选择食物的鸡强壮、肥硕且优秀。这表示它们所选取的是一切之中最好的。如果接着把擅于选取食物的鸡所选取的食物，强迫喂给不擅于选取食物的鸡吃，我们便会发现，它们也逐渐变得强壮、肥大、健康、较为优秀。不过永远也赶不上擅长选取食物之鸡所达之程度。这也就是说，优良的选取者所选取的对自己有益的食物，永远比不良的选取者所选取的对自己有益的食物要来得更好。如果在人类身上亦产生类似的实验结果，则一如我所料（许多临床资料可充分提供支持论据），各种各样的理论均不可避免地必须大量重建。只要关涉的是人类的价值理论，而其立基点纯粹仅在于对未经选择的人所作之统计数字的描述，则任何理论均有所不足。对一般人而言，好的和坏的选择者或健康者和病人所作的选择，其实并不重要。只不过身心健康的人所下的判断、品味和选择可以告诉我们，就长远来看，何者对人类有益。而患有精神官能症之病人所作的选择则告诉我们，何者有益于稳定病情。就像大脑受伤的病人所作的选择，常有益于避免严重的崩溃。还有就像患有肾上腺疾病的动物所作的选择，也许能使它免于死亡，却可能会令一只健康的动物死亡。

我想这就是大多数快乐主义价值理论和伦理学说立论的基础。其实，因病态动机而引起的愉悦，与在健康的动机下所引起的愉悦，二者是不可等量齐观的。

此外，任何伦理法则都必须针对结构差异的事实来处理，不仅对鸡和老鼠应如此，对人类亦然。正如谢尔顿在《论脾气的变化》，以及沃里士在《论人之价值的变化》中所讨论的一样。有些价值是属于全体（健康）人类所共有的，但有些价值却只特别属于某种人，或某些独特的个人。我所谓的基本需求就可以说是全体人类共同的需求，因此是全体人类共同享有的价值。至于具有个别独特性质的需求，则会导致特殊的价值。

每个人由于结构上的各种差异，均会在有关自我、文化与世界等方面产生不同的癖好，亦即产生不同的价值。这方面的研究报告和许多临床医生处理个别差异所获得的普遍经验，彼此相互支持。这一点在人类学的研究上，亦具有真确性。人类学假定每一种文化为了尽其利、隐其蔽，为了赞成或反对，总会在人类各种结构的可能性中择其适合的一小部分，以便理解文化差异的意义之所在。这一点与生物学中之事实与理论，以及自我实现之理论均如出一辙。所谓自我实现之理论，说明了任何有机系统均会迫使自我表现，简言之，即发挥其功能。肌肉发达的人喜爱使用肌肉，事实上是必须使用肌肉。为了自我实现，也为了获得主观上的和谐感，为了在主观上感到不受压抑和得以充分发挥功能，而这种感觉对心理健康而言是非常重要的。有智慧的人必须使用智慧，有眼睛的人必须使用眼睛，有能力去爱的人便具有爱的趋向与爱的需求，凡此种种都是为了健康的感觉。爱吵爱闹的能力必须尽其用，唯有充分运用了吵闹的能力，才能停止喧哗吵闹。

也就是说，能力即是需求，因此也是内在的价值。各种能力不同，价值也就有别。

人类不仅具有生理上的需求，也的确具有心理上的需求，二者都是人类内在结构的一部分。这些需求亦可视为各种欠缺，必须经由外在环境予以恰当的补足，以避免生病，或避免导致主观上的病恹感。这些需求亦可被称为基本需求，或生物性的需求，就好比人类对盐、对钙，或对维生素的需求一样，因为——

（1）在这方面有所欠缺的人，会一直持续不断地渴望获得满足。

（2）这些欠缺会使一个人生病、衰竭。

（3）只要补足这些欠缺即可治愈，亦即治愈他因欠缺而引起的疾病。

（4）稳定地补给，可以防止疾病发生。

（5）已获得满足的健康人不会呈现这些欠缺现象。

不过这些需求或价值彼此之间不仅具有层次排列与发展的关系，而且具有强弱与先后的次序。例如，安全的需求先于爱的需求，安全是一种比爱更强烈、更迫切、更属于生命的需求，而食物的需求则更先于前二者。此外，这些基本需求亦可视为在人生旅途中纯粹为达到普遍自我实现的措施。而所有一切的基本需求又均可含容于自我实现的需求之下。

对这些事实加以斟酌考虑，我们便能解决许多几个世纪以来哲学家苦思无着的价值问题。首先举一例来说，人类似乎都有一个终极的价值，一个全人类都戮力以赴的远程目标，这个目标根据不同的作者而有不同的称谓：比如自我实现、自我完成、整合、心理健康、个体化、独立自主、创造力、生产力，不过大家都一致同意，这就等于是要实现个人的潜在力。也就是说，成为完全的人，成就每一个人所能成就的一切。

然而每个人自己并不知道这一点，亦是实情。因此，我们一群从事观察与研究的心理学家便构想出这一概念，以便整合与解说各种不同的事实资料。至于个人本身，他只知道他离不了爱，而且他也认为一旦获得了爱，他便将会永远幸福、快乐；他无法进一步了解，这些基本需求的满足会开启意识，意识到仍被其他的"更高层次"的需求所宰制。对他而言，所谓绝对、终极的价值就是生命本身的同义词，就是在某一段时间内宰制他的任何层次的需求。因此这些基本需求或基本价值可以视为目的，亦可视为迈向某一单独目标的进阶。的确有一种单一、终极的价值或生命目标存在，而且我们也的确拥有一套有层次、可发展，且彼此关系复杂的价值体系。

这点亦有助于我们解决由于存有与变化之间的对比情境而在表面上所显示的矛盾。的确，人类必须不断奋斗以迈向终极而高贵的人性，而人性本身却是不断变化、不断成长，面貌变化万千的。好像我们命中注定一辈子都在追求一个永远达不到的境地。还好，我们现在已经知道，实情并非如此，或者说，至少这种看法并非唯一的真理。尚有其他真理与之并存。像每次绝对存有之暂临的经验、各种高峰体验的境界，都是我们一次又一次成就非凡的偿报。而各种基本需求获得满足，均带给我们多次的高峰体验，而每一次的高峰体验都带给我们绝对的欢悦，它们本身就是完美。需求获得满足，本身便足以赋予生命价值，这就是说，不再把天堂看成处于人生旅途目标之外的一个地方。换言之，天堂就在此生之中等着我们，随时让我们暂临其境，并在返回日常生活的奋斗之前尽情享有。并且，一旦我们曾经拥有，我们便终身记取，并以此记忆滋育我们，在危急的时刻里支持着我们。

不仅如此，从某一阶段到另一阶段的成长历程，由绝对的意义来说，其本身在本质上就是有益的、令人愉悦的。成长的历程就算不是高山峻岭般的高峰体验，至少也是具有小山丘般的高峰体验，是对绝对者的惊鸿一瞥，是自我肯定的愉悦感，亦是存有的暂临。存有与变化并非相互矛盾或相互排斥，不管是逐渐接近，还是直接抵达，二者就其本身而言都是相得益彰的。

在此我应该澄清的是，我是想要将（由成长与超越所获致的）迎面而来的天堂以及由压抑而得的隐匿于后的天堂二者加以区分。因为"高层次的涅槃"与"低层次的涅槃"极不相同，然而，却有许多临床心理医师把二者混淆了。

那些促使我们想到"健康成长"或"自我实现倾向"这一概念的案例，指出了除非我们预设了此一概念，否则人类大部分的行为就会变得毫无意义，因此就某种程度而言这是演绎的论证。这就好比必须假设某一颗至今尚未明见之行星的存在，这样才能理解许多其他已观察到的事实资料，其所援引的是同样的科学原理。

此外尚有许多直接的临床例证、人格学的论证，以及为数激增的实验资料，均支持此一信念。目前我们可以确定至少有一种合乎理性的、理论化的与合乎经验的说法：人类内在便有一种朝向成长的倾向或需求，简要言之，就是自我实现或心理健康，尤其是朝向自我实现的每一个附属面而成长。也就是说，在他之内有一种驱迫力，迫使他朝向人格整全，使他能够率真地表达，使他朝向个体、自我的完全实现，使他能够明见真理而不是瞎眼盲目，使他朝向创造，朝向美善，还有诸如此类的一切。人性的结构迫使他逐渐朝向更为完美的存有者，亦即迫使他逐步迈向大部分人所谓的美善价值，迈向沉着稳健、仁慈宽厚、勇敢、诚恳、满怀爱心、无私与善良。

合乎或不合乎这项要求的界线，实在难以划清。我所进行的研究，大部分是根据所谓"已成功"的人而作的；至于不成功的人或退出成功之路的人，我所知不多。我完全可以接受由一项有关奥林匹克运动会奖牌得主之研究所作的结论：原则上每一个人都可能跑得如此快、跳得如此高、举得如此重，甚至我们可以说，任何新生婴儿都可能做得到。但是这种真正的可能，并未向我们言及任何有关数量，或然率和可行性之事。对自我实现的人而言，情况亦是如此，正如布勒所强调的一样。

此外，我们更应该注意，朝向人性圆满与健康的成长倾向，并非人类身上唯一可见的发展倾向，同一个人身上，也可能看到死亡的欲求，以及恐惧、自卫与退缩的倾向等等。

高度发展、极为成熟、心理极为健康的人，尽管为数不多，但针对他们所作的直接研究，以及针对一般人的高峰体验——在高峰体验的时刻里每个人都暂时成为自我实现者——所作的研究，都使我们对价值一事深获教益。这是因为无论就经验或理论的观点而言，他们都是最圆满的人。例如，他们是最能保有并发展人性能力的人，特别是保有并发展人之所以为人，且所以异于猴类的人性能力。（这点与哈特曼对同一问题所采取的价值取向不谋而合。哈特曼认为所谓优秀的人，是指那些最具有用以定义人之概念的种种特征的人。）从发展的观点来说，他们发展得比较完全，因为他们从不停留在某一个不成熟或不完全成长的阶段。这项工作决不会比分类学者选取蝴蝶品种，或比医生选择身强体健的年轻人，来得较为神秘、较为先验和较属谬论型的问题。分类学者和医生都是在努力寻求一"完美、成熟，或出类拔萃的品种"以作为典范，而我和他们的情形是一样的。任何一种方法步骤，原则上都是可以重复使用的。

完美的人性不仅可以根据"人性"概念的定义所达到的完美程度来界定，同时亦具有一种描述性的、分类性的、可衡量性的、心理学方面的定义。现在我已从某些初步的研究调查和无数的临床经验中得知，那些发展完全的人以及成长情形良好的人所具有的某些特征。这些特征不仅可给予中性的描述，此外就主观而言，它们亦是有益的、令人愉悦的，且可以继续加强的。

以下诸点都是健康的人所具有的，在客观上可以描述、可予以衡量的特征：

1. 能比较清楚、有效地感知真实世界。
2. 对经验比较开放。
3. 能不断增强人格的整合、完整与统一。
4. 能不断增强率真性与表达力，能完全发挥功能，时常生机勃勃。
5. 是一个真实的我。能肯定自我的身份，自律自主、独一无二。
6. 能不断加强自我的客观性、自我的超然与超越。
7. 能不断发掘创造力。
8. 具有结合具体与抽象的能力。
9. 具有民主性格的结构。
10. 具有爱的能力等等。

这些特征尚需经过研究调查与角度勘察探讨，不过其可行性则是清楚无疑之事。

此外，自我实现或朝向自我实现的良好成长，在主观上亦可予以认定与强调，亦即在主观上感到生活中充满情趣，觉得幸福、安详，沉着稳健，觉得平静、愉悦、有责任感，并且自信有能力处理压迫、焦虑与难过。而自我背叛、僵化、退缩，生活中满怀恐惧，不是在成长中生活，其主观上的记号则是感到焦虑、失望、无聊、无法享受，内心感到罪恶、可耻、漫无目的、空虚，同时亦缺乏自我身份的认定……

这些主观的反应也是可加以研究考察的,并且我们亦备有研究的临床技术。就是这种自我实现者的自由选择（指可以在众多可能性中作真正的选择），我认为可以视之为一种自然主义的价值体系,并用描述性方式来予以研究。此一价值体系绝对不掺杂研究者的任何期许,换言之,它是"科学性的"。我并没有说"他应该选择这个,或他应该选择那个。"我只说"健康的人,只要有自由选择的机会,我们会观察到他选择了这样,或他选择了那样。"这就好比问"最优秀的人的价值是什么？"而不是问"他们的价值应该是什么？"或者"他们的价值必须是什么？"（这就可以与亚里士多德的想法加以比较,亚氏认为凡是对一个健康人而言具有价值且令人喜欢的东西,便是真正有价值且令人喜欢的东西了。）

此外,我认为这项研究发现的成果可以普及到大多数人身上。因为,对我而言（对别人也一样）,显然大多数的人（甚至全体人类）都具有自我实现的倾向（这点在心理治疗,尤其在表露心中一切的治疗经验中,看得最为清楚）。而且似乎、或至少原则上,大多数的人都具有自我实现的能力。

如果可以把现有的各种宗教当作是人类心灵渴望的表达（亦即它表达出如果真能如愿以偿,人心中终究想要成就的一切）,那么在此我们也能了解到所谓凡人皆渴望自我实现,或倾向于自我实现,这句话的价值所在了。其原因在于,我们所描述之自我实现者的实际特征,有许多点均与宗教所激励的理想是相互一致的,例如,超越自我、与真善美合而为一、对别人奉献、有智慧、真诚、坦率,超脱自私与个人动机之外,放弃低层次的欲望以成全高层次的欲求,增强友谊与仁慈的胸怀,并善于辨别目的（安详宁静、沉着稳健、和平）和工具（金钱、权力、地位）之间的差别,能减少敌意、残忍与破坏。（然而却能将果断力、义怒与自我肯定……予以提升。）

1. 我们从这些自由选择的实验、从动态动机理论的种种发展、从心理治疗的检验所得到的一个结论,是相当具有革命性的。也就是说,我们最深切的需求,其本身并不是危险的、不是罪恶的,也不是不好的。此一看法开展了解决人类内在分裂的期望,亦即解决了介于太阳神阿波罗与酒神戴奥尼修斯之间,介于古典与浪漫、科学与诗意、理性与冲动、工作与游戏、语言与非语言、成熟与稚气、男性与女性、成长与退缩之间的分裂。

2. 社会现象中亦有与我们人性哲学类似的情形：不仅把文化视为满足需求的工具，也把文化当作挫折与控制的工具。这种快速成长的倾向，已是社会的主要现象。不过我们现在已可起而驳斥大多数人普遍的误解：误认为个人利益与社会利益必然互相排斥、互相敌对，或者误认为文明是为了达到控制与整合人性本能冲动的一种机体。然而只要我们重新将健康文化的主要功能界定为培养普遍的自我实现，那么所有这些老掉牙的律则都可以一扫而空了。

3. 只有健康的人，才能在主观的经验、欲求或促动经验和对经验（长远之计对他有益的经验）的"基本需求"之间建立良好的关系。只有这种人，才能持续不变地追求对自己和对别人都好的事物，因此才能全心全意地去享有它、去赞赏它。对这样的人来说，能在事物之中尽情享有，这种报酬就是价值之所在。他们自然而然就会把事情做好，因为这正是他们所想要做的，他们所需要做的，亦是他们所引以为荣的，全心赞同去做的，并且他们也愿意一直乐在其中。

当一个人有了心理疾病，此一完整的统一体，此一交互织结绵密的网才会破碎成片断，彼此起冲突。那时候这个人想要去做的事可能对自己有害。即使他做了，也不会感到愉快，即使感到愉快，也会同时感到不赞同。因此愉悦本身就是毒害，或者很快就会消逝。可能起初感到愉快的，到了后来却令他不悦。于是他的冲动、欲求与愉悦感都成为生活中差劲的指标，因此他一定会不信任，会害怕导致他堕落的冲动与愉悦感，如此他便遭遇到冲突、分裂、犹疑不决的情形。简言之，他落入了内心交战的陷阱中。

就哲学理论而言，历史上许多两难的困局与矛盾都能通过这项研究成果而得以化解。快乐主义的学理对健康的人行得通，对有病的人是行不通的。真、善、美彼此的确有某种程度的关联，但唯有在健康人身上，真、善、美彼此之间才具有强烈的关联。

对少数人而言，自我实现是一种已经达到（相对性地）的"境界"。然而对大部分的人来说，自我实现是一种希望、一项渴望、一种动力，是尚未企及，但心向往的某种情境，亦是临床上所显示之朝向健康、整合与成长等的趋迫力。此种反映主观感受的试验亦可试测出潜在力的倾向，而不只是能试测已显现之行为，就像光线，能在病情表面化之前就被试测出初期的病状。

对我们来说，这就表示：人之所是及其所能是，对心理学家而言，是同时并存的，因此也就解决了存有与变化之间对立二分的问题。潜能不仅是将实现或能实现者，同时也是已实现者。自我实现作为目标而言，即使尚未实现，仍具有存在与真实性的价值。在人类身上，其已是与其渴望之所是，是同时并存的。

人类在其内在本性中就显示出一种迫切的倾向：迫切地朝向日益完美之存有者而发展，迫切地要将其人性实现得更加完美。照自然主义的、科学的观点看来，这正如同一粒橡树种子"急着"要长成一棵橡树，或一只老虎眼看就要变成贲贲猛虎，或一匹马眼看着就要变成凛凛骏马一样。终究说来，人之所以为人并不是由于被型塑，或被捏造才具有人性，亦不是由于被教导才成为一个人的。环境所扮演的角色，总体说来，只是容许人、或帮助人实现他的潜在力，而不是人的潜在力本身。环境无法赋予人类潜力与能力。人的潜在能力是人一开始成形，或者说在胚胎期就已拥有的了，正如同他自胎儿起就有手和脚一样。而创造力、率直自然、自我个性、本来面貌、关心别人、能爱、渴望真理等，都是胚胎期就有的潜在力，是属于其全体同类所共有的能力，正如同他有手、脚、头脑和眼睛一样。

这点与目前已收集到的资料并不矛盾。这些资料很明白地显示，家庭生活与文化生活，对实现那些用以定义人性之心理潜在力而言，具有绝对的必要性，且让我们避免这种混淆。一位教师、一种文化并不能创造出一个人，他无法在人类心中种植爱的能力、好奇心、作哲学思考的能力、赋予象征的能力，或创造力。他只能容许、培育、鼓励，或帮助既存于胚胎中的能力，使之转化为现实与实在之物。同一位母亲，同一种文化，以同一方式来对待一只小猫、一只小狗，却不可能把它变成人类。文化是阳光、食物和水分，但它不是种子。

一群着手研究自我实现、自我、真正人性等问题的思考者，十分坚定地确认了他们的立场：人类有一种理解自己、实现自己的倾向。这意味着他应该忠于自己的本性，要信任自己，真诚、坦率、诚恳地表达，要在他自己本性的内在深处去寻找行为的渊源。

但是，这当然只是一种理想的建议，他们并未充分警告我们：其实大部分的成年人并不知道怎样才是真诚，如果他"表达"了自己，也许他会给自己、也会给别人带来灾祸。当一名强奸犯，或一个有虐待狂的人问道:"为什么我不能也忠于自己、表达自己呢？"那么该回答些什么呢？

这群思考者忽略了好几方面的问题。他们未加澄清就含混地肯定：只要你的行为是真诚的，你的行为便是端正的，如果你的行为发自内心，那便是好的、正确的行为。这其中很明白地暗示了此一内在核心、此一真实自我是善的、是值得信赖的，并且是合乎道德的。这样一个肯定命题，显然与所谓人类可以实现自己，并且需要各自受到考验（一如我所认为的）这样的命题大不相同。此外，这群作者必定避开了有关内在核心的重要论题，比如，此一核心在某种程度上一定是来自遗传的，否则他们所说的一切都会乱成一团。

换言之，我们必须设法处理"本能的"理论，或者像我比较喜欢称呼的"基本需求"的理论。也就是说，我们必须去研究原始的、本能的、部分受遗传所决定的各种需求、渴望、欲求，以及我所谓之人类的各种价值。我们无法同时遵守生物学的规则，又遵从社会学的规则，我们无法同时肯定文化就是一切，又肯定人具有遗传的本性。这两方面是彼此互不相容的。

在本能范围之内的一切问题中，我们所知最少，却又最应该知道的问题，是有关侵略、敌意、仇恨与破坏力的问题。弗洛伊德派的学者认为这些都是发自本能的。而其他大多数动态心理学派的学者则认为，这不是直接发自本能，而是由于本性冲动或基本需求遭受挫折之后所产生之当下常见的反应。此外还另有一种可能解释——我认为是比较好的一种——强调怒气在性质上的变化情形，正表示出心理健康改善或恶化的情形。对较为健康的人而言，生气是（对当前情况的）一种反应，而不是承自过去个性遗传上的累积。也就是说，生气是对当下某些实际情形，诸如不公平、剥削，或攻击的有效反应，而不是针对某人许久以前犯下的过失，而把一发不可收拾、且又毫无效果的报复，错加在无辜的旁观者身上的行为。生气并不会因心理健康而消失。反之，它会以果决、自我肯定、自我保护、合理的义愤、与罪恶抗争等诸如此类的形式呈现出来。而这样的人比普通一般人更适于做个有力的斗士，例如，做个为正义而战的斗士。

换言之，健康的侵略性采取的是人格坚强和自我肯定的形式，而不是不健康的人、遭遇不幸的人，或备受剥削的人，其侵略则常带有恶意、虐待狂、盲目破坏、霸道与残忍的意味。

以此种方式陈述的问题，看来是很容易就予以研究调查的。主张伦理乃发自内心的学者所遭逢的另一个问题是，轻松自在的自律行为通常只在自我实现、真挚、诚恳的人身上才见得到，在一般人身上却看不到。

在这些健康的人身上，我们发现责任与愉悦同为一事，而工作与游戏、利己与利他、个人主义与大公无私，也一样彼此无隔。我们只知道他们如此泰然自处，却不知道他们是如何达到此一境界的。我强烈地感觉到，这种真诚、人性完美、实在是许多人皆能达到的境地。然而我们所面对的却是可悲的事实：很少有人达到此一目标，也许一百人之中有一个，也或许两百人之中才有一个。不过我们仍能对人类满怀希望，因为原则上，任何人都可能变成一个优秀的、健康的人。但是我们感到悲哀的是，目前只有这么少的人成为健康的好人。如果我们期望了解为什么有些人做得到，那么我们就必须把研究考察的问题放在研究自我实现者的生活史上，以便了解他们是如何达到此一境地的。

我们也已知道，健康成长的主要先决条件在于获得基本需求的满足（精神官能症通常是因欠缺而引起的疾病，就像因维生素的欠缺而引起的病症一样）。但是，我们也已从学习中得知，毫无节制的放纵与满足，其本身亦有危险的结果，比如导致心理病态的人格、"口腔症"、无法担负责任、无力承受压迫、腐败、不成熟，以及某种性格的失序等。目前研究调查的成果虽不多，但已有许多临床的教育经验，足以让我们作一合理的揣测：年幼的孩子不仅需求满足，他亦需要学习物理世界对其满足所加诸的限制。他应该学会知道，别人也需要寻求满足，即使他的父母亦然，亦即别人并非令他达到目的的工具。这就表示：控制、延迟、限制、弃绝、对挫折的宽容、纪律都仍属必要。唯有对能自律、肯负责的人，我们本能说："照你的意愿去做，则万事顺遂。"

平心而论，我们也必须面对在成长途中会遭遇到的困难，亦即停止成长，逃避成长，成长受阻、退化和防卫的问题。换言之，是心理疾病的吸引，或者用别人爱用的话，即恶的问题。

为什么有那么多人没有真正的自我，那么没有力量为自己做决定和做选择呢？

1. 这些朝向自我实现的动力与倾向，虽发自本能，却十分微弱，因此比起其他具有强烈本能倾向的动物来说，人类的这些动力很容易就会被习惯、不良的文化态度、外在事故、错误的教育给淹没消失了。因此，对人类而言，选择与责任的难题远比其他任何种类的生物要尖锐多了。

2. 在西方文化中有一种由历史决定的特殊倾向，认为人类这些发自本能的需求都是坏的、或是恶的。因此许多文化制度都是为控制、禁止、压抑和阻止人的这些原始本性而设立的。

3. 每个人身上都有两股拉力，除了朝向健康的驱迫力之外，也还有可怕的退化力量，驱迫着朝向疾病、衰竭而后退。我们可能朝向"高层次的涅槃"而迈进，但也可能朝向"低层次的涅槃"而退化。

我认为过去与现存之价值理论、伦理学说的主要实际缺点，在对于心理病理学和心理治疗学认识不够。历来，许多有识之士均已替人类明白指陈出德性的益处、至善之美好、对心理健康和自我实现的内在渴望；但是，大部分的人却依然顽强地拒绝踏入奉在眼前的幸福与自尊。教师们只剩下满腔怒火、不耐烦与幻灭感，并在责骂、训诫和绝望之间交替循环。许多人只会将两手一摊，谈谈原罪和内在之恶的问题，然后下结论：凡人只能接受超人力量的救赎。

然而在动态心理学与心理病理学中说明有关人类软弱与恐惧的文献资料如汗牛充栋。我们十分了解为什么人会做错事，为什么他们会给自己带来不幸与自我挫折，为什么他会走向歧途，以至于染疾。我们并由此而领悟到，人性之恶，大体而言（虽不是全部），就是人性之软弱或无知，因此是可以宽恕的、可以谅解的，同时也是可以治疗的。

我有时感到意气风发，有时又感到心情沉重，因为有这么多的学者与科学家，有这么多的哲学家与神学家都讨论到了人性价值、善与恶的问题，却一直都完全忽略了一件最平常的事情，那就是每天都有许多专业的心理治疗医生，自然而然地在从事改善与促进人性健康的工作，帮助人日益坚强、有德性、开启创造力、心怀仁慈、懂得去爱、关爱别人，并且心平气和。而以上这些都只是经过改善之自我认识与自我接受的部分结果而已。此外，还有许多其他程度各异的结果。

价值理论的主题太过复杂，无法在此详加论述，我只能提出一些概略的结论：

1. 自我认知是自我改善的主要途径，虽然这不是唯一的可循之路。

2. 对大部分的人而言，自我认知与自我改善是十分困难的事，它需要极大的勇气和长期的挣扎。

3. 虽然在技术精良的专业心理治疗者帮助下，自我认知的历程会比较容易，但这绝不是唯一的方法。从心理治疗所学习而得知的一切内容，均可应用到教育、家庭生活、甚至个人生活指标等方面。

4. 唯有通过这种对心理疾病和心理治疗的研究，我们才能学会去尊重并欣赏恐惧、退缩、保护与安全的力量。唯有尊重并谅解这些力量，才更能帮助自己与别人朝向健康而成长。错误的乐观主义迟早会形如泡影，造成愤怒与绝望。

5. 总结一句，如果我们不了解软弱的健康倾向，我们便永远无法真正了解人的软弱。此外，我们亦将对病情的各种症状有所误解。而且，如果我们不了解坚强的软弱面，我们亦将无法完全理解或帮助人们更坚强。此外，我们亦将堕入对唯一理性力量的过度乐观信赖的情境中。

如果我们真想帮助人日益发挥其完美之人性，那么我们必须了解，人类不仅尝试实现自己，而且他们也会厌倦，也会感到害怕，也可能无能为力。只有真正懂得欣赏疾病与健康之间的辩证，才能促使二者相互平衡，以利于健康。

二十、价值与健康

原则上，我们可以拥有一种描述性的，且又合乎自然主义的人性价值科学。自古以来，"是什么"与"应该是什么"之间彼此相互排斥的对比情境，有一部分是错误的。我们可以研究人性的最高价值或最高目标，就像我们研究蚂蚁的价值、马类的价值、橡树的价值，甚至研究火星人的价值是一样的。我们能够发现（而不是创造或发明），当人们设法改善自己时，他们努力朝向、深切渴望，且挣扎奋取的是那些价值，而当他们生病时，他们失去的往往也是那些价值。

然而，我们已经觉察到，只要我们能区分健康人与其他普通人之间的差异，就可以在这方面大有收获（至少在我们稍具技术的此时此刻里）。我们不可以把精神官能症的渴望和健康的渴望加起来平均一下，然后就宣布一个可供使用的结果（最近有一位生物学家宣称：他已发现介于人猿与文明人之间的那个不明存在的领域，那就是我们）。

我认为，这些价值似乎明白显露于外的，是被创造的和被组构而成的。它们内在于人性结构本身之中，具有生物学和遗传因子的基础，且随文化发展而发展。我只是对它们加以描述，而不是发明、设计或设想它们（方法技巧对于资料本身并不负有责任）。这个想法恰好不同于沙特的思想。

我可以用一种更单纯的方式来说明，目前我所研究的是各种不同的人（病人或健康人、老年人或年轻人）在各种不同的情况下所作的自由选择与偏好。我们当然有权这么做，就像研究观察人员有权研究白鼠、猴子或精神官能患者所作的自由选择。这和说法可以避免许多不切题且又意见分歧的价值争论，而且还强调了这项研究的科学性，使之完全脱离先验的范围。（总之，我的看法是："价值"概念很快就要过时了,因为它涵盖太广、指涉太多不同的事物,而且具有太漫长的历史。此外,此字的各种不同用法通常都不是有意识的,因而也制造了混淆。所以我常想要完全摒弃这个字眼。也许用一个较为特殊、较不易混淆的同义词,也行得通。)

这种比较合乎自然主义,比较属于描述性的(亦即比较"科学性的")方法,还有一个优点:它可以改变问题的形式,把含含混混的问题,亦即把"应该"和"必须"这些原先充满各种隐含的、未经检证的价值问题,改变为有关何时?何处?是谁?多少?何种情况下等等比较具有一般经验的形式的问题,亦即使之改变为经验上可以检证的问题。

我的下一个假设是,我认为所谓较高的价值、永恒的美德等,十分近似于在我们所谓的相当健康(亦即成熟、已发展、自我圆满、具有个别性等)的人身上所发现的、在良好的情境下所作的自由选择,也就是在他们感到自己处于巅峰状态、最强而有力时所作的自由选择。

或者,用更具描述性的方式来说明:这些人,在他们感到自己强而有力时,若能真正地自由选择,他们很自然地倾向于选择真而非假,选择善而非恶,选择美而非丑,选择整合而非分裂,选择欢悦而非忧伤,选择生动活泼而非死气沉沉,选择独特而非千篇一律……诸如此类的价值也就是我所描述过的各种存有的价值。

还有一项次要的假设是,我认为这种选择同样地存有价值的倾向,约略可见于全人类或大部分的人。亦即这种倾向是遍布于全人类的价值,不过在健康人身上看得最明显清晰,最正确无误,最强而有力罢了。此外,健康人所呈现的较高价值,最不掺杂(由焦虑而引起之)防卫性的价值,亦不掺杂下面我将指出的"健康性的退化",或法尔松博士所谓之"边岸"的价值。

另外一个十分类似的假设是:健康人所作的选择,就生物观点言,当然大体上都"对他们有益"(此处便是意指"有益于自己或别人的自我实现")。此外,我也约略地感到,健康人所选择的有益的事物,就长远的观点而言,很可能对较不健康的人也有益,而且他们一旦能成为较佳的选择者,便也会作同样的选择。换个方式说,就是健康人比不健康人是较为良好的选择者。或者，为了仔细考量这一想法以便引出其中的含义，我提议，先观察健康人所作的选择，并假定这些选择是全人类的最高价值，然后针对其结果加以研究探讨。也就是说，且让我们以游戏心情把这些人当作生物学上的试金石，认定他们的看法比我们敏锐、他们比我们更敏于觉察何者对自己有益，然后静观其后效。我敢说，假以时日，我们很可能最后也会选择他们立即便选定的东西。或者我们迟早也会了解他们作选择的智慧，并因此也作同样的选择。他们敏锐而明晰地觉察到的东西，我们只能约略而含糊地察知。

同时我也假设，在高峰体验中所感知的价值，大致上与前面所言及的选择价值是相同的。这么做是为了表明，选取的价值只是各种价值中的一种而已。

最后，我还假设了，这些以偏好或动机的形式存在于我们中的佼佼者身上的存有价值，就某种程度而言，与用来描绘艺术"杰作"、普遍的"美好天性"，或美好的外在世界，其价值是相同的。亦即我认为内存于个人的存有价值与在世界之中所察知的同类价值，就某种程度而言是同性质的，并且这些内在的与外在的价值之间，具有彼此相互提升、相互增强的律动关系。

在此我只要说明一项含义：以上论题皆肯定了最高价值内存于人性本身，并自人性之中流露而出。这一观点与我们习以为常的、较为古老的想法形成强烈的对比。过去我们习惯认为最高的价值只能出自超自然的神，或出自人性之外的某种另一泉源。

我们必须忠实地接受并设法解决内存于这一论题中，在理论上与逻辑上所遭遇的真正难题。在此定义中的每一项因素，其本身都需要定义，并且在着手处理之时，我们会发现自己正处于循环的边缘，而有些循环却是目前我们所必须接受的。

所谓"优良的人"，只能根据某些用以判定人性的标准来定义，而且这种人性判准几乎可以确定是程度上的问题。亦即某些人比其他人更合乎人性，而所谓"优良的"人，"优秀分子"就是指非常具有人性的人。其所以必须如此，是因为许多用来定义人性的特征，虽然是必要条件，但其本身却不是决定人性的充分条件。此外，这些定义人性的特征，本身有许多都是程度上的问题，并不是全面且犀利地去分辨出人与动物的差别。

在此我亦发觉哈特曼所提出的方案十分有用。一个优良的人（或一只优良的老虎、一棵优良的苹果树）之所以为优良者，在于他（它）实现或满足了作为"人"（"老虎"或"苹果树"）的概念。

就某一观点而言，这实在是一个非常简单的解决方式，而且也是我们常常在无意识中所使用的方法。产妇问医生："我的婴儿一切正常吗？"而医生也能毫不含混地明白她的意思。动物园的管理员需要老虎时，他会寻找"优良的品种"，他要找的是真正的虎中之虎，一只老虎该有的一切特征都确定良好，并获得充分完全发展的老虎。当我要为我的实验室购买一只长尾猴时，我也希望买的是优良品种，是优良的猴中之猴。如果我遇到的是一只缺少有力的长尾的猴子，那么它就不是一只优良的长尾猴，尽管尾巴对猴子来说没什么。同样，如果要买的是优良品种的苹果树，或优良品种的蝴蝶，情形也是一样。一位分类学者要为一个新品种选取"类型标准"，他要选取一个可以放在博物馆中的标本、一个可以代表全体的样品。他要选取的是所能找到的最优良的品种、最成熟的、最没有缺点的，以及最具有足以定义此类的各种特征的典型。同样的原则也可以用来选择出一幅"雷诺瓦的佳作"或"鲁本斯的杰作"。

就是在这种相同的意义之下，我们可以选出品种最优良的人。他具有人该有的一切部分，人所应该具有的能力他都具有，而且发展良好、完全发挥作用。同时，他没有任何明显的疾病，尤其没有任何可能伤害到主要用以定义人之必要特征的疾病。这样的人都可以被称为"最完全的人"。

至此，这样的一个问题还不算太困难。当我们要做个美的评判者，要买一群羊或是要买一只小狗当宠物时，便会附带引起困难的问题。我们首先遭遇到的是武断的文化标准问题，这些文化标准很可能压倒并取消了生物心理的决定因素。其次是驯养教化的问题，也就是说，人为与被保护之生活的问题。我们必须记住，人类在某些方面也可以说是被驯养的人，尤其是那些最受到保护的人，像脑力受损的人、年幼的儿童等。第三个问题则在于，我们有必要将酪农眼中的价值与乳牛本身的价值予以区分。

由于人类本能的倾向，就其实况而言，远较文化力量为微弱，因此如何理清人类精神生物学上的价值，向来十分困难。不过，不管困难与否，原则上是有可能做到的，而且这是一项十分必要，甚至是相当重要的工作。

因此，如何"选出健康的选择者"是我们所探讨的大难题。就实用目的而言，难题现在就可以解决，就像病理学家现在就可以选出生理健康的器官。但是，此处最大的困难是理论上的困难，同时亦是有关"健康"的定义与概念化的问题。

我发现成熟的人或较健康的人，在真正的自由选择之下，不仅看重真、善、美的价值，同时也注重那些退化的、求生存的、具均衡作用的价值。他们也注重和平与安静、睡眠和休息、顺服、依赖与安全感，免受现实威胁的保护与解脱，从莎士比亚到侦探故事的欣赏、退入幻想世界，甚至渴求死亡（平安）……我们可以粗略地把这些价值分别称为成长的价值和健康性的退化价值，或"边岸"价值；并且进一步指出，愈成熟、愈坚强、愈健康的人，愈寻求成长的价值，而愈不寻求、愈不需要"边岸"价值。不过，他仍然是两者皆需要的。这两类价值经常呈现出一种彼此交互辩证的关系，并因而导引出开放的行为所具有的动态平衡关系。

必须要记住的是，基本动机提供了一套现成的价值层次，这些价值是以较高的和较低的需求、较强的和较弱的、较重要的和较无所谓的关系，彼此相互依存的。

这些需求是按照整合的层次，而非按照二分对立的方式来加以排比的。也就是说，它们彼此一一相连、相互依赖。为了实现某种特殊才能的较高层次的需求，可以说有赖于安全需求的连续获得满足。而安全的需求，则可以说即便在静伏无为的状况下，也是不会消失的（我所谓的静伏不动，是指饱食一顿之后仍会再饥饿的状况）。这点意味着，退向较低层需求的退化过程永远可能存在，而且在此层次脉络中，不仅要将此退化过程视为病理的或病态的，而且将之视为对整个有机体的整合是绝对必要的，同时亦应视之为'较高层需求"的存在与作用的先决条件。安全是爱的先决必要条件，而爱又是自我实现的必要条件。

因此，这些健康性退化的价值选择，也应该被看作是正常的、自然的、健康的、发乎本能的等，看作是所谓的"较高层次的价值"。显然，这些价值亦处于一种彼此相互辩证与相互律动的状态中（或者，正如我常喜欢说的，他们是有层次的整合，而不是二分的对立）。最后，我必须要处理的是清楚且具描述性的事实，亦即大部分人在大部分时间里的情形是，较低的需求与价值比较高的需求与价值占优势。也就是说，一般人常会受到退化拉力的影响。唯有最健康的、最成熟的、最发展完全的个人（并且也唯有处在良好的，或相当良好的生活环境下），才比较会选择和偏爱较高层次的价值。之所以如此，很可能主要是因为获得满足的较低需求的基础稳固，而且较低需求一旦获得满足，便会呈现静止与休眠状态，因而不再受到退化拉力的影响（同时之所以能假定需求获得满足，显然也是因为假定了一个相当美好的世界）。

以上论点可以用一个陈旧的方式概略言之，即人类较高层次的本性建基于人类较低层次的本性，较高层次的本性需要以较低层次本性为基础，并且如果缺少了这个基础，较高层次的本性就会崩溃瓦解。换言之，对大多数人而言，如果缺少了一个已获得满足的较低层次的本性作基础，则人类较高层次的本性便难以想象了。而发展此一较高本性的最佳方式，就是先去实现较低的本性，并使之获得满足。此外，人类较高层次的本性亦建基于目前或先前便已存在的良好的，或相当良好的环境中。

言外之意便是，人类较高层次的本性、理想、抱负和能力的基础并不在于舍弃本能，而在于满足本能。（当然，我前面所说的"基本需求"并不等同于古典弗洛伊德所说的"本能"。）即使如此，我的解说方式也已指出有必要重新检验弗洛伊德的本能理论，他的论点过时已久了。另一方面，此一说法与弗洛伊德把生命与死亡的本能以隐喻方式加以对立二分的看法，具有某种同质性。也许我们可以利用弗洛伊德的基本隐喻以修正具体的叙说方式，在进步与退化，较高与较低之间所呈现出的这种辩证关系，目前已被存在主义的学者用另一种方式说了出来。除了我尝试尽量使我的说法较接近于经验上与临床上较可辩证,或较不可辨认的素材外,我看不出这些说法彼此之间有多大的差别。

即使是我们之中最完美的人,也不能免除人类基本的困境:既是纯粹的受造物同时又肖似于神,既强且弱,既有限又无限,既是纯粹的动物同时又可超越于动物之上,既是成人又是孩子,既怀有恐惧同时又充满勇气,既会进步也会退化,既渴望完美又害怕完美,既为蚂蚁亦是英雄。这也就是存在主义所一直努力要告诉我们的人类困境。我觉得,根据我们目前已有的证据为基础,我们必须同意他们的看法,这种二分对立的困境及其辩证的关系,是精神动力学和心理治疗的任何终极系统的基础所在。此外,我认为它也是自然主义的价值理论的基础所在。

三千年来我们习惯于根据亚里士多德的逻辑方式(A 或非 A 二者彼此全然不同,且互相排斥。你可以选择其中之一,非此即彼,但是你不可以二者同时皆选),来作二分对立、区别与划分;然而放弃这一习惯却是相当重要的事,甚至是关键之所在。尽管很难,但是我们仍必须学习以整体的方式,而不要以原子论的方式来思考。因为所有这些"对立的"情形,其实都以有层次的方式被整合了,尤其是在健康人身上更是如此。而且,治疗的根本目标之一,就是要改变二分对立与分裂的情形,把看似水火不相容的对立物加以整合。我们肖似于神明的特性就是建基于我们的动物性之上,同时也需要我们的动物性。我们的成熟性不是由于放弃了孩童的天真,而是因为含摄了儿童善良的价值,并且是将之筑基于其上的建设。各种较高的价值都是以有层次的方式整合了较低层次的价值。总的说来,二分对立形成了病理学,而病理学使用的正是二分对立的方法(请与高斯坦所论的有效的隔离概念加以比较)。

正如前述,价值的一部分是在我们之内被发现的,但是,价值还有一部分则是由每个人自己本身所创造或所选择而出的。"发现"并不是把我们所赖以生存的价值导引出来的唯一方式。自我研究发现,严格单义的东西,只指一个方向的手指,只用一种方式便可满足的需求,是很稀有的事。几乎所有的需求、能力和才干都可以用各种不同的方式来予以满足。虽然这种不同的变化有限,但它仍是一种多样变化。天生的运动员有许多不同的运动任其选择，任何个人可以用各种不同的方式去满足爱的需求。音乐之才无论吹笛子还是吹黑管都一样可以得到快乐。大智之士不论成为生物学家、化学家还是心理学家都同样会感到快乐。任何怀有善意的人都会认为世界上充满了各种不同的事由与责任，等着他以同样满意的心情去奉献。也许有人会说，人性的内在结构是软骨质的。它就像树篱笆一样，可以修剪，亦可以导向，甚至就像一棵果树，可以修整成一面树墙。

选取和放弃的问题，始终一直存在着。即使是一个试测老手或一位优秀的心理治疗医生，很快便能概略看出一个人的才干、能力、需求和人品，很快就能为当事人提出相当妥贴的职业忠告，他仍有可能遭遇到同样的问题。

此外，当一个人正在成长，模模糊糊地看到命运的行列，他可以在其中作选择，并配合机运，配合文化上的赞成与责难……当他渐渐决定献身于（是选择，还是被选择）例如做个医生，于是如何自我造就、自我创造的难题，很快就浮现出来了。遵守纪律、工作努力、延缓享乐、强迫自己努力、塑造并训练自己，这一切，即使对天生的医学人才而言，都是必要的。不管他多么热爱他的工作，为了整体之故，他仍然必须吞下许许多多的琐碎杂事。

或者换个方式来说，以成为医生来实现自我，意思是要做个优秀的医生，而不要变成一个庸劣的医生。这样的理想，当然一部分是他自己创造出来的，一部分是文化教给他的，还有一部分是从他的内在流露出的。他所认为的良医应该具有的一切，与他的才干、能力和需求同样都具有决定性的因素。

在《心理分析与道德价值》一书中，哈特曼否定了道德命令可以从心理分析的研究结果中导引而出。此处"导引而出"的意思究竟是什么？我认为，心理分析和其他揭发式的心理治疗只不过是把人性内在的、较生物性的、较属本能的核心予以显露或铺陈。这一核心的部分，当然就是某种偏好与渴望，而这些偏好与渴望，即使很微弱，仍可视之为以生物性为基础的内在价值。所有的基本需求均属于这一范畴，而个人所具有的天生才干与能力也是如此。我并没有说这些都是"应该"或"道德命令"，至少不是就其古老与外在的意义而说的。我只是说它们内在于人性，此外如果否定、挫折它们，便会造成心理疾病，并因此造成罪恶，造成罪恶与疾病的重叠，虽然二者并非同义。

同样，雷德利也说道："一种对治疗的探讨变成一种意识形态的探讨，那么一定会大感失望。就像惠利士所明白表示过的，因为心理分析无法提供一种意识形态。"当然，如果我们采取"意识形态"的字面意义，也的确如此。

不过，还有一些十分重要的事被忽略了。虽然这些揭发式的心理治疗并不提供一种意识形态，不过它们的确有助于"揭发"和至少显露出内在价值的基本原理。

这也就是说，揭发式的、深度的心理治疗医生可以帮助病人发现他（病人）一直朦胧地追求、向往与需求的一些最深刻、最内在的价值。因此我主张这种治疗与价值的探索息息相关，而不是像惠利士所说的毫无关系。事实上，我认为我们可能很快就可以把心理治疗定义为价值的探索。因为终究说来，自我身份的探索就其本质而言，就是探索一个人自己内在的真正价值。尤其是当我们回想起自我认知的增长（和自我价值的澄清），其实是与对别人和对一般现实的认知的增长和对他们价值的澄清相互一致的，这时就更能了然于胸了。

最后我认为，时下流行的强调自我认知与伦理行为（价值实践）之间有一个（假想的）大鸿沟，很可能其本身就是一种病症，代表思想与行为之间根深蒂固的裂缝——虽然这个裂缝就其他性格形式而言并不如此普遍。这一点，可以归结于哲学界向来对"是"与"应该"和"事实"与"规范"之间所作的二分对立。据我观察，较健康的人，高峰体验中的人和努力设法将固有的良好特质与良性的歇斯底里特质予以整合的人，普遍都没有这种无法跨越的鸿沟或裂缝。在他们身上，清晰的认知立即流露为自动自发的行动，或是伦理的实践。也就是说，只要他们知道什么是该做的，他们便会去做。那么在较健康的人身上，这个知与行之间的鸿沟还留有什么样的障碍呢？只有现实和存在中所固有的问题，即只有真正的问题，而没有虚假的问题。

只要这个论点正确无误，那么深度的、揭发式的心理治疗，就不仅具有祛除疾病的功效，还可以是合理的、发现价值的技巧。

二十一、存在的价值

当我们讨论开明管理或其他社会制度是达到心理健全的方法时，必须放弃"单一的伟大价值"这类理论，例如："全部都是为了爱"，或者像一位开明企业家所讲的："我的一切努力都是为了服务人群。"至少目前不适于价值观的纯化。因为当我试着完整地定义真相与诚实时，我发现必须用其他的存在价值来定义。例如，真相是美丽的、好的、正义的、一统的……我还未针对其他存在价值下定义，但很明显的，美除了它本有的特质外，也包含了其他所有存在价值的特质。

也许有一天，我们能够诠释所有存在价值的单一本质和一体性。但我认为因素分析的技术有所助益。

不过，我们可以借此判断某项事物是否属于存在价值。基督教科学家视爱为最高价值，某位学者将真理视为最高价值，济慈（英国诗人）将美视为最高价值，律师认为正义是最高价值。我们可以用以上批评的原则来判定，他们所持的价值是否符合存在价值的精神。例如一名信奉基督教的科学家所定义的爱，与医学和生物的真理相互违背，因此我们知道他们所定义的爱与其他的存在价值相分离。这显示出他们的定义不够完全，或者他们对爱的理解是零碎的，不够完整。同样的，有些科学家在追求真理的同时，却不考虑其他的存在价值。例如，盲目、思考不完整的医生或机器人专家，或纳粹集中营的生物学家自认为自己是在追求真理。但事实上，他们所追求的真理却与爱、正义和良善等价值产生冲突，因此他们对真理的定义是错误的、不完善的、零碎的。与其他存在价值相互冲突或排斥的即不属于存在价值。所有的存在价值都不能有相互分化或冲突的情形发生。

科学家可以在追求真理的同时，不与其他存在价值发生冲突，因为他所追求的真理与终极目标或存在价值相容。这也符合开明管理的原则。也许有人只追求有限的或单一定义的价值，例如服务，但不包括多元定义的服务。也许我应该以这种方式说，存在爱或存在真相都和其他任何的存在价值等同。或者可以说，存在价值是根据所有其他的存在价值、存在爱来定义的。

或者，我们可以再用另外一种方式说，如果我们能够维持多元化的存在价值观以及它们的一体性，就可以通过任何一项存在价值，达到一体性。只要我们穷尽心力追求存在真相或存在正义，就可以真正拥有真相、正义和完美。

二十二、健康就是超越

我的目的是要在时下讨论心理健康的潮流中，保留住一项可能被遗漏的观点。我所看到的危机在于：把适应，即适应现实、适应社会、适应别人，认同为健康的古老看法，又以一崭新且更为精妙的形式重新复苏了。也就是说，真正的人或健康的人，不是以其本来面目、其独立性，也不是根据内在心灵法则和非环境原则获得认定的。他不被视为有别于环境，或独立于、相对于环境。相反，用来为他下定义的词汇，常是一些以环境为中心的语词，例如：有能力控制环境，关于与环境建立妥当而有效的关系、工作胜任愉快、识时务、善逢迎，能获得公众所谓的成功等等。若换个方式来说，则工作分析、工作要求都不应作为个人健康或价值的主要判断标准。一个人除了有向外发展的倾向，还有向内的倾向。单纯一个以外向心理为中心的观点并不足以胜任界定健康心灵的理论工作。我们切勿堕入陷阱，误以一个人的专长来界定良好机能，好像他只是一件工具而不是有其本身价值的存在，好像他只是一件为了某种外在目的而存在的工具。

我特别想到怀特先生最近发表于心理学期刊的一篇论文——《动机的再反省》，以及伍德华茨先生的书——《行为的律动》。我特别提及，是因为二者都是杰出的作品，立论精辟，而且更因为二者皆促使动机理论向前迈进一大步。我十分赞同两位作者前进的程度，但我认为他们走得还不够远。他们仍以某种形式暗含着我前面所提及的危机。换言之，尽管精明练达、掌握效益、胜任愉快均是适应现实的主动形态，而非被动形态，不过仍然是适应理论的变数。我觉得我们必须远远地跳出这些听起来好像不错的词汇，以便认清何谓超越环境、独立于环境，何谓与环境相抗衡的能力，或向它迎击，忽视它，拒绝或调适它的能力（这些语词都带有阳刚的、两方的、美国式的特性，对此我不拟细谈。不知一名女子、一名印度人，甚或一名法国人首先想到的是精明练达，还是胜任愉快）。就一套心理健康的理论而言，外在心理的成就是不足够的，还必须纳入内在的心理健康。

另外还有一种情形，如非这么多人认真以对，我是不愿多谈的。那便是苏利文式界定自我的方式，他纯粹根据别人所认为的他，来界定自我。在这种极端的文化相关性中，健康的个体性丧失殆尽。并不是说，对不成熟的个性而言，就不会如此，其实情况依旧。不过，我们此刻正讨论的是已完全成长的健康人，而他理所当然具有能超越别人意见的特性。

我坚信，我们必须保留自我与非我之间的分野，才能够了解完全成熟的人（亦即真正的、自我实现的、具有个别性的、有创造力的、健康的人）。为了证实这个观点，我谨以十分简短的篇幅，邀请大家注意以下论点：

1. 我首先要提及我在1951年出版的《对文化变迁的抗拒》一文中的一些资料。文中我指出，我所研究的健康人物，表面上都接受约定俗成的看法，但私底下并不十分在意，对它们采取敷衍的态度，并敬而远之。也就是说，他们可予以采用，也可予以弃置。尤其是，我发现他们全都以温和、比较的方式排拒文化中的愚昧、不完善之处，并以时剧时弱的力量来改善它。但如果他们觉得必要，则一定会展示他们予以迎头痛击的能力。论文中有一段话："钟爱或赞同，以及敌对和批评之间变化比例的混合情形，表示他们凭借各人的才情智慧，选择出美国文化中的精华，而排拒他们所认为的渣滓。简言之，他们（凭借各自的内在判准）衡量它、判断它，然后再下决定。"

此外，研究显示他们离群索居的程度亦十分惊人。他们十分喜爱隐居，甚至需要隐居。

就某种理由而言，他们可以被称为是自律自主的人，亦即支配他们的爱是各人内在性格的法则，而不是社会的规范（这些规范亦有所差异）。在此意义下，他们便不只是美国人，而且是全体人类的一份子。因此，我曾假设"这些人一定较不具有区域性格，而且他们彼此的相似之处必定超越了文化的界线，而不是由于同属于本有文化中较未发展之一的群体才彼此相似。"

这里我所要强调的,是这些人所具有的超然、独立自主的性格,以及他们自己内在寻求生活方针及价值规范的倾向。

2. 唯有借着这种区分,我们才能为沉思、默想,并为深入自我远离外在世界,以便倾听内在声音的各种形式,留下理论的余地。这点包含了一切内省治疗的各种历程,在此治疗历程中,远离尘嚣乃是必要条件,而且通往健康之路,其方法就在于转身进入冥想,进入原始历程之中。也就是说,其方法在于整个内在心灵的复苏。如果这点行得通,则心理分析的真意便在文化之外了。(若能更充分地讨论,我一定还会为意识本身的愉悦感,并为各种经验价值而辩解。)

3. 近来对健康、创造力、艺术、游戏和爱的关心,我认为已使我们在普通心理学方面受教良多。为了达到本文的目的,我愿从这些研究探讨的各种结果之中,择取一例来加以说明,就是一般对人性深度、无意识以及古老、神秘而又诗意的原始历程,在态度上的转变:由于病态的根源首先发现于无意识,因此我们一直认为无意识是不好的、邪恶的、疯狂的、肮脏的或危险的,并认为原始历程就是真理的曲解。但是我们现在已经发现,这些深处其实也是创造力的根源,是艺术、爱、幽默、游戏的根源,甚至是某种真理和知识的根源,我们可以开始谈论健康的无意识和健康的退缩了。尤其是我们可以开始看重原始历程的认知和原始、神秘思维的价值,而不再把它们视为病态。现在我们为了某种知识——不光包括对自我和对世界的知识——而深入原始历程的认知活动,而次要历程在这方面是盲目的。这些原始历程是正常、健康人性的一部分,因此应该将之纳入解析健康人性的理论之中。

如果你同意这个说法,那么你就必须认清以下事实:原始历程是属于内在心灵的,有它们各自固有的法则与规范。本质上,它们不是要适应外在现实界,或经由外在现实界所塑形,亦非备以同现实界相抗衡。为了处理这点,必须将人格较肤浅的层次予以区辨。如果把整个心灵视为等同于应付外在环境的工具,便会失去一些我们再也不敢失去的东西。恰当、适应、调适、胜任、精通、善于应付,这些都是以环境为导向的字眼,因此都不适于用来描述整体心灵,因为心灵中有一部分是环境影响不到的。

4. 区别行为的应对面与表现面的差异，在这里也是非常重要的。我在多处都曾向"一切行为均是由动机所引起的"这种公式提出过疑问。在此我愿强调的事实是，表现的行为并不是由动机所引起的，或者说，表现式的行为比应对式的行为较不是经由动机所引起的（按照你所谓的"由动机引起"的意义，而有不同的说法）。就其纯粹形式而言，表现式的行为与环境并无多大的关系，亦不具有改变环境或适应环境的目的。像调适、恰当、胜任、精通这类字眼并不适用于表现式的行为，仅只适用于应对式的行为。一种以现实为中心的完全人性理论不能处理表现的问题，也无法使表现具体化，否则将遭致极大的困难。据以了解表现式行为的中心点（一个自然而从容的中心点）在于内在的心灵。

5. 把注意的焦点集中在一件事上，就会在有机体内或环境中产生专司效率的组织。凡是不相干的均搁置一旁，不予注意，而各种相关的能力和信息则都待命于某一目标、某一目的之下。意思就是，所谓重要性是按照其能有助于解决问题，即有用性来予以界定的。凡是无助于解决问题者则成为不重要的。选择乃成为必要之举，抽象作用亦然，虽然抽象作用也表示对某些事物的盲目、忽视与排斥。

不过我们已习知因动机而引起的感知作用、任务导向、以用处为据的认知作用，这些全都与效力与胜任能力有关（亦即怀特先生所定义的"能够与环境有效地交互作用的机体能力"），却遗漏了某些东西。我曾指出，完整的认知作用必须是无偏见的、无所待的、无所欲求的、非动机所引起的，这样我们才能根据一切的本性，按其客观、内在的特性去感知此物，而不仅只撷取"其有用之处"、"其危险之处"……

只要我们试图控制环境或影响环境，我们便会销蚀完整、客观、无偏见、非干扰性认知作用的可能性。唯有顺其所是而无所为，我们才能全面地感知。此外，以心理治疗的经验为例，当我们愈想作一诊断，或作一行动计划，我们就愈会感到无助。每一位心理治疗的研究者都必须学会，切莫试图去治疗、切莫失去耐性。在此情形，以及其他许多情形中，让步就是克服，谦虚就是成功。千百年前道家与禅宗便是采此途径以洞察事理,而我们心理学家却刚起步察知。

不过最重要的是我的初步发现:健康人对世界常采取存有的认知态度,这种存有之知甚至可用以作为界定健康的特征。此外,我在高峰体验(暂时的自我实现)中也曾发现过这种存有之知。这点意味着:精通、胜任、效率,这些字眼,即使意指与环境保有健康的关系,其所暗含的意义,仍侧重于积极的目的性,而非指涉健康或超越的概念。

我们可以假设一个情况,以阐释这种对潜意识历程改变态度的结果:感官知觉的丧失(而非仅仅是忧惧本身),对健康人而言应也是愉快的经验。换言之,切断同外在世界之间的联系,既然能容许内在世界浮出意识层,而健康的人既然也较能接受,并享有内在世界,他们一定更乐于享有这种感官知觉的丧失。

6. 最后为确认几个重点,我愿再次强调,向内寻求真实的自我,乃是一种"主体性的生物学",因为它必须包括一种努力——努力去体会自己体质上、性情上、生理构造上、身体机能上,以及结构性的、生物化学性的种种需求、能力和反应,亦即一个人生物上的个体性。因此虽然看起来有些矛盾,但这却是同时体会一个人之个别独特性,和一个人与其他全体人类共同相似之处的途径。也就是说,这个方法可以使我们无视于个别的外在情境,而仍然能体会出我们全体人类在生物学上的手足之情。

以上论点,为我们在健康理论上提供如下之教益:

1. 我们切不可忘记独立自主的自我或纯粹的心灵,切不可将之视为只是一种适应的工具。

2. 即使在处理我们与环境的关系时,除了顾及控制性的关系外,也应该为一个包容性的关系预留一个理论的地位。

3. 心理学有一部分是生物学的一支,有一部分是社会学的一支,但是心理学并不仅止于此。心理学自有其独特的辖区,并且心灵中有一部分绝非外在世界的反映,也不是外在世界的一个模型。

二十三、基本的认识

如果人类哲学（有关人之本性、人之目的、人之潜在力、人之实现的哲学）一旦改变，则一切都会有所改变：不仅政治哲学、经济哲学、伦理学、价值哲学、人际关系和历史本身会有所改观，教育哲学、心理治疗和人格成长的哲学等这类帮助人变化气质、陶冶品格的理论亦会有所改变。

目前我们正处于这种变化当中，有关人类的能力、人生的目的与人的潜在力等各方面的概念可谓日新月异。而对于人的可能性与人的命运亦正逐渐浮现出一种新的见解，而此种新见解所牵连的后果亦是多方面的，它不仅影响我们对教育的看法，也影响科学、政治、文学、经济和宗教，它甚至会影响我们对非人世界的看法。

我认为把这种对人性的见解描述为一种整体、单一，且内容丰富的心理学体系，现在也许正是时候。但是这些见解，有许多是针对目前两种最具规模之心理学派（行为主义或联想主义和古典弗洛伊德派心理学）的限度，所引起的反动（例如人性之哲学）。因此要为这种见解找一个统一的名称，仍是相当困难的事，也许目前还言之过早呢！过去我曾用"整体的律动"心理学来称呼它，以表达我对其主要的理论基础的看法。也许有人会跟着高斯坦而称之为"有机的"心理学。而沙提士等人则称之为自我心理学或是人性心理学。究竟该如何称呼，我们拭目以待。不过据我推测，在近几十年内，只要它仍维持某种适度的折衷性与包容性，则它仍将被称为"心理学"。

我想我之所以能有所贡献，那是因为我所说的是根据我自己的看法和研究成果，而不是由于我"正式"代表某一群思想家——虽然我很确定，我的看法与某些思想家的确有许多相同之处。由于篇幅有限，以下我只能针对此一新见解，提出几个重要命题，但是我要提醒读者诸君，其中有许多点已超出我的资料范围，而有些命题则多半主要是根据我私人的看法，而不是根据已获得公开证明的事实。不过，这些命题原则上都是可以加以肯定或否认的。

1. 我们每一个人都拥有一种基本的内在本性，这一内在本性是发自本能的，是内在固有的，天赋既与的，和"自然天生的"；也就是说，它带有某种遗传上的决定因素，并且此一内在本性强烈地具有持续存在的倾向。

在此谈及"个人"自我在遗传和体质上最初所获得的根源，是很有道理的。但是这种生物性的决定因素只占了个人的一部分，而且它相当复杂，难以用简单的方式予以言明。无论如何这是"素材"而不是成品，尚需要个人自己、与个人密切相关的别人及其周围环境，共同对此素材加以回应。

我认为在此基本的内在本性里包括以下各种内涵：发自本能的基本需求、禀赋、才干、生理构造、生理机能的平衡、性情的平衡，出生前或出生时所受的伤害，以及新生儿期间所遭受到的重大创伤。此一内在核心说明了它是一种自然的倾向、癖好或内在的性向。至于幼年初期所形成的一切，诸如防卫性的与应对性的心理结构、"生活类型"和其他各种品性特征，是否应包括在内，则仍是一个尚待讨论的问题。这些原始素材一旦与外在世界相接触，开始与之相往来，便会快速展开成长，并转化为自我。

2. 这些内在本性都是潜在的能力，而不是最后的实现，它们各有其生命的历史，因此应以渐进发展的方式来予以了解。它们绝大部分（而不是全体）是经由心理以外的决定因素（诸如文化、家庭、环境与学习等）而获得实现、接受塑形，或遭受压抑的。在早期的生命中，这些漫无目标的渴求与倾向，除了借由疏导的方式与（感觉）对象有所接触之外，并且也借着任意习得的联想与对象接触。

3. 这种内在核心虽然具有生物性的基础，并且是"发自本能的"，但就某种意义而言，它却脆弱而不坚强。它很容易就会被克服、被压抑或被阻止，它甚至也可能永远被抹煞。人类所拥有的本能不再像动物的本能一样强而有力，能以清晰无误的内在声音，毫无歧义地告诉他们该做什么，何时、何处、如何与何人一起做。我们所留有的是一些残存的本能。此外，它们脆弱、微妙而又细致，很容易就会被日常的学习、文化的预期、恐惧、反对等现象所淹没。要认识它们并不容易，甚且可以说十分困难。真正的内在自我，一部分可以界定为能够听见内在于个人之冲动的声音的能力，也就是说，能够知道什么是自己真正想要的或不想要的，什么对自己合适，什么对自己不合适等的能力。而这些内在冲动的音量强度，似乎具有相当大的个别差异性。

4. 每个人的内在本性所具有的各种特征，某些是别人也有的（人性共通的），某些则是个人所独有的（个别独特）。爱的需求是每个人天生具有的特征（虽然此一特征可能会在某些后天的环境影响下消失），而音乐的天才则是少数人天赋既与的禀异，并且这些天才在风格上亦明显有别，例如莫扎特与德布西。

5. 我们可以用科学的方式客观地研究此种内在本性（亦即视之为一种"科学"），以便发现它到底像什么（注意：是发现，而不是发明或建构）。我们也可以借由内在的探索和心理治疗的方式，主观地从事这项研究。这两种研究可谓彼此相辅相成、相互支持。而一种广大悉备，且合乎人文主义的科学研究，实应包含以上这些经验性的技术在内。

6. 这种内在较深刻的本性很可能（a）：由于会引起恐惧、遭致非难或造成自我疏离，而遭受到主动的压抑，就像弗洛伊德所描述的一样；还有便是（b）："被遗忘了"（被忽略、未曾压过、被忽视、未曾说出或被压抑了），正如夏克特所描述的一样。因此，许多内在较深刻的本性都是潜意识的；不仅弗洛伊德所强调的冲动（如驱力、本能、需求）是如此，即使是能力、情绪判断、态度、定义、感知力等，亦是如此。主动的压抑颇为费力，甚至会竭尽精力。主动地维持潜意识状态有许多特殊的手法，诸如否认、投射作用、反向作用等均是。不过，压抑并不能抹煞被压抑的东西，而且被压抑者仍然是思想与行为的主动决定因素。

无论是主动的压抑或是被动的压抑，在人生之中似乎都出现得很早，而且绝大部分都是针对双亲的和文化的非难而产生的一种反应。

不过，有些临床的例证则显示出，幼儿期或青春期的压抑也可能出自超乎文化之外的内在心理，亦即是由于害怕被自己的冲动击倒、害怕变得四分五裂、害怕"堕入歧途"、害怕快要爆炸的感觉等所引起的。儿童对自己的冲动会自然形成恐惧和排斥的态度，并因此用各种不同的方式保护自己以免于冲动，这种情形理论上是可以成立的。

如果真是如此，社会便不一定是唯一导致压抑的力量根源，内在心理也是导向压抑与控制的力量根源。我们可以将此一根源称之为"内在的反投入"。

最好把潜意识的驱力、需求和潜意识的认知方式加以区别，因为后者比较容易导向意识，因此亦易于修正。像原始历程的认知（弗洛伊德），或原始思考（荣格），在像创造性的艺术教育、舞蹈教育和其他非言说之教育技术中，更易重新被呼唤而出。

7. 在一般人身上，这种内在本性虽然"脆弱"，但也很少就此消失或灭绝（不过，在生命旅途的初期，它依然有消失或濒临绝灭的可能）。一般而言，内在本性即使遭受否定和压抑，也会潜意识地隐伏在暗处坚持固存。就像理智（也是内在本性的一部分），其说话声音虽然微弱，但也听得见，即使是形式被扭曲了，也一样听得见。也就是说，它自有其内在的动力，经常驱迫着要求作公开且不受约束的表达。如果硬要禁止或压抑它，则必将费尽力气，甚至弄得精疲力竭。"愿意健康"、渴望成长、迫切要求自我实现、寻求自我身份的肯定，都是这种内在动力的主要面貌之一。也正是这种内在动力，才使得心理治疗、教育和自我进步在原则上具有实行的可能性。

8. 然而，这种内在核心或内在自我之所以成长为成熟的个人，只有一部分是由于（在客观上或主观上）发现了、展露了或接受了早已现存的现象。此外还有一部分则是由于个人自己的创造。生命对个人而言，是不断选择的历程，在此历程中选择的主要决定因素在于个人的"已是"（包括他自己的目标、他的勇气或恐惧、他的责任感、他的自我强韧性或"意志的力量"等）。我们可以不必再把一个人看作是"完全被决定了的"个体，因为这句话意谓着"他只是被外在力量决定的个体"。只要他是一个真正的个体，个人便是自己的主要决定因素。每个人就其部分而言，都是"自我的投射"，并因此而造就了自我。

9. 一个人的基本核心（内在本性）一旦受挫、被否认或受到压抑，结果就会生病。有时明显地病了，有时成为潜伏的疾病，有时随即病倒，有时过后才发病。这些心理疾病所涵盖的范围比美国精神医疗学会所列举的还要广。例如，我们现在已经了解到，性格的失调与困扰，远比一般典型的精神官能症甚或精神病，还能够影响世界的命运。从这点来看，新型的疾病最具危险性。比如"患有精神萎缩症或心智发育不全的人"是一例。也就是说，这种人丧失了一切足以定义人性或人格的任何特征，因而无力发展人的潜能，变得毫无价值……

换言之，可以把人格上的一般病症视为成长上、自我实现上或人性圆满上所具有的一些缺失，并且也可以把疾病的主要来源（尽管不是唯一的来源）视为在各方面所遭到的挫折（例如基本需求、存有之价值、个别独特的潜在力、自我的表达、个人意图按照自己的风格和步调迈向成长等方面的挫折），尤其是在生命的最初几年中所遭致的挫折。换言之，基本需求的受挫，并非致疾或人性萎缩的唯一根源。

10. 这种内在本性，就我们目前所知，绝对不是原本为"恶"的，而应是我们成年人按照我们文化称之为"善"的，否则，它也应该是中性的。不过最精确的表达方式应该说，它是"先于善与恶"的。如果我们谈的是婴儿与儿童的内在本性，就不会有问题。但是如果我们谈的是存留于成人内的"童心"，这句话就变得比较复杂了。而如果我们是就存有心理学的观点，而不是就缺陷心理学的观点来了解一个人，则问题就更加复杂了。

所有与人性有关的显露真相与揭发式的技术，比如心理治疗、客观科学、主观科学、教育与艺术，都支持此项论点。例如，就长期而论，揭发式的心理治疗会逐渐减少恶意、恐惧、贪婪等，并且会逐渐增强爱心、勇气、创造力、仁慈与利他的胸怀等。由此更使我们获得一项结论：后者较诸前者更深刻、更自然、更内在于人性。换言之，我们所谓的"坏"行为，已因揭发式的治疗而得以减少或去除，而我们所谓的"好"行为则因揭发式的治疗而获得强化与陶成。

11. 我们必须把弗洛伊德所谓之超我与真正的内在良心和内在罪恶加以区分。弗洛伊德所谓的超我，原则上是把个人以外的其他人，如父亲、母亲、老师等人的赞同与反对均纳入自我之中。因此罪恶感就是认出别人的反对。

但是真正的罪恶感却是一个人背叛自己内在本性或自我的结果，是悖离自我实现的正道而掉头他去，并且本质上是自认为有理的一种自我否决。因此真正的罪恶感并不像弗洛伊德派所谓的罪恶感那样，深受文化的影响。它是"真实的"、"理所应得的"、"正义而公平的"，亦是"正确的"，因为它是一种悖离、离弃了个人内在深处的真我，而非离弃了偶发的、武断的或纯粹相对的区域主义。就此而言，个人在理应具有罪恶感时感到罪疚，对其个人的发展反而是好的，甚至是"必须"的。内在罪恶感并不是一项应该不惜代价必须予以免除的病症，它是成长的指引，是朝向真实的自我，及其潜力之实现的一个内在指导。

12. "恶"的行为主要是指不当的敌意、残忍、破坏与"卑鄙"的侵略。这点我们所知不多。如果敌意的特性是发自本能，则人类的未来前途是一种情形；如果敌意的特性是出自对行为的反应（即针对恶劣待遇而产生的一种回应），则人类未来的前途，便会是另一种不同的情况了。我的看法是，照目前已有的证明显示，不分青红皂白的，且具破坏力的敌意应是出自行为的反应。因为揭发式的心理治疗可以缓和它，并且改变其性质，使它成为"健康的"自我肯定，成为强劲的动力、选择性的敌意、自我的防卫、正义的愤怒等等。在所有已自我实现的人身上，也可以发现这种攻击与发怒的能力，而且当外在情况要求他发动攻击或发怒之时，他们都能坦率地让它发泄出来。

儿童的情形较复杂。不过最低限度我们知道，健康的儿童也能发出正当的愤怒，懂得自我保护与自我肯定，亦即是出自行为反应式的攻击。因此可以推测出，一个小孩不仅应该学习如何控制他的怒气，同时更应该学习如何和何时表达他的愤怒。

我们的文化所认为恶的行为，也可能出自无知和出自（幼童或成年人心中被压抑或"被遗忘"的）幼稚误解与幼稚想法。例如，手足之间的竞争可以溯源于孩童独占父母的爱的欲求。原则上唯有等到他成熟了，他才会明白，母亲给他兄弟的爱，与母亲对他持续不断的爱，二者之间是相容并蓄的。因此，由于对爱的幼稚看法，本身虽不负责，却会导引出缺乏爱的行为来。

有许多文化所谓的恶的行为，若从一个较普遍的观点，或从本书所勾勒出的合乎普遍全人类的观点来看，则事实上并不一定非视之为恶的行为不可。只要人性被接受、被喜爱，那么，许多区域性的、民族性的问题便会简单地消失了。举一例来说，把性视为一种内在之恶的想法，从人性的观点来看，真是愚不可及。

一般所见，对真、善、美、健康或才智所产生的仇恨、愤怒或嫉妒之情（反面价值），大部分虽不是全部都取决于丧失自尊的威胁，例如，说谎的人受诚实的人所威胁，平凡的丑女孩受漂亮女孩的威胁，胆小的人受英雄的威胁，但每一位较优秀的人，都会迫使我们不得不面对自己的缺点。

然而，比这点还要深的，则是有关命运之公平与正义的终极存在问题。患病的人很可能会对并不比他更有存在价值的健康人感到嫉妒。

正如上述例证所言，大部分的心理学者似乎都认为恶的行为是出自于行为的反应，而不是发自本能。这点意味着：虽然"坏"的行为深植于人类本性之中，而且永远无法废除，但是，只要人格成熟、社会进步，仍然可以期待逐渐缓和之。

13. 许多人仍然认为"潜意识"、退化和原始历程的认知，必然是不健康的、危险的、坏的。心理治疗的经验逐渐告诉我们另一种不同的看法。原来，我们的内心深处也可能是好的、美的或可欲求的，从探讨爱、创造力、游戏、幽默、艺术等的根源中所获得的一般研究成果，已使此一想法更清晰明白。爱、创造力、游戏等的根源深植于内在较深处的自我之中，亦即深植于潜意识之中。因此为了唤醒它们，为了能够享有它们、利用它们，我们必须能够"退缩"回去。

14. 除非一个人的本质核心基本上被别人也被自己接受、爱和尊重，否则心理健康是不可能达到的（但是反过来说，则未必为真。亦即并不是说，只要本质核心被尊重，则心理一定会健康，因为还有其他的必要条件同时也必须获得满足）。

所谓健康的成长，是指年龄上尚未成熟者的心理健康。至于成年人的心理健康则有各种不同的称呼法，例如自我成就感、情绪的成熟、个别独特性、具有生产力、自我实现、真诚确实、人性圆满等均是。

健康的成长在概念上是附属性的，因为目前通常都是用像"朝向自我实现的成长"……之类的话来予以定义。有些心理学家单单根据人类在发展中所向上跃升的目标、目的与倾向来谈论它，并且认为一切尚未成熟的成长现象，都只是迈向自我实现途中的各个阶段而已（例如高斯坦、罗杰士）。

自我实现虽然可以按各种不同的方式来予以定义，但是仍可以看出其中具有一个共同且坚实的核心基础。所有这些定义都接受，并隐含了以下的内容：（a）均接纳内在核心或内在自我，并予以表现出来，亦即实现这些潜在能力与潜能，使之"完全发挥作用"，并发挥人性与人格之本质的效益。(b)这些定义也都隐然包容最低限度的病态、精神官能症、精神病以及人性与个人基本能力的灭损或丧失。

15. 为此,最好现在就引介、促进或至少承认此种内在本性,而不要压抑或禁止它。本性的自然流露在于自我能够自由地、无拘无束地、信赖地、不刻意以求地表达自己(亦即表达内在心灵的力量),并使意识的干扰降至最低限度。控制、意志、谨慎、自我批判、衡量、刻意以求,都是对这种自然表达的箝制。这些箝制根本上必然是由于外在于心灵之社会与自然世界的律法所造成的,其次必然是由于对内在心灵本身的恐惧(内在的反投入)而造成的。广义而言,如果心灵控制是出自于对心灵的恐惧,则多半属于精神官能症或精神病的性质,而不是由于先天或理论的必然结果(健康的心理并不可怕,亦不恐怖,因此无须如千百年来的人类一样对它心存恐惧。当然不健康的心理则须另当别论)。这种心灵控制通常可以经由心理健康、深度心理治疗,或任何深度的自我认知与自我接受,而得以缓和。然而另外也有些控制并不是出自于恐惧,而是为了必须保持整合、有组织、有统一性(亦即内在反投入)的必然结果。并且,虽然也还有"控制"(也许是不同意义下的控制),却是为了实现能力,为了寻求更高的表达形式所必须具备的。例如,艺术家、知识分子、运动员唯有经过勤奋努力之后,才能获得熟练的技巧。不过,这些控制一旦变成自我,则终究会被超越,而变为本性的自然流露。我提议把这些可欲求的和必要的控制称为"阿波罗式的理性控制",因为它们并不排斥获取满足的欲求,反而将这种(例如性、食物、饮料……)获取到的满足加以组织、美化、调整、赋予风格,并品尝其滋味,以便提升愉悦感。因此,压抑的、禁止式的控制,便与此种控制形成了对比的情境。

本性的自然流露与控制之间的平衡关系变化多端,就像心理健康和世界的健康变化多端的情形是一样的。本性不可能长期地纯粹自然流露,因为我们所生活的世界,是个按其本身的、非心灵的法则而运转的世界。因此只有在梦中,在幻想里,在爱中,在想象中,在性爱里,在艺术作品中,在知性游戏中,在自由联想里,本性才可能长期地自然流露。纯粹的控制也不可能长久不衰,因为这么一来,心灵就会枯竭。因此教育的导向不仅应该注重控制力的培育,更应该注重坦率自然与表达能力的培育。在我们的文化中,在此时此刻,必须协调二者之间的平衡以利于本性的自然流露,并具有表达的能力,使我们能够按时处顺、无所意图、能够顺势而行,不强加意志与控制、不刻意以求,并充满创造的能力。但是我们也必须认清,在这世界上有(将有)其他的文化、其他的地区(或将要)把自然与控制之间的平衡导入其他的方向。

16. 目前一般都相信,健康的儿童在正常的发展中,若能赋予真正的自由选择,他便会选出对自己成长有利的东西。他作此选择,是因为尝起来滋味不错、感觉很好,并带给他愉悦或欢乐的感觉。个别含义是说,健康的儿童比任何人都知道什么是对他自己好。一个自由的体制虽然不表示成年人可以直接立刻获取需求的满足,却表示他有机会满足自己的需求,为自己作选择,亦即他可以任意而为。为了让儿童成长良好,成年人必须充分信赖儿童,信赖成长的自然历程。也就是说,不要干预太多,不要催促他们成长,也不要以预定的计划强迫他们成长。要以道家的方式,而不要以权威的方式,"让"他们成长,"帮助"他们成长。

虽然这些话听起来很简单,实际上却常常大受误解。道家的无为,与对儿童的尊重,对大部分家长而言,其实是相当困难的。一般家长容易把它解释成完全随意的自由、放纵和过度保护:给孩子们东西,为他们安排娱乐活动,保护他们以免于一切危险,禁止他们冒险。然而缺乏尊重的爱,和对儿童内在信息予以尊重的爱是十分不同的。

17. 赞同接纳自我、接纳命运、接纳个人内在呼声,便是认定了:使基本需求获得满足,而非使之受挫,乃是大多数人达到健康、达到自我实现的主要途径。这种想法,与实施压制的政权,及不信任、控制和警察制度,二者之间形成强烈的对比。而后者则必然是由认定"人性深处具有根本且发乎本能的恶"这个信念推演出来的。子宫内的生命是完全获得满足,而毫无挫折的。目前一般也都赞同生命最初几年最好能予以根本的满足勿使之受挫的看法。苦行生活、自我否定、故意拒斥机体的需求,会造成机体的退化、阻碍机体的成长,并阻挠机体的活动,至少在西方是如此。即使在东方,也只有特别坚强的少数个体,才能以此方式达到自我实现。

这些话也常遭人误解。所谓基本需求的获得满足,常被人误认为是指在东西、事物、财产、金钱、服装、汽车等方面获得满足。但是在肉体的需求获得照顾之后，仍有一些是物品本身所无法予以满足的更基本的需求。这些基本需求是：（1）受保护、安全感、安定感的需求；（2）隶属感的需求，例如隶属于一个家庭、一个团体、一个部族或某一党群之中，或隶属于友谊、感情、与爱之中；（3）受尊重、受尊敬、被赞同、有尊严、有自尊的需求；（4）能够自由而全面地发展个人才干和能力，能够自由地自我实现的需求。这似乎已经够简单了，但是在这世界上却似乎很少有人能够了解其意义。由于最低层次的需求和最迫切的需求都是物质性的，例如食、衣、住等，因此一般人便倾向于将之普遍化为一种以唯物论为主的动机心理学，而忘记了还有较高层次的、非物质性的需求也同样是"基本"的需求。

18. 不过我们也明白，完全没有挫折、痛苦或危难，也是相当危险的。若要成为一个坚强的人，就必须具备对挫折的容受力，必须能够察知物理界的实况基本上与人的愿望是不相干的，必须能够爱别人，能够为自己获得需求之满足而高兴，也能因他人获基本需求的满足而替他人高兴（亦即不把别人仅视为工具来使用）。儿童唯有在安全、爱、和自尊的需求满足上具有良好的基础，才能从层次分明的挫折中获益，并因此逐渐转变成为更坚强的人。但是如果这些挫折远超过他所能承受的范围之外，如果这些挫折击倒了他，那么我们便称这些挫折为伤害，并且认为它们是危险的，而不是有益的。

由于物理世界、动物与他人的顽强抗拒而令人受挫之时，我们才学会认知有关它们的特性，学会区辨愿望与事实的差异（知道哪些事情可以凭愿望而实现，哪些事情的进行完全无视于我们的愿望），因此能够生活于世界中，理所当然地适应这个世界。

我们也已学会认清自己的韧性与限度，并借着克服困难、竭尽所能、面对挑战与困境，甚至借着失败等方式来予以扩充。在强烈的挣扎中也能产生强烈的愉悦感，而这种愉悦感则能替代恐惧感。此外这也是步向健康的自我评价的最佳途径。此种健康的自我评价，其基础不仅在于他人的赞赏，同时亦在于目前实际已有的成就与成功，以及随后而发之实实在在的自信心。

所谓保护过度，意味着儿童的需求由父母来替他获取满足，而无需花费他自己的力量。但这样会使他变得幼稚，并会阻碍他发展自己的强韧性、意志力和对自己的肯定。其中一种情形是使他只会利用别人，而不懂得去尊重别人；另一方面也意味着对儿童本身力量与选择的不信任和不尊重。换言之，这根本上就是在故示恩惠，令人屈辱，这会使儿童觉得自己毫无价值可言。

19. 若要使成长和自我实现成为可能，就必须了解凡是能动、身体器官、器官系统均迫切地要发挥功能、表达自我，要求被运用、被锻炼；如能使之运用得当则令人心生满意，但是废弃不用则令人懊恼。肌肉发达的人喜欢运用肌肉，事实上是他"必须"运用肌肉，为的是"感觉舒服"；获取主观上的和谐感、成就感，且能不受阻挠地发挥其功能（让本性自然地流露），而这正是良好的成长与心理健康十分重要的一个特色。同样，理性、子宫、眼睛和爱的能力，也是如此。各种能力喧嚷着要求受到运用，只有善尽其用，才能停止它们的喧闹。换言之，能力亦是一种需求，运用我们的能力不仅是为了有趣，同时就成长而言，亦属必要之举。未善尽其用的技巧、能力和器官都会变成疾病的中心，甚至会萎缩，乃至消失。这么一来，这个人就会萎靡不振。

20. 心理学者的研究乃是根据以下的假设，就目的而言，有两个世界、两种现实：一个是自然的世界、一个是心理的世界；一个是顽强不让的现实世界，一个是愿望、欲求、恐惧和情绪的世界；一个是按照非心理法则而运作的世界，一个是按照心理法则而运作的世界。然而，毫无疑问的是：除非在极端的情况下，两个世界之间的差异并非十分清楚。妄想、梦境和自由联想虽有其法则可循，但是其所依循的法则却与逻辑法则全然不同，而且与即使全人类皆已灭绝却依然存留的世界所依循的法则，也全然不同。不过这一假设并没有否认这两个世界彼此息息相关，甚至可以彼此相互融合。

虽然这项假设可以说被许多心理学者，甚至被大部分的心理学者所遵行，但是他们也都十分愿意承认这项假设乃是一个无法解决的哲学问题。任何心理治疗医生也都必须承认这项假设，否则他就必须放弃自己的职务。有些假设，例如"责任"、"意志的力量"等这类普遍的假设，虽然是无法证明的，心理学者仍然视之为真，这是他们回避哲学难题的典型方式。健康的特色之一便是能够同时生活于这两个世界之中。

21. 不成熟与成熟亦可从动机的观点来予以对照观之，所谓不成熟就是指设法满足各种不同层次的缺陷需求的阶段。就此观点而言，成熟或自我实现则是意指超越于缺陷需求之外。因此亦可将此成熟的境界描述为超动机的境界，或无动机的境界（如果把缺陷视为唯一的动机的话）。同时亦可将之描述为自我实现、存有、可以表达的境界，而不是争斗的境界。这种存有之境（而不是需要努力奋斗之境界）被认为是自我个人的同义词，亦被视为是成为"真正的"、成为一位个体人物、人性已达圆满之境的同义词。成长的历程就是指"转化成为"某一个体人物的历程，不同于"已经成为"某一个体人物之境界。

22. 不成熟和成熟亦可就认知能力的观点和就情绪能力的观点来区别二者之间的差异。文纳和皮亚杰都曾对不成熟的认知和成熟的认知作过最佳的叙述。现在我们可以再加上另一种差异区分，亦即缺陷之知与存有之知二者之间的差别。缺陷之知可以定义为从基本需求或缺陷需求，及需求之满足与挫折的观点来加以组构的认知。换言之，缺陷之知亦可称之为自私的认知。在这种认知活动中，世界被组构成为通使我们的需求获得满足的提供者、或打击者，至于世界其他的特质，则不是被忽略了，便是被含混地带过去了。以对象之本然和对象之存有面来认知对象，而无需涉及对象是否能满足需求、是否会使需求之满足受挫的性质，亦即无需涉及对象对认知者是否有价值、是否对他有影响的观点来认知对象，则此种认知便可称为存有之知（或自我超越的、无私或客观的认知）。然而，绝不可以将之完全等同于成熟的境界（同为儿童也可以用无私的方式来认知）。不过一般而言，随着自我个性的增长、自我人格的肯定（或个人内在本性的接纳），存有之知将会逐渐变得更加容易、更加频繁，这是十分真确的事实（不过，即使是缺陷之知，对大部分人而言，包括对成熟人而言，也是生存于世间的主要工具，这亦是实情）。

就感知对象之真实、本质，且内在的整体本性（而不是以抽象方式将之抽离）而言，只要感知是无欲、无惧的，则此感知便较为真实可靠。因此，欲以客观且真实的方式来描述任何实体，乃是心理健康所持的目标。由此看来，则精神官能症、精神病症、成长的障碍，这一切都是认知的疾病，加上受污染了的感知、学习、记忆、等待与思维。

23. 这一方面的认知有一个副作用，即是使我们更加了解爱的较高与较低的层次。我们几乎完全可以根据缺陷之知与存有之知、或缺陷动机与存有动机的差异，来区别缺陷之爱与存有之爱二者之间的不同。如果缺乏存有之爱，则不可能与他人建立理想的良好关系，尤其孩童更是如此。在教学方面，存有之爱所隐含之道家的、信任的态度，尤其更为必要。而我们与自然世界的关系亦是如此。我们可以根据世界本来之面貌来对待世界，我们也可以仅把世界看作我们的工具来予以对待。

　　必须要注意的是内在心理与人际关系二者之间仍有相当的差异。到目前为止，我所处理的大部分都是"自我"的问题，而不是人际关系或各种大大小小的团体关系的问题。我所讨论过的一般人性对隶属感的需求，包括了对团体、对相互依赖、对同事、对家庭、对手足之情的需求。从无名戒酒会、坦诚团契、基本沟通团契，以及无数类似此种借手足之情以帮助自我的团体，均使我们一而再、再而三地了解到，我们基本上是社会性的动物。坚强的个人在必要之时仍必须具有超脱团体的能力，但是我们必须了解，这种坚强的力量是凭借其团体的力量，在他内心逐渐发展而成的。

　　24. 自我实现在原则上虽然很容易，但是实际上却一分罕见（根据我的判断，成年人之中确实尚不及1%）。为此，各种不同层次的论说均曾提出许多的道理，包括目前我们所熟知的精神病理学的一切决定因素在内。我已曾经提到过一项主要的文化理由，就是认定内在人性本恶或本危险的想法，还有就是认为人之所以难以达到成熟的自我，有一项生物性的决定因素，也就是认为人类不再具有强有力的本能，能够明明白白地向他说明该做什么、何时做、何处做，以及如何做。

　　把心理疾病视为朝向自我实现成长中的阻碍、逃避，或恐惧，迥不同于以医学作风将之视同于因肿瘤、毒药或细菌这些外来的、与受损的人格无关的因素所引起的侵害。两种看法之间，具有一种微妙但极其重要的差别。就我们的理论效用而言，人性减缩（亦即人类潜力和能力的丧失）是一个比"疾病"更为有用的概念。

　　25. 成长不仅有益处、有快乐，同时也有许多内在的痛苦，且常有痛苦。每向前迈出一步，都是迈向不熟境地的一步，且可能招致危险。它也意味着要放弃熟悉的、良好的，且令人满意的事物。它更常意味着一种离别、分裂，甚至是一种再生前的死亡，带有怀乡、恐惧、孤独与哀伤之情。它也常意味着要放弃一种较单纯、较轻易、且较无需费力的生活，而转向一种要求较多、责任较重、且困难更加多重的生活。向前成长就是要不计较这些损失，反而向个人要求勇气、意志、抉择与力量，并要求来自环境的保护、允诺和鼓励，孩童的成长情形尤其如此。

26. 因此，把成长或成长不足视为促动成长的力量和削减成长的力量（如退缩、恐惧、成长之痛苦、无知等）二者之间交互辩证历程的结果，是一种很有用的想法。成长兼具优点与缺点，不成长也不仅有缺点，也有优点。未来拉着人向前，但过去也一样促人向后，人不只有勇气，人也有恐惧。原则上，健康成长最理想的方式在于强化成长的优点和不成长的缺点，并使成长的缺点和不成长的优点降至最低限度。

均衡作用的倾向，"减少需求"的倾向，以及弗洛伊德所谓的防卫机构，都不是成长的倾向，而通常是有机体为了防卫和减少痛苦而采取的姿态。但是它们都是相当必要的，而且并不常是病态的。一般而言，它们比成长的倾向更具优先的地位。

27. 所有这一切均隐含了一种自然主义的价值体系，是以经验方式描述全体人类和独特个人内在倾向所导致的副产品。无论以科学，或以自我探寻的方式来研究人类，都能够看出人向何处瞻望、人生的目标是什么、何者对人有益、何者对人有害、何者使他自觉有德、何者使他自觉有罪、为什么善的选择终是困难、而恶到底有何吸引力。（注意，毋须使用"应该"二字，还有这种有关人的知识只与人类有关，并不表示它是"绝对的"。）

28. 精神官能症并不是内在核心的一部分，而是内在核心的一种保护，或一种逃避，以及（在恐惧的支援下）对此核心所作的歪曲的表达。一方面以偷偷摸摸、虚伪，或以自我挫折的方式努力寻求基本需求的满足；另一方面又害怕这些需求、这些满足和这些因需求动机而引起的行为。通常精神官能症就是介于二者之间的妥协。表达出由于患有精神官能症而引起的需求、情绪、态度、定义、行动等，只表示他并未充分表达出内在的核心或真实的自我。如果一个有虐待狂的人，或专门剥削别人的人，或性变态的人问道："为什么'我'不应该表达自己？"（例如用杀人的方式来表达自己），或是他问："为什么'我'不应该实现自己？"答案是，因为这种表达实质是对本性倾向（或内在心）的否定，而不是一种表达。

每一种由于精神官能症而引起的需求、情绪、或行动，对此人而言都表示了能力的丧失，因为这些都是他平常不能也不敢去做的；除非他用卑鄙的方式，或令人不满的方式去做。此外，他通常也都已丧失了主体个人的良善、意志力、自我控制感、追求幸福的能力、自我尊重等。他作为一个人，他的人性已受到减损。

29. 我们正逐渐习知，缺乏价值体系的存在处境是心理疾病的根由，凡是人类都会需求一个价值架构，一种人生哲学，一种赖以生存、赖以理解世事的宗教，或宗教替代品，就像凡人都需求阳光、钙质和爱一样。我将它称为"为了理解的认知需求"。这类由于无价值而导致的病态价值，有各种不同的称谓：反快乐、反常、反道德、冷漠、绝望、犬儒主义等，同时也可能转变成为身体的疾病。就历史而言，我们正处于一个价值中空期，在这段时期，所有外在赋予的价值体系都被证明是失败的（政治、经济、宗教等方面都是）。换言之，没有什么是值得我们冒死以求的。凡是人所需求但却并未拥有的东西，他便会一直不断地寻求下去，并且涉险去捕捉任何希望，而不论其好坏。这种疾病的治疗方法是很明显的。我们需要一套明确有效，且可资使用的人性价值体系，我们可以全心信赖此一价值体系，并为其奉献一生（冒死以求之），只因为它们是真的，而不是因为别人告诫我们"要相信、要对它有信心"。此种以经验为基础的世界观目前似乎是真正可能的了，至少就理论而言如此。

儿童和青少年许多不安的情形，都可理解为是因成人对他们自己的价值不确定的结果。因此，在美国有许多年轻人所信奉的不是成年人的价值，却是青少年的价值，而这些价值当然都是不成熟的、幼稚的，而且由青少年的混乱需求所决定。这些青少年价值最突出的表现情形就是牛仔、"西部"电影或结党成群耍太保。

30. 在自我实现的层次，许多二分对立的情形都得以化解，相反的对立物被视为一体之二面，而全然二分化的思维方法则被认为是不成熟。自我实现的人终有一种强烈的倾向要把自私与无私二者融合为一较高层次，较非寻常的统一体。倾向于视工作如同游戏，职业与娱乐不分轩轾。当责任就是享乐，享乐充满责任之时，二者便丧失其分裂性与对立性了。我们发现最高度的成熟应含蕴着某种赤子之情的特质，而健康的孩童也拥有成熟之自我实现的某些特质。内外之分，我他之别的情形，逐渐模糊，渐不尖锐，且眼见二者在人格发展的最高层次相互穿透。现在二分对立的情形似乎是人格发展与心理功能处于较低层次时的特征，同时它亦是心理疾病的原因与结果。

31. 在自我实现的人身上有一项特殊且重要的研究发现，他们都倾向于整合弗洛伊德的二分与三分的内容，亦即将意识、前意识、潜意识（以及本我即欲望我、自我、超我）三者加以整合。对他们而言，弗洛伊德所谓的"本能"与防卫不再彼此尖锐地相互对立分裂。冲动比较能表达出来，而较少受到控制，而控制则较不严格、较具弹性、较不受忧惧所左右。而超我亦较不严厉、不具处罚性、较不与自我分裂对立。原始的与次要的认知历程较为同具可资使用性，较具有同样的价值（而并不将原始历程苛责为病态）。事实上，在"高峰体验"中，其间的墙垣将会全面倒塌。

这点与早期弗洛伊德的立场形成尖锐的对比，在早期弗洛伊德的立场中，这些力量彼此尖锐地二分对立而形成以下情形：（a）互相排斥；（b）各自具有互不相容的敌对的圆心重点，也就是它们是互不相容的敌对力量，而不是互相补足或可互相合作的力量；（c）其中某一力量"较优"于其他力量。

再者，此处我们暗示着（有时候）一种健康的潜意识和可欲求的退缩。此外，我们也暗示着一种理性与非理性的整合，并因此认为非理性就其本位而言，也可以被视为健康的、可欲求的，甚至是必要的。

32. 在其他方面，健康的人也比较整合。在健康人身上，意欲、认知、情感与动机，彼此之间没那么泾渭分明，也较为同心协力。换言之，为了同一目标合作无间、毫无冲突。理性且审慎的思维所导出的结论，很容易与较容易导向盲目的癖好，并与所导出的结论不谋而合。这种人所希望和所享有的，很容易就刚好是对他有益的。他发自本性的自然反应是那么精干、有效、和正确，俨然是他早就设想周到的。其各种感性的与动机的反应彼此较为密切相关，其各种感知态彼此也较为相联（面相学的感知）。此外，我们也已习知在历史悠远的理性主义系统中所具有的种种困难与危险。在理性主义系统中，各种能力与理性的关系是以二分对立的层次排列法来予以思考与安排的，理性高高在上，而不是在整合作用之中。

33. 这种朝向健康潜意识、健康非理性概念的发展，更使我们强烈地意识到纯粹抽象思考、字面思考以及分析性思考的限度。如果我们希望的是描述世界整体，则先于文字的、不可言喻的、隐喻的、原始的历程,则具体的经验、直观式的和美感式的认知,均有其必要的地位。因为实在界中有许多方面,是无法用除此之外的其他方式被认知的。即使在科学之中,这点也是真确的,毕竟我们已知道:(1)创造性在非理性中有其源;(2)语言是而且必定终是不足以描述整体实在界的;(3)任何概念都会遗漏大部分的实在界;(4)我们所谓的"知识"(通常是经过高度抽象化和文字化且予以严格定义的知识),常使我们对抽象作用所顾不及的某部分实在界盲然无所知。换言之,它越使我们能明了某些事情,则它越无法使我们明了其他的事情。抽象作用有其可用之处,也有其危险之处。

科学与教育如果过分绝对抽象化、文字化,则对生动的、具体的和美感的经验,尤其是对内在于个人主体所发生的一切而言,便会有所不足了。例如,有机心理学家一定会同意在感知的与创作的艺术中、在舞蹈中、在(希腊式的)运动中,和在现象学的观察中,应该要求更具创造性的教育。

抽象分析的思考,最终目的就在于尽可能作最大的简化作用,也就是公式、图表、地图、蓝图、图式、卡通,或某种抽象形式的绘画。我们对世界的控制虽因此而提高,但世界的丰富性也许便一笔勾销而丧失殆尽了——除非我们学会看重存有之知,满怀爱与关怀的感知,并且任注意力自由飘浮。(因为这一切都会使我们的经验益加丰富,而不会使之贫脊。)认为"科学"不应该扩展以便包含以上两种认知,是没有什么道理可言的。

34. 较为健康的人能够入侵于潜意识与前意识之中,利用并看重其原始历程而对之无所畏惧,接受它们的冲动而不会常要加以控制,并且能够无所畏惧地任意退缩。这些能力,会转变成为创造力的主要条件之一。因此我们能理解为什么心理健康与创造力的某些普遍形式如此密切相联(特殊才能例外),以致促使某些作家彼此之间十分相似。

非理性能力与理性能力(潜意识与意识、原始与次要历程)的整合,和健康之间的连带关系,同样允许我们了解为什么心理健康的人比较能够享有、能够爱、欢笑、喜乐、幽默、糊涂,能够随与之所至、突发奇想、快乐地"疯一下",并且通常能够允许、看重并享有一般之情绪体验和特殊的高峰体验,同时使之出现更加频繁。也因此,我们觉得针对以上这些能力而特别设定的学习,或许能够帮助儿童逐步迈向健康。

35. 美感知觉、美的创造、美的高峰体验都已被看作是人生心理学和教育中的一个重要面貌，而不是边界之物。此说之所以正确，有以下数个理由。（1）所有的高峰体验都是内在个人的、人与人之间的、内在于世界的、人与世界之间的种种分裂的整合（高峰体验的特征之一）。因为健康的特色之一就是整合作用，而各种高峰体验都是朝向健康的运动，同时其本身在此瞬间也就是健康的。（2）这些经验使生命具有价值，亦即它们使生命成为值得的，这些当然都是针对"为什么我们不去自杀"问题之重要答案中的一部分。它们本身就是值得的……

36. 自我实现并不代表超越了人类一切的困难。冲突、焦虑、挫折、悲伤、伤害、罪恶感也会出现于健康人身上。一般说来，逐渐成熟的活动情形是从精神官能症之假问题转向真正的、不可避免的、存在性的问题。这些问题内存于置身特殊世界的个人的本性之中（即使在其最佳状态中亦然）。即使他不是精神官能症的病人，他也可能通过内在的良知，真正的、可欲求的和有必要的罪恶感而受困扰，但不是受精神官能症式的罪恶感所困扰（此种罪恶感不是可欲求的，也不具必要性）。他也可能受内在真正的良知所困扰，而不是受弗洛伊德所谓的超我所困扰。即使他已经超越了变化的各种问题，仍然还是会有存有的各种问题。如果一个人"应该"受困扰却不受困扰，这可能是疾病的一种信号。有时自以为是的人必须小心"反被聪明误"。

37. 自我实现也并不是全然普遍的，它是经由男性或女性而发生的，而男性与女性则是先于普遍人性的。也就是说，一个人在可能成为一位普遍人性之自我实现者之前，她（他）必须先是一位健康的、女性已获得充分实现的女人，或是一位健康的、男性已获得充分实现的男人。

此外还有一项小论证，即各种不同的结构型态各自以某种不同的方式来实现自己（因为他们各有不同的内在自我要去实现）。

38. 自我与人性圆满的健康成长有另一项重要的特色，即逐渐放弃由孩童在其脆弱与幼小之时为了面对坚强壮大、全知全能、像神一般的成年人，而用以调适自己的一些手法。他应该用逐渐变得坚强、独立，且自己也为了父母的方式来取代之。这点尤其包括了应放弃在学习爱别人时孩童对父母爱之全部独占的绝对欲求。他必须学会满足他自己的需求与愿望，而不是满足父母的需求，而且他必须学会靠自己去满足这些需求，而不是依赖父母替他满足。他必须放弃因为害怕和为了保有父母之爱而乖，他应该是因为自己愿意乖而乖，他必须发现他自己的良知并放弃以其内心设想的父母作为唯一的伦理指标。他必须变得有责任感而不再依赖，并且有希望以此一责任为"乐"。脆弱者调适自己以面对坚强所使用的一切手法，对孩童而言是必要的，但在成年人身上则是不成熟的。他必须用勇气来取代恐惧。

39. 由此看来，一个社会或一种文化可能促进成长，也可能阻碍成长。成长与人性的根源基本上深植于人性之中，而不是由社会所创造或发明。社会只能帮助或阻碍人性的发展，就像一位园丁可能帮助或阻止一株蔷薇的成长，但是却不能决定它是否应该是一棵橡树。这点是真确的，即使我们知道一种文化对人性本身的实现（例如语言能力、抽象思想、爱的能力）而言是一项必要条件，但是这些特性的存在却是先于文化，且是深在人性胚胎原质中的潜在能力。

这点使得超越并包含文化相对性之比较社会学在理论上有可能成立。"较优秀"的文化满足人的一切基本需求，并允许自我实现。"较差的"文化，则无法做到。同样，教育亦是如此。只要它能促进朝向自我实现的成长，它就是"良好"的教育。一旦谈及"好的"或"坏的"文化，并将之视为工具而不是目的，则"适应"的概念便值得商榷了。我们必须问的是："何种文化或次文化是'适应良好'的人所适应良好的?"可以十分肯定地说，适应并不一定是心理健康的同义字。

40. 一个人能达到自我实现（就其独立自主而言）的境界，便能达到超越自我、超越自我意识、超越自私之境。这个人也比较容易做到与全体共融，亦即将自己没入较大的整体中成为其中的一部分。全然与全体共融的条件在于能完全独立自主，反之亦然。一个人唯有通过与全体共融的经验（孩童的依赖、存有之爱、对别人关心等），才能达到独立自主的境地。我们有必要说明"与全体共融"的各层次（日益逐渐成熟的层次），同时也有必要区辨"低层次的共融"（恐惧、脆弱和退缩）与"高层次的共融"（勇气和完全自信的独立自主），"低层次的共融"与"高层次的共融"、"向下屈就的合一"与"向上投升的合一"彼此之间的差异。

41. 下面这个事实，指出一项存在上的重要问题：自我实现的人

（以及所有在高峰体验中的人），虽然大部分"必须"生活于外在世界之中，但是他们也时常生活于时间之外和世界之外（非时间和非空间）。生活于内在精神之中（此一世界所遵行的是精神法则，而不是外在实体界的法则），也就是生活于经验、情绪、欲求、恐惧、希望、爱的、诗情画意的、艺术的、幻想的世界之中，十分不同于居住在或去适应非心理的实体界——此一实体界所尊宠的法则绝不是由他所创，而且虽然他必须凭借这些法则而生存，但这些法则却不是其本性中最重要的。一个无惧于内在精神世界的人，才能享有它并且称它为"天堂"，与之形成对比的是较为费力的、令人疲惫的、具有外在责任的"实体"世界。此一世界充满了挣扎与奋斗、对与错、真与假。它使比较健康的人较能适应或享有此一"真实的"世界，较能接受"现实的考验"（亦即不会将之与其内在精神世界相互混淆），这点仍正确无误。

现在似乎很清楚地可以看出，内在与外在实体界的混淆，或将其中任一种关闭于经验之外，都极为病态。健康的人能够将二者整合于生活之中，亦能在二者之间来去自如。其不同之处就好比一个能随意"造访"贫民窟的人，和一个被迫居此地的人二者之间的差别一样（一个人若不能离弃世界，世界便好比一座贫民窟）。因此，凡是疾病的、病态的和"最低层次的"都能转变而成为人性最健康的、"最高层次的"一面。只有那些对自己的健全完全没有信心的人，才会对陷入"狂热"之中从而感到恐惧。教育必须使人生活于这两个世界之中。

42. 前述论题在心理学中对行动的角色，导引出一种不同的理解。以目标为导向的、因动机而引起的、应对的、挣扎的、目的性的行动，都是由于必须沟通精神世界与非精神世界而产生的一种情况或一项副产品。

（1）缺陷需求的满足来自个人之外的世界，因此有必要去适应这一外在世界，例如现实的考验，知道此人一外在世界的特性，学会区辨这一世界与内在世界的差异，学会了解人与社会的特性，学会延缓需求之满足，学会化解原本可能是危险的情形，学会知道世界哪一部分是令人满意的，哪一部分是危险的，或对需求之满足是无用的，并习知用以满足需求之文化途径和技巧手法有哪些是被认同与被允许的。